U0150743

复旦史地丛刊

16世纪以来淮河下游湖泊分布
与水系格局的演变过程

杨霄 著

复旦大学
出版社

国家自然科学基金项目（42001144）

目　录

图 目

表 目

序　言

韩昭庆

　　淮河是我国古代"四渎"之一,向有独立的入海口。淮河也是我国南北重要的自然地理分界线,我们通过"橘生淮南则为橘,生于淮北则为枳",可以发现古人很早就观察到淮河南北自然环境的差异。同时淮河流域由于地处我国南北交汇地带,大部分地区地势平坦,水热条件宜于农业生产,加之淮北平原上散布着众多纵横交错的河流,这些天然和人工开挖的河流为早期社会的发展提供了得天独厚的交通便利,使得淮河流域不仅成为中华文明发展的轴心地带,而且这里曾经也是引领我国政治、经济、文化发展的高地。但这一切因为南宋东京留守杜充人工决河阻挡南下的金兵,从而引发的黄河长期夺淮而发生剧烈的逆变。曾经的富庶之区、人文荟萃之地,因长期受到黄河下游决溢、改道带来的巨量洪水以及洪水裹挟而至的大量泥沙的侵袭,生态环境迅速恶化,陷入贫穷的泥潭,难以自拔,民风、民性也随之大变。马俊亚教授的《被牺牲的"局部"——淮北社会生态变迁研究(1680～1949)》在基于大量史实的基础上对此进行过深入细致的研究,本人也曾探讨过受黄河下游长期夺淮影响而产生的淮河中游壅水与凤阳乞丐群的出现之间的关系。淮河的变迁并非出于自身的发展规律,纯属被动。胡阿祥教授在《"黄侵运逼"视野中的淮河变迁》中采用拟人手法形象直观却又一语中的地指出了淮河变迁的根本原因。中华人民共和国成立以后，淮河成为我国第一条全面系统治理的大河，在现代治河理念的引导下，凭借发达的科技支撑和工程设施，如今淮河流域的历史遗留问题正逐渐得到解决，淮河流域也一改过去颓废落后的面貌，进入新的发展时期。

黄河下游自1128年南下夺淮，直到1855年北归，长期驻足淮北平原，历次决口、漫溢、改道严重干扰了淮河水系，体现在湮塞河流旧道、淤没大量湖沼、改变地形地貌。为了治河，洪泽湖成为蓄水刷沙的关键，为了保证清水能顺利冲刷淮河下游不断被黄河泥沙淤高的河床，只能不断地人为垫高洪泽湖东面大堤，因此形成了今日浩渺的洪泽湖，而淮河下游干道因受黄河泥沙的堵塞，不得不南下，在今扬州入江，成为长江的一条支流，进而使得黄河下游变迁影响的范围波及长江。历史时期淮河水系的变迁早已引起众多学者的关注，但鲜有从历史地理角度进行综合研究。1995年我有幸成为我国著名历史地貌学者张修桂先生指导的博士生，先生建议我对此进行研究。惜我当时未能体会先生对我的殷切期望，仅对淮河中游的黄淮关系作了提纲挈领似的粗浅研究，对淮河下游的变迁更是留为空白以待将来研究，后来主要由于个人原因，竟让这个重要课题延宕下去，但虽如此，我心仍有所系。

杨霄2015年考入复旦大学历史地理研究所，成为我指导的第一位博士生，鉴于他对历史自然地理的兴趣，我把这个课题交给了他。考虑到他之前缺乏历史地貌学基础，除了日常指导，还为他争取各种学习机会，以提升他的研究能力。历经四年的刻苦钻研，他进步很快，并不负我的期望，完成了题为"16～20世纪淮河下游水系变迁及影响研究"的博士学位论文，并于2019年6月顺利通过论文答辩，获得博士学位；其后经我推荐，他到上海师范大学钟翀教授处从事博士后研究工作，完成题为"16世纪以来长江下游河床演变过程重建及其人类影响机理研究"的报告。目前这本《16世纪以来淮河下游湖泊分布与水系格局的演变过程》就是过去近十年以来,他对淮河流域历史地貌研究成果的综合展现。

该书将淮河下游划分为运西湖区、里下河、淮河入长江口以及废黄河三角洲平原等四个地貌单元,充分利用历史文献及古旧地图等资料,使用多学科方法重建了多个典型时间断面内的地貌格局。对16世纪以来,淮河下游水系变迁、入江河口发育及典型湖泊之演变过程等,皆作了颇为系统的梳理和深入探研,较前人取得诸多创新性发现,较为成功地重建了目前淮河下游环境形成的历史过程,可为制定区域生态修复与可持续发展的环保政策提供历史背景,对于当代淮河下游的综合治理亦可提供历史借鉴。

目前,湿地生态系统退化、河湖水系连通性减弱等已成为我国普遍性存在的环境问题,且呈日益严峻的发展趋势。从历史地理的角度揭示当前环境形成的过程及原因,从而为可持续发展提供镜鉴,是历史自然地理学者的使命和责任,故本书的研究工作,具有重要的学术价值与一定的现实意义。作为导师,我为他取得的成绩感到由衷的高兴! 希望他未来再接再厉,在历史地貌研究领域内再创佳绩。

2024年4月

第一章

绪论

第一节　淮河流域概况

淮河发源于河南省南部的桐柏山,位于北纬 $30°55'\sim36°20'$,东经 $111°55'\sim121°20'$ 之间。流域范围西起伏牛山,东临黄海,北屏黄河南堤和沂蒙山脉,紧邻黄河流域,南以大别山和皖山余脉与长江流域分界。淮河流域人口密集,土地肥沃,资源丰富,交通便利,是长江经济带、长三角一体化的覆盖区域,也是大运河文化带的主要集聚地区,在中国社会经济发展大局中具有十分重要的地位。流域跨河南、湖北、安徽、江苏、山东 5 省,2018 年常住人口约 1.64 亿人,约占全国总人口的 11.8%,城镇化率为 54.2%。流域平均人口密度为 607 人/平方千米,是全国平均人口密度的4.2 倍。2018 年国内生产总值为 8.36 万亿元。流域耕地面积约2.21 亿亩,约占全国耕地面积的 11%,粮食产量约占全国总产量的 1/6,提供的商品粮约占全国的 1/4。[①]

淮河流域东西长 700 千米,南北宽平均约 400 千米,流域面积27 万平方千米。淮河流域以废黄河为界,分为淮河和沂沭泗两大

① 水利部淮河水利委员会:《新中国治淮 70 年》,中国水利水电出版社,2020 年,第4 页。

水系,其中淮河水系流域面积19万平方千米,沂沭泗水系8万平方千米。全流域除西部、南部和东北部为山区丘陵区外,其余为一个广阔的大平原,属于华北平原的一部分。山地丘陵区面积约占1/3,平原区约占2/3(见表1-1)。山地海拔高程在1 000~2 200米之间;丘陵区高程在50~100米之间;平原区中西部和中部高程在50~20米之间,东部高程在20~0米之间(见图1-1)。

表1-1　淮河流域各种地貌面积及其所占流域面积比例表

地貌类别	山地	丘陵	平原	洼地	湖泊
面积(km²)	38 200	48 100	147 700	26 000	10 000
比例(%)	14.00	17.00	56.00	9.50	3.50

注:数据来源于淮河水利委员会编:《中国江河防洪丛书·淮河卷》,中国水利水电出版社,1992年,第4页。

淮河干流发源于河南桐柏县的桐柏山,流经河南、安徽,至江苏扬州的三江营入长江,全长1 000千米,总落差196米,平均比降为2‰。从淮源到豫皖两省交界的洪河口为上游,流域面积2.9万平方千米,长360千米。两岸山丘起伏,河水穿行于丘陵和岗谷之间,落差174米,比降为5‰。河床宽浅,大部分河段无堤防,沿途汇入的支流有游河、小潢河、竹竿河、寨河、潢河、白露河和洪河等。这些支流绝大部分源短流促,只有洪河发源于伏牛山区,流域面积较大。这些支流河床坡度大,汛期水大流急,极易泛滥成灾。淮河从洪河口到洪泽湖,通称为中游,流域面积13万平方千米,长490千米,落差为16米,比降为0.3‰。中游河段北面,是淮北平原,这里有为数众多、流域面积较大的淮河支流,有承泄西部伏牛山区洪水的沙颍河,有黄河南岸大堤和废黄河以南的平原河道,主要有西淝河、涡河、北淝河、浍河、沱河、汴河和濉河来会。由于大多数河道穿行于平原之中,河床坡度特别平缓,

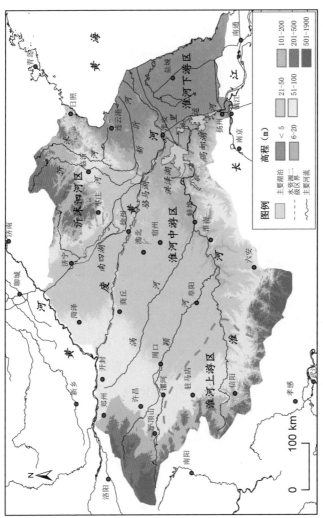

图 1 - 1 淮河流域地貌及水资源分区示意图

资料来源:淮河流域水资源与水利工程问题研究课题组编:《淮河流域水资源与水利工程问题研究》,中国水利水电出版社,2016 年,第 46 页。

历史上又多受黄河夺淮影响,河道淤塞,一遇大雨,容易酿成大面积的洪涝灾害。

淮河从洪泽湖以下到入江口为下游,长约150千米,落差为6米,比降为0.4‰。洪泽湖是连接淮河中游和下游的枢纽,淮河上中游的洪水要经过它的调蓄与节制,才能安全入江、出海;淮河的部分来水要经过它的贮蓄,用来灌溉苏北大片土地;淮河干流要经过它和淮沭新河沟通沂、沭、泗水系。目前,洪泽湖水库已成为我国第四大淡水湖泊。洪泽湖东南部的三河闸是淮河入江水道的起点,1949年前这条水道的泄水量仅8 000立方米/秒。1950年以来,对入江水道进行了全面整治,在洪泽湖出口建成了三河闸,在江都县附近的入江各河道上修筑了万福闸、太平闸、金湾闸及多座船闸。入江水道进行了裁弯取直,扩挖疏浚,使入江泄水量提升到12 000立方米/秒。洪泽湖东部的二河闸连接淮河的入海水道,淮河出洪泽湖后,经苏北灌溉总渠,在扁担港入黄海。苏北灌溉总渠是中华人民共和国成立后为排泄淮河洪水、引洪泽湖水灌溉而开挖的人工入海水道工程,全长168千米。它不仅能从洪泽湖引水达500立方米/秒,灌溉几百万亩农田,同时还可以宣泄800~1 000立方米/秒的淮河洪水直接入海。淮河入海水道工程于1999年兴建,近期行洪规模为2 270立方米/秒,未来二期工程建成后将提升为7 000立方米/秒。[①] 新沂河是淮河东北部支流沂河、沭河和泗水水系的入海水道,分淮入沂工程连接洪泽湖和新沂河,将被废黄河分割的淮河水系重新连接起来。淮河下游的另一个枢纽工程是江都水利枢纽,它以江都电力抽水站为中心,把长江、淮河、京杭运河联结在一起,旱时通过古老的

---

① 淮河流域水资源与水利工程问题研究课题组编:《淮河流域水资源与水利工程问题研究》,中国水利水电出版社,2016年,第111页。

京杭大运河等河道,把长江水送往苏北,灌溉数以百万亩计的农田;洪涝灾害袭来时,它又可以把里下河地区积存的涝水排入长江。京杭运河以东称为里下河地区,区内河港纵横交错,湖泊众多,是一个低洼水网地区。中华人民共和国成立后对洪泽湖大堤、京杭运河实施了全面治理,洪泽湖大堤和运河东西堤已成为里下河地区坚固的防洪屏障。

沂沭泗水系发源于山东沂蒙山区,由沂河、沭河、泗河等水系组成,总流域面积8万平方千米。沂沭河上游发源于山区,水流湍急,暴涨暴落,水土流失十分严重。下游进入苏北平原,水流平缓,大量泥沙淤塞河床。1949年前由于受黄泛影响,河道长年失修,水道狭窄,水系紊乱,没有正常的排水出路,是淮河流域洪涝灾害十分频繁的地区。泗河发源于山区,进入南四湖后,西部接纳南四湖以西各平原河道来水,东部又接纳山区来水,下游与沂沭河相会,使鲁西南水灾频繁,也加剧了废黄河以北地区的洪涝灾害。1950年后,在山东省境内山区建设了大、中、小水库1 600座,拦蓄山洪,又开辟了新沭河和分沂入沭水道,使沂、沭河的部分洪水直接向东排入黄海,入海里程缩短了130千米,减小了苏北地区的洪水威胁。[①]

气候因素是导致淮河流域水旱灾害频发的重要驱动力。淮河流域地处我国南北气候过渡带,北部属于暖温带半湿润季风气候区,南部属于亚热带湿润季风气候区。流域内天气系统复杂多变,降水量年际变化大,年内分布极不均匀。流域多年平均年降水量为878毫米(1956~2016年系列),降雨量的分布是由南向北递减,北部沿黄地区为600~700毫米,南部山区可达1 400~

---

① 水利部治淮委员会《淮河水利简史》编写组:《淮河水利简史》,水利电力出版社,1990年,第2~5页。

1 500 毫米。降雨量的年内分配和年际分配不平衡,一年之内,汛期(6～9 月)降水量约占年降水量的 50％～75％。[1] 淮河年际雨量变化很大,多雨年的年雨量是少雨年的 3～5 倍,因此,淮河流域旱涝灾害极为频繁,还经常出现连旱和连涝年。淮河洪水主要来自暴雨,常发生在 5～8 月。淮南汛期稍早于淮北。从全流域来讲,大暴雨主要集中在 7～8 月。淮河南岸支流,一般从 6 月开始涨水,淮河北岸支流则推迟到 7 月上旬,由于淮北和淮南洪水在干流交汇,因此淮河干流中游常在 7 月下旬和 8 月上旬出现洪水的最高峰,到 9 月就开始消退。中华人民共和国成立以来,1950 年、1954 年、1957 年、1975 年、1991 年、2003 年、2007 年、2020 年等年份淮河发生了较大洪涝灾害,1966 年、1978 年、1988 年、1994 年、2000 年、2009 年、2014 年、2019 年等年份发生了较大旱灾。淮河流域的水文气象特点和地形特点,使得淮河流域的治水出现十分复杂的情况,防洪和抗旱灌溉的任务都十分繁重,旱涝矛盾十分尖锐。

第二节　黄河夺淮的历史背景

淮河原是一条独流入海的河流,《禹贡》对于淮河水系就明确地记载"导淮自桐柏,东会于沂泗,东入于海"。古淮河干流在洪泽湖以西大致与今淮河相似。16 世纪前没有洪泽湖,淮河干流经盱眙后折向东北,经淮阴向东在今涟水云梯关入海。当时淮河出桐柏山后,中游有汝水、颍水、涡水、汴水等支流从淮北平原汇入,下游的沂水和沭水都是入泗水和淮河的。在古淮河流域内,还有许多大大小小的湖泊。它们大多散布在支流沿岸和支流入

---

[1]　水利部淮河水利委员会:《新中国治淮 70 年》,第 3 页。

淮处济、泗两水之间和江淮尾间之间。其中著名的古泽有硕濩湖、武广湖、陆阳湖和射阳湖等。春秋战国前,淮河与长江、黄河并不相通。春秋后期,人工运河相继出现。公元前 486 年开挖的邗沟,沟通了淮河与长江,是目前苏北里运河的前身。接着又开挖了沟通黄河与淮河的鸿沟,以及沟通济水和淮河的菏水,逐渐形成沟通江、淮、河、济的水运网。

淮河水系发生巨大变迁最根本的原因是黄河的侵袭,汉元光三年(前 132 年)黄河开始较大规模地侵淮。由于黄河不断侵淮,鸿沟和菏水被黄河泥沙淤废。自汉迄南宋一直依靠汴渠、泗水沟通黄河、淮河和长江的航运。自 1128 年起,黄河夺淮近 700 年,极大地改变了流域原有的水系形态,淮河失去入海尾间,中下游河道淤塞,淮河水患不断加剧。黄河夺淮初期的 12 世纪、13 世纪,淮河平均每百年发生水灾 35 次,16 世纪至中华人民共和国成立初期的 450 余年间,平均每百年发生水灾 94 次。[①]

刻石于南宋绍兴十二年(1142 年)的《禹迹图》和刻石于刘豫阜昌七年(1136 年)的《禹迹图》有着相同的祖本"长安本"。其绘制时间上限为元丰三年(黄河在元丰三年至元丰四年四月北流封闭,东流循马颊河在今山东省入海),下限在绍圣元年(黄河在绍圣元年至元符二年六月北流是封闭的)。[②] 因此其表现的是元丰三年(1080 年)至绍圣元年(1094 年)之间的水系格局。这两幅地图中的淮河水系反映的就是黄河夺淮以前淮河水系的状况。汴水、沂水入泗水以后入淮,当时还没有形成洪泽湖、高宝诸湖、南四湖和骆马湖等湖泊(图 1-2)。

南宋开始,黄河夺淮愈演愈烈,使淮河水系遭受了巨大破坏。

[①] 水利部淮河水利委员会:《新中国治淮 70 年》,第 3 页。
[②] 曹婉如等:《中国古代地图集(战国—元)》,文物出版社,1990 年,第 4 页。

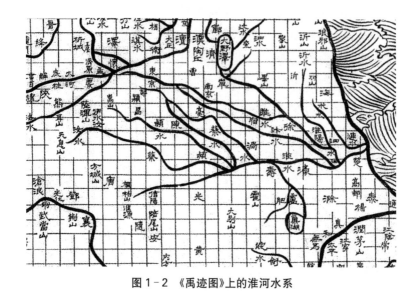

图 1－2 《禹迹图》上的淮河水系

资料来源：曹婉如等：《中国古代地图集(战国—元)》，图版 59。

由于黄河长期在淮北、苏北地区迁徙，形成了泗水、汴水、睢水、涡水、颖水等多条泛道。淮阴以下的淮河故道，徐州以下的泗水故道，被黄河所侵夺，特别是淮阴以下的故道，成为各泛道黄水入海的门户。日本东福寺栗棘庵所藏南宋《舆地图》的绘制时间约在咸淳二年(1266 年)。[①] 图上的水系格局，真实反映了 1128 年黄河夺淮后黄河的南北分流状态。其中南下入淮一支，沿着泗水及淮北平原上的颖水、睢水、涡水等汇入淮河(图 1－3)。黄河泥沙历年淤积，垫高河床，不仅使淮北的淮河支流淤废改道，更严重的是，把淮阴以下淮河深广的河道淤成"地上河"。大量泥沙通过淮河下游河道排入黄海，使淮河河口海岸线向外延伸了 50 千米左

① 龚缨晏：《日本东福寺栗棘庵所藏〈舆地图〉再探》，《中国历史地理论丛》2023 年第2 期。

右。由于黄强淮弱，黄高淮低，淮河和沂、沭、泗水的排水出路受到阻碍，最终在江苏省盱眙和淮阴之间的低洼地带逐渐形成了洪泽湖。由于徐州以下泗水河道被袭夺，山东境内的泗水沿岸洼地和小湖泊逐渐演变形成了南四湖，在泗水和沂水交汇处逐渐形成了骆马湖。

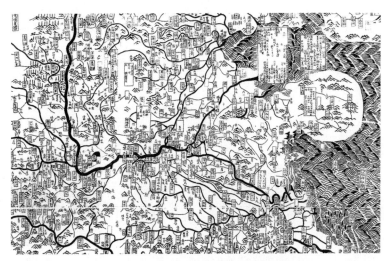

图1-3　《舆地图》上的黄河与淮河水系

资料来源：曹婉如等：《中国古代地图集（战国—元）》，图版83。

淮河下游故道被淤积成地上河后，淮河不得不另寻出路。淮河洪水原来被拦蓄在洪泽湖里，抬高水位后，采取所谓"蓄清刷黄"的治理方略，即用洪泽湖积蓄淮河清水去冲刷含泥沙量大的黄河浑水。由于黄强淮弱，淮河终究敌不过黄河。到了清咸丰元年（1851年），洪泽湖水盛涨，冲坏了洪泽湖大堤南端的溢流坝——礼河坝，使淮水沿三河（礼河）入高邮湖，经邵伯湖及里运河入长江。从此淮河干流由独流入海改道经长江入海，但是当时淮河入江水道行洪能力不足，遇到较大的洪水就排泄不及，只能通过设置在里运河东堤上的"归海坝"泄水,经里下河平原入海,这就导致里下河地区常被洪水淹没。到清咸丰五年(1855年),黄河在河南铜瓦厢决口,黄河改道由山东入海,暂时结束了持续700余年的黄河夺淮历史。但是过去深广的淮河入海故道已经淤积成一条高出地面的废黄河,成为淮河和沂沭泗河之间的分水岭。1938年黄河在花园口决口,造成黄河又一次夺淮。黄河在淮河流域泛滥肆虐达9年,使淮河流域的洪涝灾害进一步加剧。1947年后,虽然黄河回归故道,但由于沂沭泗河都失去了入海河道,每遇洪水,苏北沭阳、涟水、连云港等地区一片泽国,洪涝灾害极为严重。

由于淮河变迁之显著、影响之深远,对淮河的治理与研究也可谓历史悠久。人类对淮河的治理与改造可追溯到公元前601年孙叔敖主持修建芍陂,至今已有2600多年的历史,无数治河官员、水利专家和普通人民为治理淮河付出了艰苦的努力。他们的实践经验通过历史文献记载保存至今,对现代淮河治理仍有重要的借鉴意义。从治淮历史来看,尽管历朝历代不乏有识之士提出真知灼见,也不乏脚踏实地的治河专家,但淮河旱涝灾害频仍的局面始终未能彻底扭转,这也是困扰淮河流域,尤其是淮河下游地区社会经济发展的重大隐患。1949年以来,中国一度将治理淮河视为国家重要战略,也取得了举世瞩目的成就,但1991年和2007年淮河流域所遭遇的历史罕见的洪涝灾害证明,治淮之路仍然任重而道远。

1855年后,除1938年至1947年黄河在花园口决口再次入淮的时间外,淮河不再受到黄河的影响。淮河干流出三河口南下入江,洪泽湖拥有了苏北灌溉总渠和正在兴建的淮河入海水道两条入海通道,还有分淮入沂等水利工程的辅助。似乎黄河夺淮的年代一去不复返了。但是从第四纪以来黄河冲积扇发育的特点来看,黄河始终具有东北流入渤海或东南流入黄海这两种可能性。黄河演变的自然趋势是走坡面最陡和距海最近的路径。虽然目前黄河下游的河道"是北行流路中最靠近山东丘陵山地的一条泛道,而且也是有文献记录以来距海最近的一条稳定的河道"[①],但黄河在历史上是以"善淤、善决、善徙"而闻名于世的,因此黄河不太可能永远维持现行的河道。黄河如果再行改道,又可能流经何处? 淮河是否会再次首当其冲?

根据国家地震局测量大队的观测,废黄河沿线有明显的沉降趋势。徐州以南夹持于大别山北麓至淮北平原和鲁中、南丘陵山地两大上升区域之间,为一条北西向下沉带,在泗洪附近下沉幅度达 -50 毫米,年速率为 -2 毫米,其沉降形态很是瞩目(图 1 - 4)。[②] 郑州、兰考、商丘、砀山以至泗县、宿迁、响水的沉降带与历史上曾出现的黄河夺淮泛道走向非常相似,如果这种地面的升沉趋势继续发展,则仍有可能成为黄河潜在的泛道。黄河夺淮作为一种地貌过程有可能再次发生,这是河流演变过程中的周期性旋回。这意味着研究黄河夺淮时期的地貌过程,仍然具有强烈的现实意义。

百年前,面对治理淮河错综复杂的形势,中国近代水利事业的奠基人、治淮先驱张謇曾发出呼吁:

> 当先研究淮、沂、泗、沭,宜从何处泄泻入海,又宜在何处分流,何处合流,使相资而不相犯,乃未施工以前所当认为第一重要问题者也。此第一重要问题尤有前提

---

① 辛德勇:《黄河史话》,社会科学文献出版社,2011 年,第 58 页。
② 桂焜长、沈永坚:《苏鲁皖豫地区垂直形变的构造背景分析》,《地震地质》1984 年第 3 期。

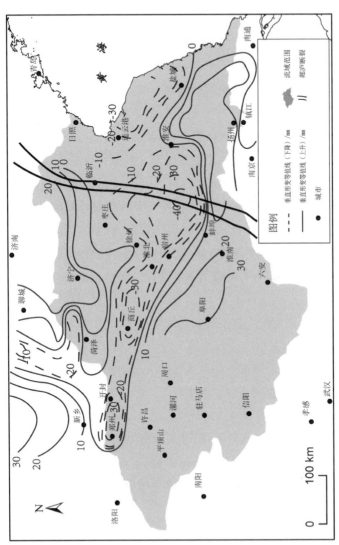

图 1 - 4　淮河流域垂直形变图

资料来源：桂楗长、沈永坚：《苏鲁皖豫地区垂直形变的构造背景分析》，《地震地质》1984 年第 3 期。

焉,则我四千年来关于淮河利害之历史,与数十万方
里内关于淮河利害相因之地理也。不研究历史,则与
泗、沂、沭与黄河分合利害关系之成案,无由而知;不
研究地理,则淮、沂、泗、沭昔何所凭而为分为合,今何
所恃而或分或合,以及分之分数,合之远近,亦无由
而知。[①]

诚如张謇所言,淮河演变之历史悠久,地理之变迁亦极复杂。
历史时期淮河的演变是自然力量与人类活动共同作用的结果。
因此,想要实现淮河的综合治理,一方面要复原其演变过程,另一
方面要总结古人在治理淮河中的智慧和经验。这些工作虽然不
能直接改变淮河流域的环境状况,却可以为相关的从业者提供历
史的借鉴。历史地理学作为有着强烈的现实关怀的学科,"不仅
要复原过去时代的地理景观,而且还须寻找其发展演变的规律、
阐明当前地理景观的形成和特点"[②]。为当代的环境治理提供依
据,是历史地理研究者的责任。

第三节　研究对象的时空范围

黄河夺淮之初,时而北流,时而南流,时而南北分流。在南流
入淮时,黄河漫流于淮北平原,没有固定流路。在这种情况下,黄
河之于淮河水系的影响尚不显著。到明代初年,治理黄河的主要
原则是"保漕"。这就要求黄河既不能冲决运河,又要在运河水量
不足的时候,借黄河之水接济运河。当时,黄河在流经开封以后,

---

① 张謇:《淮与江河关系历史地理说》,《张謇全集》第 4 册,上海辞书出版社,2012 年,
第 321~326 页。
② 侯仁之:《历史地理学刍议》,《北京大学学报(自然科学版)》1962 年第 1 期。

就形成三条分流:北流从封邱县之金龙口,至寿张县入会通河,转东循大清河入海;东流即贾鲁河,从开封,经山东之曹县、单县,至徐州之小浮桥,入运河;南流即于开封一带,向南循颍河、涡河、浍河等汇入淮河水系。这三条分流之中,北流和东流均有输送黄河水济助"闸漕"和"河漕"两段运道的作用。但正统十三年(1448年)至景泰六年(1455年)间,以及弘治五年(1492年),黄河于寿张县之沙湾,或东阿县之张秋,相继溃决七次,洪水冲阻会通河。① 弘治六年,总理河道都御史刘大夏提出:

> 河南、山东、两直隶地方,西南高阜,东北低下。黄河大势,日渐东注,究其下流,俱妨运道。虽该上源分杀,终是势力浩大,较之漕渠数十余倍,纵有堤防,岂能容受? 若不早图,恐难善后。②

这说明朝廷治河官员已然明晰,引黄河水济助运道,亦必带来冲阻运道之危害。因此借助分流的黄河维持运河通航的策略势必做出改变。而在刘大夏看来,当时控制黄河河势的关键地点在黄陵冈。他详细分析了当时的河势及黄运关系,认为:

> 河南所决孙家口、杨家口等处,势若建瓴,无筑塞之理。欲于下流修治,缘水势已逼,尤难为力。惟山东、河南与大名府交界地方黄陵冈,南北古堤,十存七八,水仍从考城县南行。又自大名府起至曹县地方止,离归德府丁家道口一十五里,筑成大堤一条,分逼

---

① 蔡泰彬:《晚明黄河水患与潘季驯之治河》,台北:乐学书局,1998 年,第 18 页。
② 〔清〕顾炎武:《天下郡国利病书》不分卷《山东备录上》,上海古籍出版社,2012 年,第 1567 页。

水势,从贾鲁河以入徐州,将黄陵冈筑住,平安镇功
成,漕运无事。①

　　弘治八年(1495 年)刘大夏奉命治河,为确保会通河之畅通,
遂筑塞黄河北行河道各水口,如仪封县之黄陵冈、封邱县之金龙
口等七处。"诸口既塞,于是上流河势复归兰阳、考城,分流径徐
州、归德、宿迁,南入运河,会淮水,东注于海,南流故道以
复。"②为防黄河再度北徙,于黄河中游河道北岸构筑二道堤防:
"大名府之长堤,起胙城,历滑县、长垣、东明、曹州、曹县抵虞城,
凡三百六十里。其西南荆隆等口新堤起于家店,历铜瓦厢、东桥
抵小宋集,凡百六十里。大小二堤相翼,而石坝俱培筑坚厚,溃决
之患于是息矣。"③从此,黄河北流断绝,改由贾鲁河、颍河、涡河、
睢河等河道分流入淮,黄河夺淮进入"全黄入淮"时期。

　　刘大夏治河以后,黄河呈现"北堤南分"的态势,即在徐州以
西之黄河北岸筑堤防守,不使黄河北行;而在黄河南岸则疏浚数
条支河,分黄入淮。这一方略也成为正德、嘉靖二朝整治黄河所
遵行之主要方法。④ 对于淮河而言,由于黄河在广阔的淮北平原
迁徙不定,黄河所携带之泥沙沿途沉积于淮北平原的各条支流,
汇入淮河干流时,河水已成清流,因此淮河中游所受之影响相对
较小。但对于淮河下游而言,无论黄河经由淮北的哪条支流入
淮,都要汇聚到淮河下游河道入海。虽然无法获得历史时期黄河
与淮河的水文资料,但以现代实测数据为参照,仍可估计全黄入
淮给淮河水系带来的巨大冲击。黄河三门峡至花园口段多年平

① 〔清〕顾炎武:《天下郡国利病书》不分卷《山东备录上》,第 1567 页。
② 《明史》卷八三《河渠一》,中华书局,1974 年,第 2024 页。
③ 《明史》卷八三《河渠一》,第 2024 页。
④ 蔡泰彬:《晚明黄河水患与潘季驯之治河》,第 19 页。

均径流量为 532.87 亿立方米[①]，而淮河中游（蚌埠站）多年平均径流量为 269.7 亿立方米[②]，黄河的水量相当于两条淮河的总和。全黄入淮后，淮河水系原有的河槽不足以同时容纳黄河与淮河两条大河，泛滥决口的频率因而骤增。

除了水量大增，黄河所携带的泥沙也深刻改造了淮河流域地貌系统。嘉靖末年，黄河南行之颍、涡诸河道，经黄水长期流经，已经逐渐淤高。因此嘉靖二十五年（1546 年）以后，黄河渐趋东北徙，与漕河交汇于徐州和沛县之间。此后隆庆、万历两朝主持治河的万恭、潘季驯等人，均坚持"束水攻沙"。这就使明代的治河方略由"北堤南分"向"南北均筑堤防"发展，在这一过程中，黄河的河槽逐渐被固定下来并趋向单一河道，最终形成黄河经古泗水入淮，与淮河交汇于清口的态势。而随着黄河下游的筑堤，黄河泥沙不再随意宣泄，而是集中被输往淮河干流。这样一来，清口以下的淮河下游首当其冲。伴随着黄、淮河道日益淤高，每次决口都将黄河的泥沙沉积于淮河两岸，极大改造了淮河下游的微地貌。为了使黄河泥沙顺利输向大海，万历六年（1578 年）起潘季驯通过增筑高家堰，积蓄淮水于洪泽湖中，以实现"蓄清刷黄"。但日益抬升的洪泽湖水时常漫过高家堰，直冲里运河两岸的淮扬地区，又使这一区域的水文环境出现巨大变化。这种变化可以通过苏北废黄河三角洲的成陆速度得到体现。

三角洲淤长越快，说明黄河经淮河下游入海的水沙越多。虽然黄河长期夺淮始于 1128 年，但 1495 年前，黄河一直是南北分流，故苏北废黄河口淤涨速率仅为 0.012 千米/年。1495 年"全

---

① 此数据为黄河三门峡至花园口段多年（1956～2000 年）平均天然径流量，见刘昌明主编：《中国水文地理》，科学出版社，2014 年，第 554 页。
② 刘昌明主编：《中国水文地理》，第 606 页。

黄入淮"以后,废黄河口淤涨速率增加到每年 0.069 千米,较南北分流时期增加 5.75 倍。1578～1776 年近 200 年中,黄河下游筑堤已成,河口平均以 200～250 米/年左右的速度向海伸展(见表1-2)。[①] 较之"北堤南分"时期,淤涨速度又大为加快。

表 1-2 苏北黄河三角洲的成陆速度

年份	成陆面积 (km²)	成陆速度 (km²/a)	岸线平均推进速度 (km/a)
1128～1500 年	1 670	4.5	0.012
1500～1660 年	1 770	11.1	0.069
1660～1747 年	1 360	15.6	0.179
1747～1855 年	2 360	21.9	0.203

资料来源:邹逸麟、张修桂主编:《中国历史自然地理》,科学出版社,2013 年,第545 页。

上述史实表明,在黄河的影响下,16 世纪以来淮河下游的湖泊分布与水系格局出现了显著变化,但这种变化的具体过程长期以来并没有得到系统研究,因此这也就成为本书试图解决的主要问题。在研究区域的划分上,虽然目前沂沭河与淮河下游属于不同的水资源二级区,但鉴于在历史时期,包括黄河夺淮后的很长时间之内,沂水、沭水和泗水均是淮河的支流,统属于淮河流域。明万历六年(1578 年),基本形成黄河由汴河入泗河,再由泗河入淮河的固定河道后,由于废黄河的逐渐淤高,才造成沂沭河尾闾由入淮转向入海。且沂沭河下游位于以杨庄为顶点的黄河、淮河三角洲平原(习惯上称之为废黄河三角洲平原)上,长期受到黄河、淮河决口的影响,地貌格局出现很大变化。因此有必要将沂

[①] 陈吉余:《历史时期的海岸变迁》,载《陈吉余(伊石)2000:从事河口海岸研究五十五年论文选》,华东师范大学出版社,2000 年,第 182～205 页。

沭河下游作为淮河下游的一部分加以研究。这样一来,本书的研究对象就可细分为里运河以西洪泽湖以东的运西湖区平原、里运河以东的里下河平原、淮河入江河口以及废黄河三角洲北部的沂沭河下游平原,共计 4 个地貌单元。

1855 年后,黄河虽然北移,但黄河长期夺淮,特别是 1495 年"全黄入淮"后导致的淮河下游水系紊乱、尾闾不畅的局面并没有随着黄河的北归而结束,淮河下游地区在相当长的时间内仍然饱受水旱灾害的困扰。为尽可能全面探究目前环境形成的历史过程,为今后制定周详的治理、规划措施提供历史借鉴,本书研究时间的下限均延伸至当代,基于各个地貌单元的具体情况不同而略有差别。

第四节　国内外研究现状概述

对历史时期水系变迁的研究在中国有着深厚的文化传统和学术积淀。中国有文字记载的历史可上溯至殷商时代,几千年来的文字典籍中保存了大量关于地理信息的记录,这一条件对历史地理研究来说可谓得天独厚,为历代研究者复原历史时期的水系格局提供了可能。就淮河而言,由于黄河夺淮的影响在 1495 年"全黄入淮"和黄河下游筑堤以后日益严重,明中期以后士大夫和文人阶层中关注治淮的人日益增多。[①] 在 1855 年黄河北归之后,当时的有识之士认为这是治理淮河的绝佳机会,并发起了一场"导淮"运动,即为淮河规划各种入海流路,归纳起来有"归江""归海"和"江海并流"三种意见。进入民国以后,美国水利学家费

[①] 他们留下的著作中较为重要的有明万历年间胡应恩的《淮南水利考》、清乾隆年间郭起元的《介石堂水鉴》、道光年间冯道立的《淮扬治水论》等。

礼门所著《治淮计划书》^①为淮河流域的治理做了初步的科学规划。沈秉璜据1911年起张謇主持的三次淮河测量活动成果撰写的《勘淮笔记》^②保留了当时淮河流域大量的调查资料，武同举撰写的《淮系年表全编》^③和《淮史述要》^④辑录了历史文献中关于淮河变迁的大量记载。宋希尚的《说淮》^⑤、宗受于的《淮河流域地理与导淮问题》^⑥、胡焕庸的《两淮水利概论》^⑦等著作均是当时研究淮河地理与水利的代表性著作。这一时期的研究大多不涉及对历史水系变迁研究至关重要的"演变过程"的探讨，但是这些著作记录了历史时期淮河流域地理状况的珍贵信息，以及治淮学说发展的脉络，对于当代治淮研究而言有着重要的参考价值。

从20世纪80年代末开始，对淮河流域的水利史与河流地貌研究受到重视。1987年，《治淮》杂志以增刊的形式出版了《淮河水利史论文集》^⑧，收录27篇关于历史时期淮河水系变迁、治淮方略、黄河夺淮等问题的专题论文，其中《十四世纪的黄河入淮》^⑨对元代中后期和明代初期的黄淮关系进行了复原研究；《黄

① 余明德等编译：《美国工程师费礼门治淮计划书》，全国图书馆文献缩微中心。
② 沈秉璜：《勘淮笔记》，中国水利史典编委会编：《中国水利史典·淮河卷》第2册，中国水利水电出版社，2015年，第127～222页。
③ 武同举：《淮系年表全编》，台北：文海出版社，1969年。
④ 武同举：《淮史述要》，中国水利史典编委会编：《中国水利史典·淮河卷》第1册，中国水利水电出版社，2015年，第105～138页。
⑤ 宋希尚：《说淮》，中国水利史典编委会编：《中国水利史典·淮河卷》第2册，第1～94页。
⑥ 宗受于：《淮河流域地理与导淮问题》，中国水利史典编委会编：《中国水利史典·淮河卷》第2册，第273～344页。
⑦ 胡焕庸：《两淮水利概论》，中国水利史典编委会编：《中国水利史典·淮河卷》第2册，第95～126页。
⑧ 水电部治淮委员会：《淮河水利论文集》，《治淮》增刊，1987年。
⑨ 姚汉源：《十四世纪的黄河入淮》，载水电部治淮委员会：《淮河水利史论文集》，第1～24页。

河现行河道夺淮流路考略》①考证复原了 1823 年至 1938 年间黄河南决夺淮的 11 条主要泛道;《明万历年间治淮的蓄泄之争》②《明代黄淮运关系的对策》③《略论清代的导淮议》④《清代淮淮分流说之提出》⑤四篇论文则对明清时期治理黄淮思想的演变进行了探讨;《历史上高家堰的修筑、扩建及其对淮河中游河流环境的影响》⑥《汝水变迁考》⑦《试论黄淮平原形成和淮河水系演变》⑧等则是从地学视角探讨淮河水系变迁问题。《淮河水利史论文集》是对淮河水利史、水系变迁史研究的集大成之作,涉及了淮河流域的许多重要问题,但从地域上来讲,主要是对淮河中游的洪泽湖和淮北平原各支流的研究,缺乏对淮河下游演变过程的研究。

邹逸麟主编的《黄淮海平原历史地理》对黄河下游、淮河、海河以及运河的历史变迁均做了概括性的梳理。其中《淮河水系的演变》⑨一节从历史地理的视角介绍了淮河流域的概况,并将淮

① 徐福龄、杨国顺:《黄河现行河道夺淮流路考略》,载水电部治淮委员会:《淮河水利史论文集》,第 33~38 页。
② 席珍国:《明万历年间治淮的蓄泄之争》,载水电部治淮委员会:《淮河水利史论文集》,第 48~53 页。
③ 黎沛虹、王绍良:《明代黄淮运关系的对策》,载水电部治淮委员会:《淮河水利史论文集》,第 119~128 页。
④ 张芳:《略论清代的导淮议》,载水电部治淮委员会:《淮河水利史论文集》,第 129~137 页。
⑤ 查一民:《清代黄淮分流说之提出》,载水电部治淮委员会:《淮河水利史论文集》,第 138~143 页。
⑥ 许炯心:《历史上高家堰的修筑、扩建及其对淮河中游河流环境的影响》,载水电部治淮委员会:《淮河水利史论文集》,第 157~162 页。
⑦ 徐海亮:《汝水变迁考》,载水电部治淮委员会:《淮河水利史论文集》,第 182~188 页。
⑧ 曹厚增:《试论黄淮平原形成和淮河水系演变》,载水电部治淮委员会:《淮河水利史论文集》,第 232~239 页。
⑨ 邹逸麟主编:《黄淮海平原历史地理》第四章之第二节,安徽教育出版社,1993 年。

河水系变迁分为独流入海时期（南宋初年以前）、黄河夺淮时期（南宋至清咸丰四年）、黄河北徙以后（清咸丰五年以后）三个时段进行研究。依靠《水经注》等文献对独流入海时期的淮河干流与两岸支流进行了考证复原，使用《宋史·河渠志》《金史·河渠志》等文献对黄河夺淮的过程、路线以及影响做了初步的探讨，还注意到黄河在花园口决溢对淮河水系的再破坏问题。这是一篇提纲挈领式的概述，虽然篇幅不长，但所涉及的内容均是淮河流域水系变迁研究中的关键问题。

蔡泰彬在《晚明黄河水患与潘季驯之治河》中，基于明代黄河水患空前严重，不仅冲阻漕河，而且危害祖陵和沿岸各州县存续的历史背景，着力分析了晚明黄河水患发生的原因、沿河州受灾情况、祖陵遭淮水逆浸之史实和潘季驯治河之方略。提出：潘季驯力倡"束水攻沙"之治河方策，其能洞悉治河即在治沙。但潘季驯之治河观，虽能突破传统治理黄河采行"分流"之窠臼，却因水文知识不足，未能整治黄河上游地区，以降低河水中之含沙量，而专恃双重堤防之构筑，是无法清除清口、海口、河道诸淤沙，以致黄河仍属拔地"悬河"，河水严重威胁沿河各州县。[①] 这些分析为本书探讨 16 世纪以来淮河下游地貌过程提供了历史背景。

徐士传在《黄淮磨认》[②]一书中，对于黄淮关系与淮河中下游历史水系变迁等问题，提出了许多不同于传统见解的新观点。在黄淮关系方面，徐氏认为：在有史以前，黄河是在江苏省淮安县入黄海，所以禹贡大河是史前大河决口北徙所造成的。自有史以来至北宋，黄河下游的河线，只在禹贡大河与今黄河之间的三角形区域内摆动，没有全河徙入淮河的记载。其间出现的黄河泛滥，

---

① 蔡泰彬：《晚明黄河水患与潘季驯之治河》。
② 徐士传：《黄淮磨认》，淮阴市水利局、淮阴市地方志办公室，1988 年，内部发行。

都是分泄一部分洪水,属于决口延迟堵复的性质。[①] 在淮河水系变迁方面,徐氏认为淮河曾发生在欧家岭口夺射水改道,其时间始于东汉明帝初年,即公元 58～69 年之间。[②] 此外,徐氏对于淮河水系中的泗水、沭水、睢水等水系的变迁与洪泽湖、万家湖、白水塘等湖沼的演变和淮河沿线的水利工程的兴废等问题均有独到的见解。其研究将多年水利工作的实践经验与历史文献记载相结合,不囿旧说。虽然有些问题因为时代久远,难以确切考证,但论据翔实,可成为一家之言。

黄志强等著的《江苏北部沂沭河流域湖泊演变的研究》[③]是一部系统研究江苏淮北湖群演变的专著,对骆马湖、硕项湖、桑墟湖、青伊湖、艾塘湖的演变过程均结合历史文献记载、地层剖面资料、实地调查与采访进行了复原研究。其中硕项湖、青伊湖与桑墟湖位于黄淮三角洲(废黄河三角洲)的边缘地带,受河流作用影响显著,是本书重点研究的区域之一。黄志强等对历史文献记载的使用得当,但对桑墟湖的复原结果却存在一定问题,一方面是对桑墟湖出现时间的考证有误,另一方面对桑墟湖位置的复原中没有揭示出桑墟湖水体在黄河决口扇的推动下进行移动的过程,也未能揭示出青伊湖、硕项湖与桑墟湖之间的相互关系。

1990 年出版的《淮河水利简史》[④]一书虽然聚焦水利史,但是其中有许多内容涉及历史时期淮河流域河流、湖泊的演变过程,例如该书对淮河流域三大湖泊——洪泽湖、南四湖、骆马湖的形成与演变,淮河改道入江的过程,归海坝的建设与里下河的变迁

---

① 徐士传:《史前淮河入黄河论》,载《黄淮磨认》,第 14～24 页。

② 徐士传:《淮河东汉改道》,载《黄淮磨认》,第 29～30 页。

③ 黄志强等:《江苏北部沂沭河流域湖泊演变的研究》,中国矿业大学出版社,1990 年。

④ 水利部淮河水利委员会《淮河水利简史》编写组:《淮河水利简史》。

等内容均有具体研究。该书史料扎实、论证充分，但是缺乏完整、系统的地貌过程研究。1993 年编印的《江淮水利史论文集》^①主要聚焦于江淮地区的水利史与河湖水文变迁研究，收录了多篇涉及淮河下游水系变迁研究的论著。其中吴若宾等在对淮河下游洪涝灾害的研究中统计了黄河夺淮后淮河下游出现黄淮并涨，黄、沂、沭并涨，黄、淮、沂、沭、泗并涨的次数和灾情特征。客观描述了黄河夺淮特别是 1495 年全黄入淮给淮河下游造成的环境灾害，并提出了防灾、减灾的措施。^② 朱更翎依据《河防一览》《敬止集》等史料复原了 16 世纪里下河洪涝灾害的特点，指出"十六世纪在中国水利史上，特别是苏北里下河地区水利史上出现的洪涝灾害，具有该地区自有洪涝灾害记载以来，空前严重，持续频发的特点"^③，借助里下河这一研究案例揭示 16 世纪全黄入淮以后淮河下游的环境剧变。徐炳顺统计明隆庆三年（1569 年）至清康熙二十一年（1682 年）的 113 年中，里下河有 56 年遭受水患，并对里下河遭水患的原因进行了分类讨论。^④《江淮水利史论文集》中收录的多篇探讨里下河地区洪灾及其成因的论文，汇集了当时对历史时期里下河水环境研究的主要成果^⑤，但是相关复原研究主要依据历史文献进行描述，尚不能反映里下河水系在全黄入淮

---

① 中国水利学会水利史研究会、江苏省水利学会、淮阴市水利学会：《江淮水利史论文集》，1993 年，内部刊物。

② 吴若宾、范成泰：《淮河下游的洪涝灾害及减灾对策探讨》，中国水利学会水利史研究会、江苏省水利学会，淮阴市水利学会：《江淮水利史论文集》，第 16～25 页。

③ 朱更翎：《十六世纪里下河洪涝及减灾》，中国水利学会水利史研究会、江苏省水利学会，淮阴市水利学会：《江淮水利史论文集》，第 26～32 页。

④ 徐炳顺：《里下河历史上洪灾成因浅析》，中国水利学会水利史研究会、江苏省水利学会，淮阴市水利学会：《江淮水利史论文集》，第 38～43 页。

⑤ 除朱、徐的两篇文章外，《江淮水利史论文集》中涉及里下河的研究还有戴树义的《初探里下河地区洪灾》（第 44～47 页）、廖高明的《高邮湖"悬湖"的形成与里下河水灾》（第 48～52 页）。

的情况下出现的具体变化。

1986 年中国科学院地理研究所与水利部淮河水利委员会联合成立了淮河组,于 1993 年和 1996 年先后出版了《淮河地理研究》[①]和《淮河环境与治理》[②]两部著作,其中收录了多篇涉及历史时期淮河下游河湖水文变迁的研究成果。王均的《淮河下游水系变迁及黄淮运关系的初步研究》[③]一文对淮河下游历史水系变迁研究具有开拓意义,作者已经得出了"从历史上看,淮河水系变迁的发生、发展是在宋代至清代黄河南徙入淮和元、明、清三代京杭大运河开发这两个因素的作用下进行的"[④]这一重要结论,对淮河流域的地质地理背景及黄河南徙前的水系面貌、黄河夺淮的历史过程、黄淮运关系的演变均做了较为恰当的概括。王均将淮河下游水系变迁分为干流变迁、里运河及运西诸湖的变迁、沂沭泗水系的变迁和清口运口的变迁等进行研究,已经考虑到淮河下游不同地貌单元间的差异,但不足之处是该文缺少了对里下河平原、淮河入江河口及黄淮三角洲的研究,因此其对淮河下游的研究是不完整的。文中对历史文献的使用较为单薄,许多重要的地方志未见征引,未能对明清河臣的文集给予足够重视,未能使用古代舆图资料等。这些不足之处很大程度上是由当时的历史条件决定的。张义丰的《淮河流域两大湖群的兴衰与黄河夺淮的关系》[⑤]是针对鲁西南湖群和苏北湖群的历史变迁进行的专门研

① 张义丰、李良义、钮仲勋主编:《淮河地理研究》,测绘出版社,1993 年。
② 张义丰、李良义、钮仲勋主编:《淮河环境与治理》,测绘出版社,1996 年。
③ 王均:《淮河下游水系变迁及黄淮运关系的初步研究》,载张义丰、李良义、钮钟勋主编:《淮河地理研究》,第 150～169 页。
④ 王均:《淮河下游水系变迁及黄淮运关系的初步研究》,载张义丰、李良义、钮钟勋主编:《淮河地理研究》,第150 页。
⑤ 张义丰:《淮河流域两大湖群的兴衰与黄河夺淮的关系》,载张义丰、李良义、钮钟勋主编:《淮河地理研究》,第 170～178 页。

究,作者对苏北湖群的研究包括洪泽湖与运西湖泊群,其结论"黄河夺淮 600 多年,淮河流域的决口泛滥改道,是湖泊扩张收缩的主要原因;而明清以来的人类活动,特别是明清以来的治河加速了两大湖群的兴衰"①基本准确,但文章较为简略,对历史文献重视不够,没有能够复原出湖泊具体的演变过程。吴沛中的《黄河夺淮对淮河流域的破坏性影响》②已经注意到黄河夺淮对淮河下游水系变迁所造成的影响,但是该研究对历史文献的使用不足,导致其许多结论与历史事实并不相符。例如作者在对黄河夺泗造成沂、沭河下游变迁的研究中认为"康熙二十四年硕项湖淤涸而废湖为田"③。实际上硕项湖直至乾隆年间仍然存在,只是面积大为缩小,本书第五章对该问题有具体论述。

韩昭庆的《黄淮关系及其演变过程研究——黄河长期夺淮期间淮北平原湖泊、水系的变迁和背景》④一书是第一部综合研究黄河、淮河与人类活动之间互动关系的专著。书中对黄河夺淮时期因黄河下游变迁导致淮北平原上的湖泊、水系变迁以及人地关系的互动进行了深入细致的研究。这部著作首先论述了黄河长期夺淮的始端问题,然后将 1128~1855 年间研究区域内的水系与湖泊演变分别进行了复原研究。其中水系变迁部分涉及黄河夺淮对颍河、涡河、睢河等淮北主要支流的影响,对湖泊的研究则包括洪泽湖、南四湖与淮河中游湖群三个部分,对洪泽湖演变的

① 张义丰:《淮河流域两大湖群的兴衰与黄河夺淮的关系》,载张义丰、李良义、钮钟勋主编:《淮河地理研究》,第 178 页。
② 吴沛中:《黄河夺淮对淮河流域的破坏性影响》,载张义丰、李良义、钮钟勋主编:《淮河环境与治理》,第 85~93 页。
③ 吴沛中:《黄河夺淮对淮河流域的破坏性影响》,载张义丰、李良义、钮钟勋主编:《淮河环境与治理》,第 90 页。
④ 韩昭庆:《黄淮关系及其演变过程研究——黄河长期夺淮期间淮北平原湖泊、水系的变迁和背景》,复旦大学出版社,1999 年。

模式进行了总结。其研究区域以淮北平原为主,未涉及淮河下游地区,研究时段下限止于 1855 年,但是黄河夺淮给淮河流域带来的影响并没有因黄河北徙而消失,因此继续开展淮河流域历史河流地貌的研究仍然是必要的。

戴维·艾伦·佩兹在《工程国家——民国时期(1927～1937)的淮河治理及国家建设》[①]一书中,专注于分析 1927～1937 年间国民政府对淮河的治理,并借此剖析国民政府内部的整治纷争及中央与地方政府间的矛盾。佩兹参考了台湾"中研院"近史所收藏的档案材料,论述了公元前 200～1855 年淮河流域的环境变化、1500～1927 年淮河的管理机构及"导淮"措施。

王英华的《洪泽湖—清口水利枢纽的形成与演变——兼论明清时期以淮安清口为中心的黄淮运治理》[②]与张卫东的《洪泽湖水库的修建——17 世纪及其以前的洪泽湖水利》[③]是关于明清时期洪泽湖与清口水利枢纽演变过程的两部重要成果。张著主要对明后期至清初建设高家堰和由此导致的洪泽湖的扩张及相关问题进行研究。王著则对明清时期黄淮运之间复杂的相互关系和建设淮扬水利的决策过程进行了详细梳理,复原清口水利枢纽从兴建到兴盛再到衰败的全过程。虽然两部著作未涉及淮河下游演变的情况,但洪泽湖的演变对淮河下游的影响十分显著,因此上述两部著作对本书研究淮河下游提供了重要参考。

---

① [美]戴维·艾伦·佩兹:《工程国家——民国时期(1927～1937)的淮河治理及国家建设》,姜智芹译,江苏人民出版社,2011 年。
② 王英华:《洪泽湖—清口水利枢纽的形成与演变——兼论明清时期以淮安清口为中心的黄淮运治理》,中国书籍出版社,2008 年。
③ 张卫东:《洪泽湖水库的修建——17 世纪及其以前的洪泽湖水利》,南京大学出版社,2009 年。

张文华在《汉唐时期淮河流域历史地理研究》①中对汉唐时期淮河流域的历史地理进行了综合研究,探讨了汉唐时期淮河流域河湖环境及其变迁,对部分先秦时期淮河流域湖沼作了辑考,重点则是围绕《水经注》对淮河流域河流湖泊的记载展开分析。赵筱侠的《苏北地区重大水利建设研究(1949～1966)》②对1949年后苏北地区的水利建设进行了研究,作者大量使用档案资料,较为翔实地复原出中华人民共和国成立后对淮河下游水利事业的决策与实践过程,对相关水利建设的经验、得失进行了总结。吴海涛等的《淮河流域环境变迁史》③是第一部淮河流域的环境史专著,对淮河流域环境变迁与社会应对,以及由环境变迁导致的经济、教育、风俗等方面的变迁进行了系统研究。该书史料丰富,内容全面,通过对历史文献的分析,反映淮河流域环境变迁的大势。

马俊亚的《被牺牲的"局部":淮北社会生态变迁研究(1680～1949)》一书,论证了清至民国时期,中央政府在"顾全大局"的政治思维下所制定的政策对淮北地区的巨大影响。重点分析了治水、漕运和盐务等政策对淮北的地理环境、经济结构、社会结构、民间风俗等的塑造、影响及作用,揭示了淮北地区在中央政府基于政治权力的实际运作下逐步沉沦为穷乡瘠壤和枭匪乐园的历史过程。④

袁慧的《江淮关系与淮扬运河水文动态研究(10～16世纪)》

① 张文华:《汉唐时期淮河流域历史地理研究》,上海三联书店,2013年。
② 赵筱侠:《苏北地区重大水利建设研究(1949～1966)》,合肥工业大学出版社,2016年。
③ 吴海涛等:《淮河流域环境变迁史》,黄山书社,2017年。
④ 马俊亚:《被牺牲的"局部":淮北社会生态变迁研究(1680～1949)》,北京大学出版社,2011年。

利用历史文献资料,同时借助现代地理学研究成果、考古资料和实地考察资料,以宋代至明代为主要研究时段,以江淮关系为视角,探究淮扬运河堤岸闸坝体系形成过程中运河流向、水源和运湖关系等水文动态的演变历程。解读了不同时期江淮关系的具体内涵及其与淮扬运河的互动进程,揭示了淮扬运河沿线河湖地貌和水环境演变的内在驱动机制。[①] 此外,张崇旺的《明清时期江淮地区的自然灾害与社会经济》[②]、《淮河流域水生态环境变迁与水事纠纷研究:1127~1949》[③],胡惠芳的《淮河中下游地区环境变动与社会控制(1912~1949)》[④],卢勇的《明清时期淮河水患与生态社会关系研究》[⑤]等著作均从各自的角度阐释了对淮河流域环境变迁、人地关系等问题的见解。但这些著作并非关注河流本身的演变,基本不涉及地貌过程研究。

除上述专著外,20世纪80年代以来还有大量研究淮河下游环境变迁的论文发表。王建革的系列研究指出:明代大运河的启用,使黄淮运交汇区域成为治水的关键区域。随着运河、淮河与黄河的治理,特别是筑堤的兴起,黄河各水道有一个从面到线、再从一线到清口一点的集中过程。[⑥] 早期清口的清水优势明显,不但由于湖水较深,也由于雍正年间加高了高家堰,人为地促进了清水的优势。这时期,清口水利枢纽有效地发挥作用,淮水七分

① 袁慧:《江淮关系与淮扬运河水文动态研究(10~16世纪)》,上海教育出版社,2022年。
② 张崇旺:《明清时期江淮地区的自然灾害与社会经济》,福建人民出版社,2006年。
③ 张崇旺:《淮河流域水生态环境变迁与水事纠纷研究:1127~1949》,天津古籍出版社,2015年。
④ 胡惠芳:《淮河中下游地区环境变动与社会控制(1912~1949)》,安徽人民出版社,2008年。
⑤ 卢勇:《明清时期淮河水患与生态社会关系研究》,中国三峡出版社,2009年。
⑥ 王建革:《明代黄淮运交汇区域的水系结构与水环境变化》,《历史地理研究》2019年第1期。

入黄,三分济运。① 到了后期,随着黄河淤高倒灌,湖底淤高,清口难以刷黄济运。乾隆末年实行了借黄济运,道光年间又实行了灌塘济运。由于黄水不断地进入洪泽湖,湖北部更加淤积抬高。导致大量淮水从山盱五坝下高宝诸湖入江或归海。清口不得不在大多数的情况下封闭,而这又进一步加剧高家堰的危机。②

在对运西湖区平原的研究中,廖高明的《高邮湖的形成和发展》③一文运用大量历史资料,复原出上河湖群的演变大势,但是对于湖泊演变的具体过程仅有简单的描述,缺乏量化分析。马武华等的《运西湖泊滩地资源特征及其开发研究》一文对高宝诸湖20世纪50至80年代滩地资源的变化进行了系统研究,资料翔实,对了解1949年后高宝诸湖的演变过程提供了重要参考。④

在对里下河平原的研究中,吴必虎的《黄河夺淮后里下河平原河湖地貌的变迁》⑤一文依据历史文献进行地貌过程复原研究,勾勒出明清时期里下河平原河湖地貌变迁的一些特点。存在的问题是精度不够,作者使用两张地图直观反映出明代以前和明清时期两个阶段里下河地区河湖地貌的分布情况,但明清时期里下河平原上出现的巨大变化则无法体现,因此相关研究还可以在此基础上进一步完善。潘凤英对历史时期射阳湖的变迁及其

---

① 王建革:《清口、高家堰与清王朝对黄淮水环境的控制(1755～1855年)》,《浙江社会科学》2021年第9期。

② 王建革:《清代中后期水环境变迁以及引黄济运和灌塘济运》,《江南大学学报(人文社会科学版)》2022年第2期。

③ 廖高明:《高邮湖的形成和发展》,《地理学报》1992年第3期。

④ 马武华、邓家瑛:《运西湖泊滩地资源特征及其开发研究》,《中国科学院南京地理与湖泊研究所集刊》第5号,科学出版社,1988年,第37～49页。

⑤ 吴必虎:《黄河夺淮后里下河平原河湖地貌的变迁》,《扬州师范学院学报(自然科学版)》1988年第1,2期。

成因的探讨①和凌申对全新世以来里下河地区古地理演变的复原②均是依靠沉积物和地貌调查资料,结合历史文献记载进行的长时段的区域环境变迁复原研究,有助于了解里下河地区环境变迁的大势。由于研究时段跨越整个历史时期,因此对近五百年来里下河平原地貌过程的重建,仍有进一步完善的空间。彭安玉著《黄河夺淮后江苏淮北地区自然环境的变迁》③《论明清时期苏北里下河自然环境的变迁》④《试论黄河夺淮及其对苏北的负面影响》⑤三篇论文以历史学者的视角审视历史文献中对里下河环境记载的变化,讨论了这种变化的成因和影响,但不涉及地貌过程研究。

在对淮河入江河口区地貌过程的研究中,徐近之在1951年考察黄泛区时已经注意到1938~1947年间由淮北南泛的黄淮水沙可能对长江及运河造成的干扰。⑥邹德森分析了黄、淮水入侵长江后对镇扬河段和扬中河段水流动力轴线的影响,以及由此导致的河流地貌的变化,得出"黄、淮水入长江是造成镇扬河段焦山以下十九世纪初河势的根源"⑦这一科学结论,但欠缺对淮河入江河口地貌过程的研究。中国科学院地理研究所、长江水利水电科学研究院等单位根据野外调查、航空影像及历史文献资料首次

① 潘凤英:《历史时期射阳湖的变迁及其成因探讨》,《湖泊科学》1989年第1期;潘凤英:《试论全新世以来江苏平原地貌的变迁》,《南京师院学报(自然科学版)》1979年第1期。
② 凌申:《全新世以来里下河地区古地理演变》,《地理科学》2001年第5期;凌申:《历史时期射阳湖演变模式研究》,《中国历史地理论丛》2005年第3期;凌申:《射阳湖历史变迁研究》,《湖泊科学》1993年第3期。
③ 彭安玉:《黄河夺淮后江苏淮北地区自然环境的变迁》,《南京林业大学学报(人文社会科学版)》2013年第4期。
④ 彭安玉:《论明清时期苏北里下河自然环境的变迁》,《中国农史》2006年第1期。
⑤ 彭安玉:《试论黄河夺淮及其对苏北的负面影响》,《江苏社会科学》1997年第1期。
⑥ 徐近之:《淮北平原与淮河中游的地文》,《地理学报》1953年第2期。
⑦ 邹德森:《黄、淮水对长江下游镇澄河段影响的探讨》,中国水利学会水利史研究会编:《水利史研究会成立大会论文集》,水利电力出版社,1984年,第155~161页次

对镇扬河段整个历史时期的演变过程进行了系统的复原研究①，总结了镇扬河段演变的特点，但该研究对于淮河入江河口外沙洲的演变存在误解，主要是对于沙洲形成年代的判断有误，因此无法正确复原整个河流地貌过程。王庆等从河流动力地貌学的角度准确复原出镇扬河段演变的大势，包括淮河入江水道的演变大势与镇扬河段河形的转变等，但是未能解决淮河入江河口外沙洲的发育及其对江岸的影响问题。②

对黄河-淮河三角洲平原（废黄河三角洲平原）的研究，因其从属于对黄河河流地貌的研究范畴，因此相关成果非常丰富，有大量的地貌调查、沉积物分析资料公布。本书的研究视角是专注于黄河与淮河的河流作用对这一区域的影响。因此首先需要确定废黄河三角洲平原的范围，关于废黄河陆上三角洲的范围问题，有埒子河口至射阳河口③、临洪河口至新洋港口④、灌河口至弶港⑤、临洪河口至斗龙港口⑥、临洪河口至弶港口⑦、灌河口至射

---

① 中国科学院地理研究所、长江水利水电科学研究院、长江航道局规划设计研究所：《长江中下游河道特性及其演变》，科学出版社，1985年，第73～79页。

② 王庆、陈吉余：《淮河入长江河口的形成及其动力地貌演变》，《历史地理》第十六辑，上海人民出版社，2000年，第40～49页。

③ 张忍顺：《苏北黄河三角洲及滨海平原的成陆过程》，《地理学报》1984年第2期；任美锷、曾昭璇、崔功豪等：《中国的三大三角洲》，高等教育出版社，1994年，第219～239页。

④ 王恺忱：《黄河明清故道尾闾演变及其规律研究》，刘会远主编：《黄河明清故道考察研究》，河海大学出版社，1998年，第252～273页。

⑤ 袁迎如、陈庆：《南黄海旧黄河水下三角洲的沉积物和沉积相》，《海洋地质与第四纪地质》1984年第4期。

⑥ 叶青超：《试论苏北废黄河三角洲的发育》，《地理学报》1986年第2期；李元芳：《废黄河三角洲的演变》，《地理研究》1991年第4期；高善明、李元芳、安凤桐等：《黄河三角洲形成和沉积环境》，科学出版社，1989年，第199～213页。

⑦ 成国栋、薛春汀：《黄河三角洲沉积地质学》，地质出版社，1997年，第127～137页；薛春汀、周永青、王桂玲：《古黄河三角洲若干问题的思考》，《海洋地质与第四纪地质》2003年第3期。

阳河口①等多种划分意见。笔者根据叶青超的研究成果,认为"三角洲顶点始于淮安市的杨庄,北达临洪口,南至斗龙港口"②的观点最有代表性。废黄河三角洲平原受到沂沭河下游河流作用的显著影响,陈吉余在 20 世纪 50 年代通过实地调查结合历史文献记载,在《沂沭河》③一书中对这一区域进行了复原研究,但对历史文献的使用尚有可以完善的空间,许多地貌过程变化的具体情况有待补充。对废黄河三角洲北部湖群的研究中,王振忠通过对徽州文书的研究,发现记载明万历年间徽州商人在苏北进行商业活动的《复初集》中有大量对硕项湖景观的具体描述,并且有关于黄河泥沙对湖泊影响情况的具体记载,为今人复原江苏淮北地区的环境变迁提供了重要的文献依据。④ 王振忠认为 15 世纪晚期黄河河势加快南趋,下游三角洲环境发生了巨大的变化。明代中叶以后,苏北硕项湖之水域面积大为扩展,鱼类资源愈益丰富,这吸引了大批徽州人前往该处从事渔业贸易,促成了早期聚落(鱼场口)的发展及其后新安镇之形成。及至清初,随着硕项湖之淤垫成陆,当地粮食作物的种植也发生了变化,最主要的就是番薯之引进。与此同时,硕项湖周遭的城乡景观、民间信仰等也因此呈现出新的面貌。⑤ 此外凌申⑥、荀德麟⑦也对硕项湖及周边区域的环境变迁进行过专门研究,为进一步完善 16 世纪以来江苏淮北湖群的演变提供了基础。

① 陈希祥、缪锦洋、宋育勤:《淮河三角洲的初步研究》,《海洋科学》1993 年第 4 期。

② 叶青超:《试论苏北废黄河三角洲的发育》,《地理学报》1986 年第 2 期。

③ 陈吉余:《沂沭河》,新知识出版社,1955 年,第 20 页。

④ 王振忠:《徽州社会文化史探微:新发现的 16~20 世纪民间档案文书研究》,上海社会科学院出版社,2002 年,第 20~92 页。

⑤ 王振忠:《明清黄河三角洲环境变迁与苏北新安镇之盛衰递嬗》,《复旦学报(社会科学版)》2023 年第 3 期。

⑥ 凌申:《全新世以来硕项湖地区的海陆演变》,《海洋通报》2003 年第 4 期。

⑦ 荀德麟:《沧海桑田硕项湖》,《江苏地方志》2014 年第 3 期。

当前历史地貌在研究水平、研究深度和研究方法上均取得了显著的进步。近年来，将实测地图数字化后借助 ArcGIS 软件进行空间叠加分析并结合历史文献记载进行岩溶地貌空间变化研究的案例已经出现[①]，在理论和实践层面都推动了历史地貌研究的发展。如果以当前研究发展中呈现的特点审视前人的研究成果，可以得出以下几点认识：第一，探讨人地关系应建立在对历史时期环境变迁准确复原的基础上，如果尚不清楚特定历史时期的环境状况，人地关系研究将缺乏可信性；第二，开展环境变迁研究，如果仅以简单的语言进行描述，则难以体现地理环境演变的过程，从而难以理解古人面对环境的改变而采取的应对措施；第三，就本书关注的 16 世纪以来淮河下游湖泊分布与水系格局的演变问题而言，前人成果尚无法重建 500 余年来淮河下游湖泊分布与水系格局的演变过程，也无法对未来淮河的地貌过程进行预测。

第五节 历史地貌学的理论与方法

一、地貌学的三个研究范式

地貌学研究最早起源于人类因生存需要而对地形的识别、描述、利用和改造。1877 年吉尔伯特撰写的《亨利山地质调查报告》（*Report on the Geology of the Henry Mountains*），将地貌学从宽泛的现象描述中升华，建立了地貌景观、地表过程与地质构造之间的联系，这标志着现代地貌学的开端。[②] 一百多年来，地

[①] 韩昭庆、冉有华、刘俊秀等：《1930s～2000 年广西地区石漠化分布的变迁》，《地理学报》2016 年第 3 期。

[②] Gilbert G. K., *Report on the Geology of the Henry Mountains*, Washington: U. S. Government Printing Office, 1877; Sack D., "The educational value of the history of geomorphology", *Geomorphology*, 2002, p. 47.

貌学研究不断深入,并形成了诸多细分方向和分支学科。当前,地貌学研究聚焦于地球和其他星球表面的形态特征、成因、分布及其发育规律,旨在厘清内外营力对地貌演化的影响,量化地貌过程的作用机制,最终统筹地貌系统的演变规律。[①] 按照研究的内容、方法、思路、表述方式和关注的核心科学问题等的变化,地貌学的研究范式大致可分为三种,即历史地貌学、过程地貌学和系统地貌学。[②]

历史地貌学研究范式是地貌学中最为经典的研究范式,注重长时间与大空间尺度的地貌演化,以解释性描述为主要特征,擅长通过地貌的空间变化讲述时间演化的故事。[③] 以戴维斯的侵蚀循环理论(The Geographical Cycle)为代表的历史地貌学研究范式指导了地貌学研究百余年,并仍在发挥着重要作用。它既是地貌学其他研究范式的出发点和孵化器,也是最为成熟并被广泛接受的方法论。历史地貌学研究范式是地貌学发展的起点与根基,对学科具有重要支撑作用。历史地貌学重视大尺度的地形分析与地貌分类,其方法论推崇逻辑演绎,是地貌学理论模型勾画的主要方式之一。[④] 在中华人民共和国成立后地貌学乃至地理科学发展初期,历史地貌学研究范式占绝对主导。近三十年来,

① 高阳、蔡顺、潘保田等:《地貌学领域自然科学基金项目申请资助、研究范式与启示》,《科学通报》2023年第34期。
② Bierman P. R., Montgomery D. R., *Key Concepts in Geomorphology*, New York: W. H. Freeman Press, 2014, p.494; Huggett R. J., *Fundamentals of Geomorphology*, 3rd, London: Routledge, 2017, p.615.
③ Dietrich W. E., Bellugi D. G., Sklar L. S., et al., "Geomorphic transport laws for predicting landscape form and dyn amics", In Wilcock P. R., Iverson R. M. eds., *Prediction in Geomorphology*, Washington, D. C.: American Geophysical Union, 2003, pp.103 – 132.
④ Vitek J. D., "Geomorphology: Perspectives on observation, history, and the field tradition", *Geomorphology*, 2013, p.200.

一系列的新技术、新方法被引入历史地貌学研究中,使得历史地貌学在河流演化、青藏高原与黄土高原的地貌发育与环境变化,以及喀斯特地貌、丹霞地貌与风沙地貌研究中发挥了重要作用。[①]

过程地貌学研究范式注重短尺度发生着的物质、能量与形态变化,以量化表达其过程机理为主要使命。因此借助野外观测、仿真实验、速率测定等手段追踪地貌过程的变化规律是主要的研究手段。[②] 过程地貌学的孕育与兴起主要得益于 20 世纪 50 年代开始的计量革命,与实验和观测手段的不断突破密不可分。过程地貌学研究范式是历史地貌学发展的必然产物,其理论基石是"过程与形态统一",其研究目的是试图对历史地貌学的"解释性描述"进行量化表达。系统地貌学研究范式强调集成历史地貌学与过程地貌学思想,侧重将短尺度发生的地貌过程进行综合集成,以模型模拟为基本方法,研究各种尺度的地貌演化及其形态分异规律。系统地貌学范式的重要特征就是数值模型的大量应用,其优势在于不仅可以检验地貌过程的量化成果,还可以解释地貌的成因与演变规律。[③]

二、广义与狭义的历史地貌学

前文已述,历史地貌学是地貌学最为经典的研究范式,注重长时间与大空间尺度的地貌演化,以解释性描述为主要特征,擅长通过地貌的空间变化讲述时间演化的故事。在实践当中,不同

---

① 高阳、蔡顺、潘保田等:《地貌学领域自然科学基金项目申请资助、研究范式与启示》,《科学通报》2023 年第 34 期。

② Huggett R. J., *Fundamentals of Geomorphology*, 3rd, London: Routledge, 2017, p.615.

③ 高阳、蔡顺、潘保田等:《地貌学领域自然科学基金项目申请资助、研究范式与启示》,《科学通报》2023 年第 34 期。

国家的学者各自从区域地貌条件出发,总结和归纳地貌发育模式,使地貌学的研究逐渐产生不同的学术流派。如 A. 彭克的冰川地貌发育学说,来源于他对以慕尼黑为中心的阿尔卑斯山北麓的反复踏勘和详尽观察;戴维斯的地貌循环学说的发生学基础来自美国西部干旱少雨、基岩裸露的荒漠地区;W. 彭克的坡面发育理论、山坡梯地学说除受 A. 彭克在阿尔卑斯山区工作的影响外,更离不开他在南美洲安第斯山区的研究实践。在中国东部,大型河流的快速演变使河流地貌受到格外重视,而丰富的历史文献记载,又极大促进了地貌研究的开展。历史文献记载不仅有助于对地貌遗存进行断代,而且也有利于对地貌过程的复原。在大量研究实践的基础上,中国学者对历史地貌学理论体系进行了进一步探讨。著名地貌学家曾昭璇在 20 世纪 80 年代初期就已提出创建中国历史地貌学的初步构想。他认为历史地貌学存在广义和狭义之分。曾昭璇在《历史地貌学浅论》一书中指出:

> 通常我们说"地貌发育史"也就是历史地貌的范围了。但地貌发育史它往往跨进了地史学的范围中。历史地貌学范围是这么的广泛,往往连入到地史学。因此,近代学者就把历史地貌学分出广义的历史地貌学和狭义的历史地貌学。广义的历史地貌学是指"地貌发育史"而言,它是地史学的最后一章。年代连入第三纪甚至白垩纪。狭义历史地貌学则范围大大缩短。它指历史时代的"地貌发育史"而言,即只限于研究第四纪全新世以来的地貌发育。年代只有一万年上下。①

---

① 曾昭璇、曾宪册:《历史地貌学浅论》,科学出版社,1985 年,第 2 页。

根据曾昭璇的分类，以戴维斯的侵蚀循环论为代表的、长时段、大尺度的传统历史地貌学研究可视为广义的历史地貌学。而有人类参与的、全新世以来的历史地貌学研究，则是狭义的历史地貌学。由于全新世以来，人类改造自然的能力大为增强，因此以文字或其他形式保留下来的历史时期人类活动记录，就成为狭义的历史地貌学研究中极为重要的资料。本书对历史地貌学的探讨，均属于狭义的历史地貌学范畴。

三、中国历史地貌研究的新进展和趋势

（一）中国历史地貌学的发展趋势

（1）新技术和新方法的普及

新技术和新方法在历史地貌研究中的应用日益普遍，有力地推动了历史地貌学的发展。近年来，新技术的广泛运用主要体现在遥感技术（RS）、地理信息系统（GIS）和数字高程模型（DEM）的结合方面。随着数字高程模型获取方式的不断发展，高分辨率数字高程模型的获取越来越高效、便捷，为历史地貌学者运用数字地形进行分析提供了很多便利。以湖沼地貌研究为例，研究者通过综合运用地名考证、数字高程模型数据，以及地理信息系统等多学科方法，成功重建了 15 世纪中叶以来云南嘉丽泽多个时间断面的湖泊水面，垂直分辨率达到 1 米，复原了嘉丽泽的演变及消亡过程[1]；而借助 ArcGIS 中的三维建模功能，在大比例尺的民国地形图资料的支撑下，研究者实现了对博斯腾湖两个时间断面的三维模型重建，并进行了湖泊面积、容积的估算。[2] 此外，地

---

[1] 崔乾、杨煜达：《历史时期高原浅水湖泊变迁的复原方法研究——以明清以来嘉丽泽演变为例》，《云南大学学报（社会科学版）》2017 年第 4 期。

[2] 王芳、潘威：《三维技术在历史地貌研究中的应用试验——1935 年以来新疆博斯腾湖变化》，《地球环境学报》2017 年第 3 期。

貌学者还探索了许多借助新技术手段开展地貌调查与研究的方法。以往对湖沼地貌的研究主要是平面的,对于湖底的地形地貌研究,通常无能为力,而这些信息对于研究湖区环境变迁具有重要意义。近年来出现了基于遥感影像快速获取湖底地形数据的方法,采用 Landsat 和 MODIS 系列遥感影像提取湖区边界,基于趋势面分析法和克里金插值法,反演湖区边界各点对应的水位,将带有水位信息的边界点作为高程点,实现湖底地形反演。① 相比传统的大型湖泊湖底地形数据获取手段耗时长、投入大的缺点,这种便捷的新方法有望推动湖区演变分析;在对于风沙地貌的研究中,以往的研究多是建立在大规模踏查的基础上,需要较多的人力与时间。近年来对罗布泊地区雅丹形态特征及演化过程的研究,通过野外实测数据和小型无人机所摄地景影像,采用地形数字化提取方法,获得雅丹形态参数数据,进而描述了罗布泊地区雅丹形态特征,并对该地区雅丹演化过程进行探讨。② 这些新的研究方法大大节约了时间和人力,对历史地貌学研究均具有直接的借鉴意义。

(2) 科学描述与定量分析相结合

20 世纪 50 年代以来,过程地貌学随着计量革命的发展而蓬勃发展,不断有学者试图对历史地貌学的"解释性描述"进行量化表达。近年来,随着过程地貌学研究力量的不断壮大,加强地貌过程的定量研究,已成为地貌学发展的主要趋势之一。③ 对历史地貌学而言,是否也要摒弃逻辑演绎,转而追逐定量化? 这个问

---

① 隆院男、闫世雄、蒋昌波等:《基于多源遥感影像的洞庭湖地形提取方法》,《地理学报》2019 年第 7 期。

② 宋昊泽、杨小平、穆桂金等:《罗布泊地区雅丹形态特征及演化过程》,《地理学报》2021 年第 9 期。

③ 鹿化煜:《试论地貌学的新进展和趋势》,《地理科学进展》2018 年第 1 期。

题的答案,已部分见于 W. E. 迪特里希等的宏文《预测景观形态与动力的地貌传输法则》(Geomorphic Transport Laws for Predicting Landscape Form and Dynamics)①之中,作者对哪些问题已经可以进行量化表达而哪些问题还不能,做了详细说明。由此可以得出结论,在无法开展定位观测和仿真实验的情况下,科学的描述仍然具有时代意义且无法被取代。如果我们回顾一下地貌学的发展史,也可以得出同样的结论。100 多年前,戴维斯侵蚀循环理论的提出,标志着地貌学作为一个独立学科的出现。时至今日,这种基于"解释性描述"的理论体系和研究方法,虽然受到过质疑和批评,但仍然是地貌学的第一范式。对中国历史地貌研究来说,逻辑演绎更加适应中国历史文献记载的形式和特点。因此,科学描述与定量分析相结合的道路,更加适合中国历史地貌研究的实际情况。

(3) 从地貌研究到地理环境综合研究

随着历史地貌学研究实践的丰富,研究内容开始从传统地貌过程研究转向地理环境综合研究。近年来出现的对历史时期西南岩溶山地石漠化与人类活动的关系研究、洞庭湖区河湖水系演变与血吸虫病传播关系的研究等,都是基于地貌过程开展地理环境综合研究的可贵实践,反映了历史地貌学研究内容的拓展和研究程度的深化。传统观点认为,岩溶地貌在历史时期变化较小,基本上不是历史地貌学的研究内容。近年来,借助地图数字化方法,历史地貌学者积极开展西南岩溶地区石漠化与地貌、人类活动间关系的综合研究,揭示了人类活动导致西南岩溶地区地表植

---

① Dietrich W. E., Bellugi D. G., Sklar L. S., et al., "Geomorphic transport laws for predicting landscape form and dynamics", In Wilcock P. R., Iverson R. M. eds., *Prediction in Geomorphology*, Washington, D. C.: American Geophysical Union, 2003, pp. 103 – 132.

被破坏,造成土壤侵蚀加剧,进而导致基岩大面积裸露出现石漠化的过程及其时空差异[1];对洞庭湖及周边水系地貌过程和血吸虫病传播关系的研究,融入了环境史、疾病史的新视角。论证了清代中期荆江四口南流入洞庭后,由于荆江来水含沙量巨大,每年洪水退后留下大量淤泥,在堤垸修筑后较少发生溃垸的区域,长年开垦破坏了钉螺的生存环境。然而在湖区西部,由于反复溃垸,每年钉螺随洪水进入垸内,疫情则十分严重,从而形成洞庭湖区最大面积、同时也是最严重的血吸虫病疫源地。[2] 这些新的进展拓展了历史地貌学的研究范畴,实现了对历史地貌研究理论方法的突破和创新。

四、本书的方法、资料及创新之处

曾昭璇、张修桂等前辈学者已经为历史地貌研究做了大量的理论和实践的积累,张修桂指出:"普通地貌学没有湖沼地貌专章讨论,更没有历史湖沼地貌的论述。在普通自然地理学教程中,虽设有湖沼的章节,但着重讲解的也只是湖沼的水文特征。原因是湖沼的演变通常是发生在历史时期之内的,普通地貌学所注重的是当代地貌过程的分析与描述,往往忽略历史过程的讨论。因此,研究湖沼演变的历史过程,就成为历史地貌学必须加强的重

---

[1] 韩昭庆、陆丽雯:《明代至清初贵州交通沿线的植被及石漠化分布的探讨》,《中国历史地理论丛》2012 年第 1 期;韩昭庆:《清中叶至民国玉米种植与贵州石漠化变迁的关系》,《复旦学报(社会科学版)》2015 年第 4 期;韩昭庆、冉有华、刘俊秀等:《1930s~2000 年广西地区石漠化分布的变迁》,《地理学报》2016 年第 3 期;马楚婕、韩昭庆:《明清时期云南地区石漠化的分布状况与成因初探》,《云南大学学报(社会科学版)》2019 年第 4 期。
[2] 车群:《澧水下游河道变迁、堤垸挽筑与血吸虫病流行——以湖南省安乡县为中心》,《科学与管理》2013 年第 6 期;车群:《西洞庭湖区及沅、澧河道的历史变迁与汉寿县、常德县血吸虫病流行》,《苏州大学学报(哲学社会科学版)》2018 年第5 期。

点内容。"①本书对淮河流域湖泊分布与水系格局演变的研究，属于狭义的历史地貌的研究范畴。研究的重点即湖沼地貌，此外还涉及河流地貌和部分人工地貌。

历史地貌学的核心是对"演变过程"的研究，张修桂认为关于"演变过程"的研究可分为前后两个相衔接的阶段。一是对地貌过程进行断代研究，这是历史地貌学一项极其重要的、也是基础性的工作。它可以弥补传统地貌学在地貌过程研究中的定量指标和数据的不足。地貌发育过程的定量分析要求测定地貌年龄。断代研究，即复原某一断代时限内的地貌形态。二是将断代研究成果按历史发展顺序进行系统分析，阐明地貌形态在整个历史时期的发展演变过程和今天地貌形态的形成原因，从中找出演变全过程的基本规律，并进一步预测未来的发展趋势。②

历史地貌学研究的理论基础与地貌学并无二致，由于所研究的时段主要是有文字记载的历史时期，因此对历史文献记载的利用是历史地貌学研究的一大特色。主要思路是使用历史地理的研究方法分析历史文献中记载的地理现象，并加以提炼，然后再以地貌学的理论解释历史地理现象。现简述主要研究方法如下。

（1）历史文献和古地图分析

我国古代地理文献中关于河川水利的记载非常丰富，可谓浩如烟海、汗牛充栋。使用历史文献研究历史时期的地理环境是历史地理研究的特色和优势。但是历史文献往往存在许多问题，比如作者认识水平的局限或者于传抄时产生的错漏，使得文献记载与历史事实之间总有某些偏差，在研究时需要加以甄别、考证，否

---

① 张修桂：《中国历史地貌与古地图研究》，社会科学文献出版社，2006 年，第 7～9 页。
② 张修桂：《中国历史地貌与古地图研究》，第 1～7 页。

则难以得出科学的结论。除文字资料外，以传统技法绘制的舆图的价值同样不可忽视。自16世纪以来流传至今的记载淮河下游地理信息的舆图非常多，这些舆图虽然未经实测不能做量化分析，但往往对黄、淮、运的相互关系，水利工程的位置，河道的细微变化等都有详细的描绘。通过对历史地名的考证或者对水利工程建造年代的判读，往往可以为这些舆图确定大致的年代。这种材料可以作为实测地图组成的时间断面之间的补充，对了解"演变趋势"有辅助作用。在某些实测地图数量不足的时段内还将成为描述"演变趋势"的主要依据。本研究使用了中国国家图书馆、台北"故宫博物院"、美国国会图书馆、英国国家图书馆、法国国家图书馆等网站提供的中文舆图，其中部分美国国会图书馆与英国国家图书馆所藏中文舆图的年代考证采用了"中研院"数位文化中心数位方舆网站所展示的研究成果。

在利用历史文献和古地图开展地貌过程研究时，要妥善处理两个问题。一是古人在编纂文献或绘制地图时，常参考时代更早的资料，一些已经消失或变化了的地理信息仍然有可能被记录或绘制下来，这就需要对其实际存在的年代进行分析和断代。二是古地图和历史文献中对地理信息方位的记载是模糊的，因此要综合利用地名考证、近代地貌调查资料、遥感和沉积物分析以及访谈等手段，将古地貌实体尽可能科学地定位在现代的地形图上，以便将其与近现代以来的地貌演变过程进行对比研究。其中近现代的实测地图保存了测绘之际的地表状况、历史地名、行政空间乃至历史景观的残迹，是对古代资料中的地理信息进行空间定位的重要依据。

（2）沉积环境分析

本研究的沉积环境分析主要通过对公开发表的淮河流域钻孔资料进行集成研究来实现。钻孔资料是研究河型问题的基础资料,但有一定局限性,例如地质记录中很难区辨状河与分汊河。又如地质记录虽然可以识别曲流河,但曲流河的微地貌单元包括河道、边滩、天然堤、决口扇、泛滥平原(河漫滩)、岸后沼泽及牛轭湖。钻孔剖面研究无法细致地判别上述各种环境,一般仅区分出旋回下部的曲流边滩砂、砾和上部的泛滥平原。但这一工作仍可以为分析历史时期淮河流域湖泊分布与水系格局的演变过程提供沉积学背景,也能为将来进一步研究淮河在整个全新世的历史地貌问题积累资料。

(3)野外地貌综合调查

利用野外挖出的三维露头,通过对河道宽深比、曲率半径、弯曲波长、弯曲度以及加积面的水平范围、曲流带宽度等参数的测量,可以用来恢复古河道的平面形态,但是这种三维的露头毕竟极少且通常局限于相对较小的曲流带内。因此本研究开展的野外工作,重视通过对淮河流域现代沉积考察,理解河型转化的普遍性和多样性,并尝试将这种高度的变化性运用到对古代河流沉积物的解释中。而在历史景观复原研究中,也需要辅以实地勘察,通过深入的形态比对、类型化与发生学检讨,查证不同时间断面的历史组构;进而追溯其中特定构型或空间单元的形制、深层演变机制与历程。

(4)历史形态学分析法

在城市及周边水域景观研究中,英国著名城市历史形态学家康泽恩所提出的"形态框架""固结线""形态基因"等概念将发挥重要作用。具体而言,根据西方学者的研究实践,在历史景观中,许多早期的功能性地块(如道路、城墙、河流等),其平面特征与地形轮廓将对后来该地的空间形态发挥持久的、强有力的影响,使之与原有的形态大体保持一致("形态框架")。例如,早期的自然山丘、河道多为后续的城墙、护城河所利用和继承,而这类具有强烈线性特征的人工遗存在拆除之后也大多形成沿着原先线状地块的环城街道(康泽恩所谓的"固结线")。就研究实践而言,充分利用某些精度较高、测绘时代较早的大比例尺地图,配合实地勘察,细致分析不同特质的地块和形态区域等组分,就有可能推演并还原某些河道遗存,进而追溯其具体演变过程。上述研究方法已在上海中古时期水系复原研究中得到验证。[①]

本研究的主要创新之处是采用了地图数字化方法。借助实测地图行量化分析,实现从简单描述到量化分析的转变,是提高历史自然地理研究分辨率的重要途径。古地图一直是历史地理研究中的重要资料,但中国古代的传统舆图由于没有地理坐标的概念,因此很难进行空间叠加对比分析。自18世纪以来,来自欧洲的传教士将西方现代测绘方法带到中国,绘制了以康熙《皇舆全览图》为代表的一批精确度远胜于传统舆图的实测地图。将数字化的实测古地图与GIS空间分析手段相结合的方法显著提高了历史地貌研究的精度,也是历史自然地理研究发展的重要趋势。虽然受历史条件影响,清代乃至民国时期的实测地图在精度方面不能与现代地图相提并论,但这些地图提供了当时最精确的实测数据,将其与历史文献、沉积物调查资料等相互比对,有助于复原出接近于当时实际情况的时间断面。

数字化是把各种航空照片、卫星照片等图像资料以及各种地图图形资料转变为数字形式的过程。[②] 由于古地图存在部分内容模糊不清的情况需要人工判读,因此本研究的数字化采用人工描图的方式。在数字化过程中首先从Google Earth中获取特定地点的经纬度坐标,然后在ArcGIS软件中分别对各幅地图中的

---

① 钟翀:《中古以来上海城内水系详考——兼论江南水乡背景下的城市微观肌理及基层行政空间之生成》,《上海师范大学学报(哲学社会科学版)》2023年第1期。
② 韩昭庆:《康熙〈皇舆全览图〉的数字化及意义》,《清史研究》2016年第4期。

上述地点按照统一的经纬度坐标添加控制点,更新地理配准后再提取各类地理要素,产生可以进行空间比对的多组时间断面图。本书借助 ArcGIS 软件对 1717 年以来淮河下游多种实测地图资料进行数字化,并结合文献和钻孔资料的分析,从量化的角度复原淮河下游的水系变迁,并分析变化的原因。在有了通过"以图证史"搭建的可供量化分析的淮河地貌过程连续变化断面之后,再结合对历史文献的考证和野外地貌调查方法来完善相关的研究。表 1-3 列出了本书使用的主要实测地图。

表 1-3 本书使用的主要实测地图

资料名称	编绘者	完成时间
康熙《皇舆全览图》	杜德美(Pierre Jartoux)等	1717
《乾隆十三排图》	蒋友仁(Michael Benoist)	1761
《江苏全省五里方舆图》	丁日昌等	1868
1:5 万测绘地形图	军事委员会军令部第四厅、(日本)支那派遣军参谋部、(日本)支那派遣军测量班	1910～1926
1:10 万测绘地形图	(日本)参谋本部陆地测量局、江苏陆军测量局	1928～1930
1:20 万测绘地形图	(日本)参谋本部陆地测量局、江苏陆军测量局	1916
1:25 万测绘地形图	美国陆军工程署陆军制图局	20 世纪 50 年代
1:25 万江苏省地图集	江苏省地图集编辑组	1978
1:35 万江苏省地图集	中国科学院江苏分院	1960
1:50 万江苏全省图	江苏陆军测量局	1924

第二章

运西湖区平原湖泊分布与水系格局的演变过程

　　就地貌分区而言,今苏北灌溉总渠、串场河、新通扬运河以及盱眙-六合-仪征低山丘陵之间的区域被称为江淮湖洼平原区。整个平原周高中低,且西高东低。平原以京杭运河(里运河)为界,分为西部上河区和东部里下河地区两部分。上河区地势相对较高,洪泽湖东侧海拔 1～10 米,为盱眙-六合-仪征低山丘陵之尾端,向高宝诸湖倾斜降至 6 米左右,沿运河一带地势复又高起,以运堤为界与里下河平原构成一微阶梯。本区于第四纪时期受西侧低山丘陵区和缓隆升的影响,逐渐出露海面形成陆地,东部一些洼地积水成湖①,成为高宝诸湖的前身。紧邻大运河的高宝诸湖是淮河重要的入江水道,近 300 年来受到黄淮关系变化和人类垦殖的影响,湖泊形态发生了巨大变化。对其演变过程进行复原研究,有助于理解苏北地区人地关系的演变,并为今天高宝诸湖的治理提供借鉴。马武华等对高宝诸湖 20 世纪 50 至 80 年代滩地资源的变化进行了系统的研究,但是没有涉及历史时期的湖泊演变。② 廖高明较早依据历史文献对高邮湖的形成和发展进

---

① 赵媛:《江苏地理》,北京师范大学出版社,2011 年,第 16～28 页。
② 马武华、邓家璜:《运西湖泊滩地资源特征及其开发研究》,《中国科学院南京地理与湖泊研究所集刊》第 5 号,科学出版社,1988 年,第 37～49 页。

行复原,但是其研究缺乏定量分析,且对历史文献的使用并不全面。[①] 李书恒、唐薇等依据沉积物对高邮湖在气候变化背景下的环境过程进行研究,但对地貌过程研究不足。[②] 本章拟对 16 世纪以来上河湖区平原河湖地貌演变过程进行复原研究,在量化分析的基础上揭示其变化的原因。

第一节　16 世纪以前运西湖区平原的河湖地貌

上河湖群在历史时期的名称和形态均经历了较大的变化。公元 6 世纪成书的《水经注》中描述了当时上河湖群的情况,《水经·淮水注》:“中渎水自广陵北出武广湖东,陆阳湖西。二湖东西相直五里,水出其间,下注樊梁湖。”杨守敬等考证武安湖即武广湖,在高邮州西南三十里。渌洋湖即陆阳湖,在高邮州南三十里。戴震认为樊梁湖在高邮州西北五十里。杨守敬称《陈书·敬成传》记载的“自繁梁湖下淮,围淮阴城”[③]即樊梁湖。《水经注》中记载的武安湖、樊梁湖应是当时上河湖群中较为重要的湖泊。

除天然湖泊外,上河湖区平原上还有白水塘、羡塘等多处人工蓄水陂塘,其中白水塘是面积最大、延续最久的人工蓄水体,位于宝应县西八十五里,阔二百五十里。北接山阳,西南接泗州盱

---

① 廖高明:《高邮湖的形成和发展》,《地理学报》1992 年第 2 期;廖高明:《高邮湖“悬湖”的形成与里下河水灾》,载《江淮水利史论文集》,第 48～52 页。

② Li Shuheng, Fu Guanghe, Guo Wei, et al., “Environmental changes during modern period from the record of Gaoyou Lake sediments, Jiangsu”, *Journal of Geographical Sciences*, 2007, 17(1), pp.62–72;李书恒、郭伟、殷勇:《高邮湖沉积物地球化学记录的环境变化及其对人类活动的响应》,《海洋地质与第四纪地质》2013 年第 3 期;唐薇、殷勇、李书恒等:《高邮湖 GY07–02 柱状样的沉积记录与湖泊环境演化》,《海洋地质与第四纪地质》2014 年第 4 期。

③ 《陈书》卷一二《敬成传》有“自繁梁湖下淮,围淮阴城”的记载(中华书局,1972 年,第 191 页),《水经注疏》误写为“敬成传”。

眙县界,亦曰白水陂。传为三国魏邓艾所作,与盱眙破釜塘相连,
开八水门,立屯溉田万二千顷。南朝宋元嘉年末,曾经决此塘以
灌北魏军。隋大业末,破釜塘坏,水北入淮,于是白水塘亦涸。武
周证圣元年(695年)修复,开置屯田。唐长庆年间再次修复。后
周广顺三年(953年),计划修葺,未果。南宋嘉定年间白水塘东
至浮图庄,南至褚庙冈,有冈脊大堰,废而不治。对此尤焴曾上言
论述修复白水塘有"三难二利",其中谈到当时的白水塘周围一百
二十里,民间所佃塘内上腴之田有二千余顷,白水塘仍然有"塘内
水盛、堤岸难测"的景观。至明代白水塘日益淤浅[1],在潘季驯《河
防一览》之《全河图说》中仍可见到白水塘之遗存(见图2-2)。

明代以来,历史文献的记载大为丰富,由文献记载可知高宝
诸湖尚未形成统一湖面之时,运西湖区平原上分布着许多相对独
立的小湖泊,见于记载的有:

> 新开湖,在(扬州)州治西北三里;觜社湖,在(扬州)
> 州治西三十里,通鹅儿白湖;平阿湖,在(扬州)州治西八
> 十里,通天长县桐城河;珠湖,在(扬州)州治西七十里;
> 张良湖,在(扬州)州治北二十里,通七里湖;石白湖,在
> (扬州)州治西北五十里,通觜社湖;姜里湖,在(扬州)州
> 治西五十里,通塘下湖;七里湖,在(扬州)州治北十七
> 里,西通鹅儿白湖;鹅儿白湖在(扬州)州治南二十里,通
> 张良湖;武安湖在(扬州)州治西南三十里,通露筋河;塘
> 下湖,在(扬州)州治西四十里,通觜社湖,一名赤
> 岸湖。[2]

---

[1] 〔清〕顾祖禹:《读史方舆纪要》卷二三《南直五》,中华书局,2005年,第1140~
1141页。

[2] 嘉庆《重修扬州府志》卷一四《河渠志六》,广陵书社,2014年,第397页。

明代《河工奏议》记录了当时江淮平原的地势特征,显示出上河地区海拔高度低于西面的高家堰,又高于运河以东的里下河平原:

> 高堰去宝应高丈八尺有奇,去高邮高二丈二尺有奇。宝应堤去兴化、泰州田高丈许,或八九尺有奇,去高堰不啻卑三丈有奇矣。昔人筑堰使淮不南下而北趋者,亦因势而导之。①

由于运堤的存在起到了拦水的作用,上河诸湖被拦蓄在里运河以西,使运河保持一定的水位。上河诸湖受到来自天长一带地表径流的补给,自天长一带汇入上河的主要水道有秦兰河,在扬州州治西六十里,自冶山发源,入武安、新开等湖。还有石梁山河,发源于大云山,过天长县,入新开等湖。此外还有三汊涧河、五汊涧河,皆自天长县北入新开等湖。②

为了调蓄自西部丘陵山地汇入邵伯等湖和运河地表径流,达到灌溉和济运的目的,汉代以来,在上河地区南部、高宝诸湖的尾闾邵伯湖至扬州一带出现了以扬州五塘为代表的人工蓄水陂塘(见图 2 - 1),其功能是"千余年停蓄天长、六合、灵、虹、寿、泗五百余里之水,水溢则蓄于塘,而诸湖不致泛滥,水涸则启塘闸以济运河"③。五塘中的上雷塘与下雷塘的前身是汉代的雷陂,在扬州府西北十五里。唐贞观年间李袭誉为扬州长史引雷陂水筑勾城塘(句城塘),灌田八百顷。贞元中杜佑节度淮南,决雷陂以广

---

① 〔清〕顾祖禹:《读史方舆纪要》卷一二七《川渎异同四》引《河工奏议·两河议》,第5438 页。
② 嘉庆《重修扬州府志》卷一四《河渠志六》,第 397 页。
③ 〔明〕王士性:《广志绎》卷二《两都》,中华书局,1997 年,第 28～29 页。

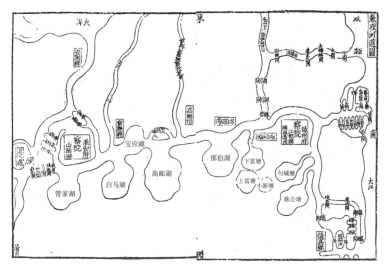

图 2-1 明嘉靖二十九年（1550 年）前的高宝诸湖与扬州五塘

资料来源：嘉靖《两淮盐法志》卷一《兼理河道图》。

灌溉，斥海滨弃地为田，积米至五十万斛。自宋以后，日就堙废，民占为田，明朝曾多次尝试修复。勾城塘长广十八余里，后废为田，明嘉靖中开浚，在扬州府西南三十五里。陈公塘位于扬州府西五十里，传为东汉陈登所筑，周回九十余里，灌田千余顷，亦名爱敬陂，陂水散为三十六汊，为利甚溥。明初渐淤，民耕佃其中。嘉靖万历中屡议修复，终未实现。天启四年（1624 年）又修治之，不久再次淤废。新塘在扬州府西北十里。长广二里余，西南接上雷塘，合流入于漕河。又称小新塘。① 明代盛仪在《五塘议略》中记载了五塘在济运方面的功能和明中前期对五塘的维护，即：元人海运，疏于漕河，然至元十八年，犹造闸于上雷塘者，盖漕河非塘水，则南北不通故也。洪武八年北征，舟至湾头，河浅不能前

———————————
① 〔清〕顾祖禹：《读史方舆纪要》卷二三《南直五》，第 1123 页。

进,奏开四塘下水,一时得济。十四年,旱,解京御盐船至,开塘放水,船始得行。永乐二年,平江伯陈瑄总理漕河,全资塘水济运。十五年,皇木浅阻,亦开塘以济。是时,塘内积水常八九尺。非遇至旱,运河浅涩,不敢擅放。[①]

第二节　16～17 世纪运西湖区平原的河湖地貌变迁

16 世纪以后上河湖区平原西部以扬州五塘为代表的陂塘系统逐渐崩溃,盛仪《五塘议略》记载正德十六年(1521 年)大旱,四塘圮,运舟浅搁。嘉靖十三年(1534 年),知府侯秩建议重修句城塘,治大闸一座,减水闸二座。十八年,运河水涸,管河郎中毕銮白漕河总督等,令府县督役重修。时所修上下雷塘、小新塘、陈公塘、东塘、柳塘、横塘、鸭塘,凡江(都)、仪(征)之塘一十有三。因后有倚势占塘者,将塘闸之石毁折移徙,以致时水暴至,不能节制,径入高、宝、山阳诸湖,溢决堤岸,东方之州县尽没,而湾头以南河道浅涸,运舟阻滞。[②] 由盛仪的描述可知扬州五塘只是众多陂塘中较大且有代表性者,陂塘的实际数字远不止五座。对于这些陂塘被侵占的过程,王士性有具体描述:"嘉靖间,奸民假献仇銮佃陈公塘,而塘堤渐决,銮败而严世蕃继之,世蕃败而维扬士民攘臂承佃,陈公塘遂废,一塘废而诸塘继之。"[③]上河湖区西部的陂塘系统能够调蓄自西部汇入上河湖区的地表径流,没有了陂塘的调蓄,上河湖群更易泛滥,王士性感叹:"夫五塘大于氾光、邵伯、五湖数倍,水既不入塘,惟泛于湖,故湖堤易决,他日堤东兴、

---

① 嘉庆《重修扬州府志》卷一四《河渠志六》引盛仪《五塘议略》,第 399～400 页。
② 嘉庆《重修扬州府志》卷一四《河渠志六》引盛仪《五塘议略》,第 399～400 页。
③ 〔明〕王士性:《广志绎》卷二《两都》,第 28～29 页。

盐、高、泰五州县之民悉为鱼矣。"[1]从五塘所在的位置分析，对上
河湖群有调蓄作用的主要应是上、下雷塘与小新塘，陈公塘和句
城塘位于扬州与仪征县之间，主要对仪征运河的水量起调节作用
（见图 2－1）。

潘季驯在嘉靖末至万历年间任总理河道长达 27 年，任由以
扬州五塘为代表的上河湖区西部陂塘蓄水系统荒废，对于恢复五
塘的呼声采取消极的态度，他认为：

> 句城、陈公二塘地形高阜，水俱无源，惟借雨积；小
> 新，上、下雷三塘受观音阁后及上方寺后并本地高田所
> 下之水，而局面窄小，蓄水无多，故汉唐二臣，筑塘积水，
> 以为溉田之计，非以资运也。今若虑漕渠浅涸，借此水
> 以济之，则应任其直下，不宜筑塘以障其流，且冬春运河
> 水浅彼先涸矣。若虑湖水涨漫，借此塘以障之，则诸水
> 皆从扬、仪径奔出江，与诸湖了不干涉也。如欲复前人
> 之故业，蓄水以溉高亢之田，于民未必无益。但民间承
> 佃为田，输价不赀，岁纳之课亦不赀，必须尽行偿贷，筑
> 堤建闸费尤不赀，必须大为处分。矧田高之民欲积，田
> 洼之民欲泄，筑堤建闸之后，盗决者多，必须添设官夫防
> 守。当此劳费之后，灾伤之余，种种难于措办，故驯谓其
> 是尚可缓也。[2]

潘季驯以地势和水源方面的困难为理由，声称句城、陈公二

---

① 〔明〕王士性：《广志绎》卷二《两都》，第 28～29 页。
② 〔明〕潘季驯：《河防一览》卷二《河议辨惑》，中国水利水电出版社，2017 年，第 53
页。

塘难以恢复。至于小新塘和上、下雷塘则属"局面窄小,蓄水无多",因此不必恢复。他否定了五塘在济运方面的作用,又列举"但民间承佃为田,输价不赀,岁纳之课亦不赀,必须尽行偿贷,筑堤建闸费尤不赀"等种种困难,最终得出"难于措办""尚可缓也"的结论。关于五塘在济运方面的作用,盛仪《五塘议略》中已有列举,而对于五塘难复的原因,王士性尖锐地指出,侵占五塘所开垦田地"所佃之税止七百余金耳,视五州县之民数百万、粮二十余万何啻倍蓰之。而竟不可复者,则以今之所佃,皆豪民、富商及院道衙门积役,其势足以动摇上官"①。

在上河湖群失去陂塘系统调蓄的同时,由于洪泽湖的不断扩大,高家堰下泄的洪水也开始影响上河湖群,隆庆四年(1570年),"(高家堰)大溃,淮湖之水洚洞东注,合白马、氾光诸湖,决黄浦八浅,而山阳、高、宝、兴、盐诸邑汇为巨浸"②,这是一次标志性的事件。此后淮水"时破高家堰而南,又挟黄入新庄闸,黄水内灌,而扬州陈公、句城诸塘久寝废,附塘民或盗决防,种莳其中。诸水悉奔注高、宝、邵伯三湖,潒瀁三百余里,粘天无畔"③。由于淮水突破高家堰下泄高宝诸湖的频率不断增加,上河湖群的面积不断扩大,其中较大的白马湖、宝应湖、高邮湖、邵伯湖连成一片,文献中开始统称其为高宝诸湖。

万历年间徽州商人方承训在其文集《复初集》中记录了途经高宝诸湖时的见闻,感叹"淮扬之交,高邮、邵伯、界首、宝应、白马、西湖汇六湖,相继不断,是亦奇矣",诗云:

---

① 〔明〕王士性:《广志绎》卷二《两都》,第28~29页。
② 〔明〕潘季驯:《河防一览》卷二《河议辨惑》,第45页。
③ 万历《扬州府志》卷五《河渠志上》,《江苏历代方志全书·扬州府部》第1册,凤凰出版社,2017年,第352页。

　　淮扬垣属太阴东,叠叠泠湖六泽通。月映水天成一
色,日昏风浪阻千舻。高邮丛草漫春阔,宝应兴波更晚
雄。帆顺数湖飘一夕,狂涛十晷守孤蓬。①

　　诗中描述的景观体现了高宝诸湖连成一片、浩浩汤汤、横无
际涯的景象。潘季驯在其《河防一览》中收录了三篇图说,其中
《全河图说》是潘季驯多年治河成果的展现,将黄河和运河沿线的
山川、湖泊、城镇、堤防、闸坝及河务机构的位置在图上加以展示,
并用文字对关键地段的地势、水势、水患、河工等情况予以说明。
因此《全河图说》对于了解明代中后期黄河与运河沿岸的河湖水
系面貌有重要的参考意义。图中描绘了由白马湖、宝应湖、氾光
湖、高邮湖、邵伯湖等湖泊组成的高宝诸湖,是明中后期高宝诸湖
和附近水系的写照(见图 2 - 2)。最北端的白马湖由草字河连通
高家堰的越城,在洪泽湖泛涨时接纳溢出的湖水,"高堰之南有越
城、周家桥一带地势稍亢,淮水大涨从此溢入白马湖,水消仍为陆
地。盖借此以杀淮涨,即黄河之减水坝也"②,由此可知草字河在
当时起到溢洪道的作用,洪泽湖水发时可从草字河注入白马湖。
　　《读史方舆纪要》中记载了明末上河湖群的组成,其中邵伯湖
在"(扬州)府北四十五里。东接艾陵湖,西接白茆湖,南通新城
湖"③。樊梁湖在"(高邮)州西北五十里。上流为樊梁溪,自天长
县石梁河流入州界,潴而为湖,与新开、甓社为高邮三湖……大抵
州境湖汉最多,其大者或曰三湖,或曰五湖。蒋之奇诗:'三十六
湖水所潴,其间尤大为五湖',五湖盖樊梁三湖与平阿、珠湖为

① 〔明〕方承训:《复初集》卷一四《过白马湖》,《明别集丛刊·第 3 辑》第 32 册,黄山书
　　社,2016 年,第 320～321 页。
② 〔明〕潘季驯:《河防一览》卷一,第 29 页。
③ 〔清〕顾祖禹:《读史方舆纪要》卷二三《南直五》,第 1122 页。

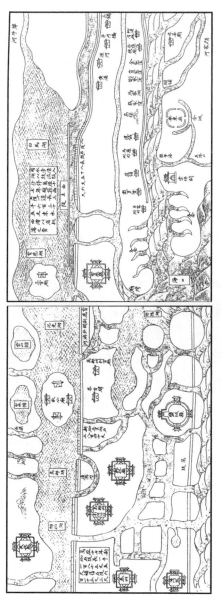

图 2 - 2 《全河图说》中的高宝诸湖

资料来源：[明]潘季驯：《河防一览》卷一《全河图说》。

五也"[1]。这段记载中保留的一个信息是当时樊梁、新开与甓社并称高邮三湖,当时可能已经合而为一,这或许也是潘季驯《全河图说》中只标注高邮湖而没有樊梁、新开与甓社三湖名称的原因。新开湖在"(高邮)州西北三里。其水东、南俱通运河,长阔各百五十里,天长以东之水俱汇此湖而入于淮"[2]。综合分析《读史方舆纪要》中对高宝诸湖的记载,可以发现这一湖群中除了前文提到的几个主要的大湖外,还有很多小湖散布其中,这些小湖与大湖彼此连通,既是一个整体,又是相对独立的个体。在涨水时,整个湖区连为一片;在枯水时,即分解为一些相对独立的小湖区。

第三节　18 世纪以来高宝诸湖的演变过程

从明隆庆四年(1570 年)开始,积蓄在洪泽湖内的淮水开始通过高家堰下注淮扬地区,上河湖群首当其冲。约在同一时期,以扬州五塘为代表的上河西部陂塘蓄水系统"为权豪占废",来自天长一带的地表径流失去陂塘系统的调蓄,致使"水既不入塘,惟泛于湖",运西湖区平原上的上河湖群水面扩展,至明万历以后形成统一湖面,历史文献中用高宝诸湖这个名称记载当时运西湖区平原上出现的广袤的水域。

18 世纪以来,由西方传入的近代地图绘制方法在中国得到应用,产生了中国最早的实测全图——康熙《皇舆全览图》,实测地图的出现为量化复原地理环境的变迁提供了理想的素材。因此本节对清代以来高宝诸湖使用数字化方法,选取 3 种实测古地图和 1 种实测现代地图,经数字化后提取 1717 年、1868 年、1916

---

[1] 〔清〕顾祖禹:《读史方舆纪要》卷二三《南直五》,第 1135 页。
[2] 〔清〕顾祖禹:《读史方舆纪要》卷二三《南直五》,第 1136 页。

年和 2011 年四个时代高宝诸湖的湖岸线,通过空间分析,反映湖泊的演变过程。

一、清初以来实测地图的选用

1717 年湖形提取自康熙《皇舆全览图》,该图是中国首次使用西方现代测绘技术绘制的大范围的实测地图,系康熙四十七年(1708 年)至五十六年间,在康熙皇帝的支持下,由在华耶稣会传教士主持,中方人员参与,对今中国和周边地区进行测绘编制的地图,比例尺约为 1∶140 万,采用桑逊投影,测绘中使用三角测量法并辅以天文观测法,其在全国选取的测绘点见于记载的有641 个。[①] 康熙《皇舆全览图》在国内至少有六个版本,本书采用的版本是汪前进、刘若芳主编,外文出版社 2007 年出版的《清廷三大实测全图集》中收录的铜版康熙《皇舆全览图》。[②]《皇舆全览图》是当时最精密的地图,远超中国传统舆图,其所使用的新方法与新技术在当时的实践中逐渐获得了康熙皇帝的肯定,才有了

[①] Mario Cams., "The early Qing geographical surveys (1708 - 1716) as a case of collaboration between the Jesuits and the Kangxi court", *Sino-western Cultural Relations Journal*, 2012, 34, pp.1 - 20; Han Qi, *Cartography during the Times of the Kangxi Emperor: The Age and the Background. Jesuit Mapmaking in China: D'anville's Nouvelle Atlas De La Chine* (1737), St. Josephs University Press, 2014, pp.51 - 62; Laura Hostetler, *Early modern mapping at the Qing court: Survey maps from the Kangxi, Yongzheng, and Qianlong reign periods//Chinese History in Geographical Perspective*, Plymouth: Lexington Books, 2015, pp.15 - 32; Cordell Yee, *Traditional Chinese Cartography and the Myth of Westernization//The History of Cartography (Book 2): Cartography in the Traditional East and Southeast Asian Societies*, Chicago: University of Chicago Press, 1995, pp.170 - 202;[法]杜赫德著,葛剑雄译:《测绘中国地图纪事》,《历史地理》第二辑,上海人民出版社,1982 年,第 206~212 页。

[②] 汪前进:《康熙、雍正、乾隆三朝全国总图的绘制》,见汪前进、刘若芳:《清廷三大实测全图集》,外文出版社,2007 年。

后来全国地图的测绘。

1868 年湖形提取自同治《江苏全省五里方舆图》,该图绘制的起因是第二次鸦片战争后,清政府因缺乏精细的地图资料以致在涉及领土划界的谈判中处于被动,因此下令沿海沿边省份测绘地图。《江苏全省五里方舆图》被认为是同期各省地图中测绘方法最为精细、过程组织最严密、地图质量也最高的一套地图,由卷首曾国藩等进呈舆图的奏折判断该图完成于清同治七年(1868年)。《江苏全省五里方舆图》的测绘主要使用测向罗盘、代弓绳等设备,并有一套严密的操作规范①,地图采用计里画方的形式绘制,比例尺约为 1∶3.75 万。②

1916 年湖形提取自《江北运河水利及淮、泗、沂、沭利害关系图》,该图系民国五年(1916 年)由曾任江北运河工程局局长的沈秉璜等主持绘制,时任全国水利局副总裁潘复勘察审定,对江北运河和高宝诸湖均有精确测绘并附图说,比例尺为 1∶40 万。笔者使用台湾“中研院”近代史研究所档案馆藏《江北运河水利及淮、泗、沂、沭利害关系图》进行数字化,并参考了该馆藏《江北运河水利及分疏淮、泗、沂、沭施工计划图》。

2011 年湖形提取自中国地图出版社 2011 年版《江苏省地图》,比例尺为 1∶76 万。

二、数字化与地理配准

在数字化过程中首先从 Google Earth 中获取高宝诸湖周边高邮、宝应、天长、邵伯、黎城等城镇的一些特征地物的经纬度坐标,然后在 ArcGIS 软件中分别对各幅地图中的上述地点按照统

---

① 国家图书馆藏同治四年(1865 年)《苏省舆图测法绘法条议图解》。

② 王一帆、张佳静:《同治初年江南地区地形测绘研究》,《中国科技史杂志》2016 年第 2 期。

一的经纬度坐标添加控制点,更新地理配准后再提取各类地理要素,产生可以进行空间比对的 4 组时间断面图。需要注意的是,虽然 3 种古地图的测绘均有严密的组织流程并采用当时较先进的设备,但是考虑到其时代因素以及测量本身和制图过程中产生的误差会在一定程度上影响地图的精确性,因此本文在提取古地图中的湖泊形态后,在下文中对照现代地貌与沉积物调查资料、30 米分辨率 DEM 数字高程数据、清代与民国地方志和档案文书中的记载,对古地图中的误差分别进行了校正。

三、数据提取与误差校正

（一）康熙《皇舆全览图》中高宝诸湖的复原及修正

本研究采用的铜版康熙《皇舆全览图》系用经纬度分幅,共八排,每隔纬度 5°为一排,高宝诸湖位于图上的五排二号。湖形提取结果如图 2 - 3a 所示,面积为 1741.89 平方千米。使用 1 : 170 万比例尺的现代地貌和沉积物调查资料[①]与历史时期的湖岸线进行比对,发现 1717 年图层的湖岸线存在误差,主要体现在邵伯湖西南侧湖岸线过于偏西。经查阅地貌调查资料,今邵伯湖西岸为滨湖圩田平原,再向西则为黄土岗地,滨湖圩田平原与黄土岗地之间的分界线大致与全新统现代沉积和更新统沉积物间的分界线一致,判断历史时期邵伯湖西南方向湖岸线的位置不应超越全新统现代沉积物与滨湖圩田平原的范围。据此结合 GDEMV2 30 米分辨率 DEM 数字高程数据,重新绘制 1717 年邵伯湖西南方向湖岸线[②],计算湖泊面积为 1 606.02 平方千米。经校正后的复原结果应更接近康熙时期的实际湖形。

---

① 江苏省地图集编辑组:《江苏省地图集》,江苏省地图集编辑组,1978 年。
② 数据来源于中国科学院计算机网络信息中心地理空间数据云平台(http://www.gscloud.cn)。

（二）同治《江苏全省五里方舆图》中高宝诸湖的复原及修正

该图虽为实测地图，但未采用地图投影，无经纬网，采用计里画方的形式绘制。全图共分十七排，涉及高宝诸湖的有八排九号、十号，九排九号、十号，十排八号、九号，十一排八号、九号共八幅，先将其拼接成一幅总图，然后进行数字化，计算面积为 1 494.03 平方千米，湖形如图 2-3b 所示。从测量学上讲，针对地球的半径长度，在半径小于 10 千米范围内施测时，用水平面代替水准面产生的相对误差为 1:122 万，这个误差小于目前最精密量距的允许误差 1:100 万，因此在半径小于 10 千米的区域内，地球曲率对水平距离的影响可以忽略不计[①]，即在面积为 314 平方千米的范围内，皆可以把地球球面当作地球平面。因此该图虽然没有地图投影和经纬网，但是考虑到该湖面积最大为 1 600 平方千米左右，采取特征地物定位的方法对湖泊复原精度产生的影响有限。同时，该图的复原结果也符合历史文献对高宝诸湖演变趋势的描述。

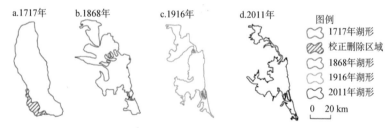

图 2-3 据实测地图复原的 1717～2011 年高宝诸湖湖泊形态

（三）民国《江北运河水利及淮、泗、沂、沭利害关系图》中高宝诸湖的复原及修正

民国时期先后由江淮水利局和导淮委员会等单位主持对江

---

① 王慧麟、安如、谈俊忠等：《测量与地图学》，南京大学出版社，2004 年，第 26～27 页。

淮地区,特别是淮河流域进行了非常精细的测绘,有1∶5 000、
1∶1万、1∶2.5万、1∶5万、1∶25万以及1∶75万等多套实测
地图①,本文选取《江北运河水利及淮、泗、沂、沭利害关系图》进
行复原的原因首先是其时代较早,为民国初年。其次是比例尺适
当,无须拼接,避免了拼接过程中可能带来的误差。此外该图是
工程计划图,绘制精细并有图说注解。对其进行数字化后得到
1916年的高宝诸湖面积为1071.97平方千米,湖形如图2-3c所
示。同样,该图的复原结果符合同时期档案文献的记载及地方志
的描述。

(四)《江苏省地图》中高宝诸湖的提取

由于该图为现代地图,因此直接对其进行扫描和数字化作
业,提取的湖形如图2-3d所示,计算面积为886.90平方千米。
图2-4是把1717年、1868年、1916年和2011年4个时期的湖
形叠加之后产生的1717~2011年高宝诸湖演变示意图。

四、18世纪以来高宝诸湖的变迁过程

(一)清代初期高宝诸湖水面扩展

自明万历年间开始,为了满足"蓄清刷黄"的需要,高家堰被
加长加高②,逐渐成为今天的洪泽湖大堤,淮河水被积蓄在洪泽
湖内,并通过洪泽湖东北侧的清口水利枢纽与黄河交汇,以冲刷

---

① 《淮河流域图表目录》(1944年),台湾"中研院"近史所档案馆,馆藏号:25-21-
075-01。
② 高家堰最初由东汉陈登建成,明代初期陈瑄曾大加修茸,明中后期潘季驯四度出
任总理河道,他认为"高堰为淮扬门户,堤防不可不严,修守不可不预",因此不断
增加高家堰的大堤长度。万历六年(1578年),潘季驯大修高家堰,扩大洪泽湖以
蓄水,从而冲刷黄河泥沙。大堤北起武家墩以北至新庄附近,南达越城,越城往南
作为宣泄洪水的溢洪道,以保证高家堰的安全。此后又在迎水面增建石工墙。万
历十年,高家堰借新开通的永济河的西堤向北延伸至运河旁的文华寺。万历十六
年又向南延伸至周桥。(〔明〕潘季驯:《河防一览》,第54页)

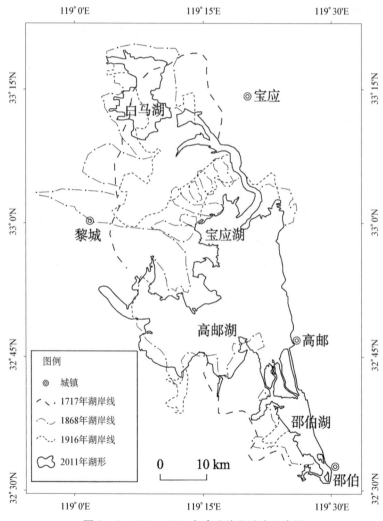

图 2-4　1717～2011 年高宝诸湖演变示意图

黄河泥沙。① 明代高家堰大堤石工初建成时洪泽湖规模有限，"堰距湖尚存陆地里许，而淮水盛发，辄及堰"②。潘季驯在越城至周家桥一带预留了天然减水坝，使洪泽湖水发时可以借此流入高宝诸湖最北的白马湖，其泄水的程度为"每岁涨不过两次，每溢不满再旬"③（图2-5）。

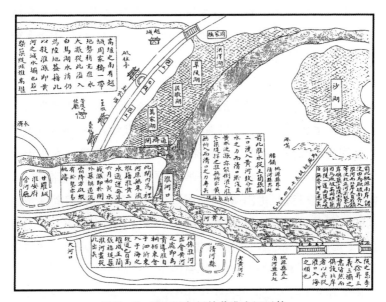

图2-5　明万历年间的黄淮交汇形势

资料来源：〔明〕潘季驯：《河防一览》卷一《全河图说》。

---

① 利用淮河的清水冲刷黄河泥沙是潘季驯"筑堤束水、以水攻沙"的核心理念。潘季驯认为："黄流最浊，以斗计之，沙居其六。若至伏秋，则水居其二矣。以二升之水载八升之沙，非极汛溜，必致停滞。若水分则势缓，势缓则水停，沙停则河塞。河不两行，自古记之。支河一开，正河必夺，故草湾开而西桥故道遂淤，崔镇决而桃、清以下遂塞，崔家口决而秦沟遂为平陆，近事固可鉴也。"（〔明〕潘季驯：《河防一览》卷二《河议辨惑》，第42页）
② 〔明〕潘季驯：《河防一览》卷二《河议辨惑》，第45页。
③ 潘季驯认为预留天然减水坝有三大好处，"夫高堰地形甚卑，至越城稍亢，越城迤南则全亢。故高堰决则全淮之水内灌，冬春不止，若越城周家桥则大涨乃溢，水消仍为陆地，每岁涨不过两次，每溢不满再旬，其不同一也；高堰逼近淮城，（转下页）

明末时,天然减水坝情况与万历年间相差无几,洪泽湖注入高宝诸湖的水量亦较为稳定。"昔之翟坝土坚而平满,其间有古沟小闸,仅数尺阔,四尺深,每逢淮水暴至,则平漫翟坝二十五里。此水不过五六日即消,多亦不过十日。其大势仍从清口合河入海。载在成书,瞭如观火。故高邮之湖止受五六日之横流,而不被水患。且前冬水涸湖浅,骤来易受而不害漕堤。"[①]

明中后期至清初,高宝诸湖主要接受发源于天长、盱眙一带地表径流的补给[②],洪泽湖水仅在极端年份能够通过设置于高家堰上的减水坝或滚水坝汇入高宝诸湖。这首先是为了保证洪泽湖有足够高的水位用于蓄清刷黄。另一方面也防止高宝诸湖因洪泽湖来水而泛滥危及下河地区。康熙十九年(1680 年)靳辅于高家堰创建武家墩、高良涧、周桥等 6 座减水坝,洪泽湖水涨至八尺五寸,可以过水。康熙三十九年(1700 年)张鹏翮大修高家堰,堵闭六坝,改建南、北、中滚水石坝 3 座,使得高家堰减泄洪泽湖水的流量基本在人力可控的范围内。[③] 康熙四十四年(1705 年)

(接上页)淮水东注,不免盈溢,漕渠围绕城廓,若周家桥之水即入白马诸湖,容受有地而淮城晏然,其不同二也;淮水从高堰出,则黄河浊流必溯流而上,而清口遂淤,今周家桥止通漫溢之水,而淮流之出清者如故,其不同三也;当淮河暴涨之时,正欲借此以杀其势,即黄河之减水坝也,若并筑之则非惟高堰之水增溢难守,即凤、泗亦不免加涨矣"(〔明〕潘季驯:《河防一览》卷二《河议辩惑》,第 48 页)。

① 〔清〕钱湘灵:《淮扬治水利害议》不分卷《治清水潭议》,《扬州文库·第二辑》第 43 册,广陵书社,2015 年,第 291 页。

② "高邮诸湖,西受七十二河之水,岁苦溢。乃于东堤建减水闸数十,泄水东注,闸下为支河,总汇于射阳湖、盐城入海,岁久悉湮。弘治中,乃开仪真闸,苦不得泄。治水者,岁高长堤,而湖水岁溢。隆庆初,水高于高、宝城中者数尺,每决堤,即高、宝、兴化悉成广渊。隆庆六年、万历元年,建平水闸二十一于长堤,又加建瓜洲闸,并仪闸为二十三,湖水大平,淮涨不能过宝应。"(万恭著,朱更翎整编:《治水筌蹄》卷二《运河》,第 96 页)

③ 《河工图说·洪泽湖三滚坝蒋家闸图说》载:"洪泽湖三滚坝,于康熙四十年(1701 年),前总河臣张鹏翮议建:一北坝,一南坝,宽七十丈;一中坝,宽六十丈。因其时六坝既经堵塞,大汛水涨,若专恃运口以为尾闾,则高堰危,于是议设减水(转下页)

又在高堰三滚坝下挑河筑堤,束水入高邮、邵伯等湖①,使淮、扬各郡免满溢之患。乾隆初年,天然坝立石永禁开放,高堰石堤"屹如金汤"②。

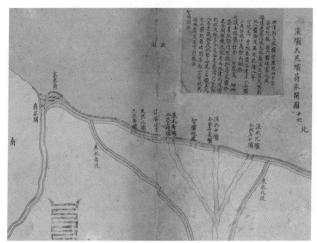

图2-6 清乾隆年间洪泽湖大堤闸坝图③

资料来源:美国国会图书馆、数位方舆网站。

(接上页)三石坝,以泄溢槽之水。其翟坝原有天然南北二坝,仍留以备异涨。各坝滚下之水,俱由草字、唐漕等河,分泄入白马湖、宝应诸湖,历高邮、邵伯入运,以达于江。"(朱偰:《中国运河史料选辑》,江苏人民出版社,2017年,第196页)

① 《清史稿》卷一二七《河渠志三》,中华书局,1977年,第3798页。

② 乾隆十六年(1751年)四月,谕诸臣曰:"朕南巡亲临高堰,循堤而南,越三滚坝,至蒋家闸,周览形势,乃知天然坝断不可开。……天然坝当立石永禁开放,以杜绝妄见。近者河督大学士高斌,副总河巡抚师载开天然坝之说,亦深以为非,而请于三滚坝外增建石滚坝,以资宣泄。朕亲临阅视,谓增三为五,即以过水一二尺言之,向过三尺者,今即为五尺;向过六尺者,增而至丈;是与天然坝名异实同。人必有议其巧避开坝之名而阴袭其用者,自当为之限制。……再高堰石堤,至南滚坝以南,旧用土堤,有首无尾,形势不称,应自新坝北雁翅以北,一律改建石工,南雁翅以至蒋家闸,水势益平,则石基砖甃。如此方首尾完固,屹如金汤,永为淮、扬利赖。"(嘉庆《重修扬州府志》卷一一,第337~338页)

③ 本图截取自《黄河下游闸坝图》之十六《滚坝、天然坝、蒋家闸图十六》,整理者根据《黄河下游闸坝图》之十八《王家山天然闸图》中,提及了乾隆十三、十四年(1748—1749年)闭闸情况,为全图册提到最后年限,或为本图绘制年代的参考。(资料来源:数位方舆网站 http://digitalatlas.asdc.sinica.edu.tw/map_detail.jsp? id = A103000090)

图2-7 洪泽湖大堤信坝遗址(摄于2023年12月)

图2-8 高家堰周桥大塘遗址(摄于2023年3月)

　　由于泥沙被大量沉积在洪泽湖中,因此通过高家堰滚水坝流入高宝诸湖的淮河水含沙量较小。正是由于洪泽湖水库的形成、高家堰滚水坝的兴建以及"蓄清刷黄"的顺利实施,清代初年的高宝诸湖很少受到黄、淮泥沙的影响。古地图、历史文献和钻孔资料均显示高宝诸湖在清代初年水域面积广阔。顺治年间工部的奏折中多次提到高邮东堤因"湖水日增以致漫溃"[①],顺治年间、康熙年间曾历河工二十余载的崔维雅在其《河防刍议》中将"山阳县田""高邮县田""江都县田"均绘于高宝湖的汪洋之中[②],体现的就是湖面扩大将原本是田地的区域淹没于湖中(图2-9)。

图2-9 《河防刍议》中的高宝诸湖

资料来源:〔清〕崔维雅:《河防刍议》卷一《淮扬运河全图》。

　　康熙年间治河名臣靳辅在其《治河方略》中描述了当时高宝诸湖不断充盈、扩大的景象,并指出旧方志中记载的泛光湖、氾社湖等大小十七处湖泊,当时均已连成一片,不可辨识:

① 台湾"中研院"史语所内阁大库档案,登录号:088970-001、088969-001。
② 〔清〕崔维雅:《河防刍议》卷一《淮扬运河全图》,中国水利史典编委会编:《中国水利史典·黄河卷》第2册,中国水利水电出版社,2015年,第36～37页。

淮以南为湖荡者,无虑数十,其广袤各有疆畔。今
则千里一壑,盖其地处东南下流,西受天、合、泗、盱七十
二山溪之水,加以高堰所泄淮水余波,建瓴下注,其东薄
海数百里,皆高、宝、兴、盐、通、泰、江都七属民田。又皆
中洼而四高,测其水面与海面无甚低昂,虽有庙湾、天
妃、石砬五港诸海口分泄,而所泄不敌所纳者十之二三,
浸淫泛溢,势同溟渤,南北运道,仅以一线长堤引而咽喉
之矣。考之旧志,运河以西有白马、泛光、鹭社等十七
湖,今俱不可辨,概而名之曰宝应湖。又南曰界首湖。又
南曰高邮湖、邵伯湖。南北三百里而弱,东西百里而强。[1]

这段记载中提到的昔日以相对独立的湖荡形态存在的高
宝诸湖在康熙年间已经形成"南北三百里而弱,东西百里而强"
的统一湖面,与本章根据《皇舆全览图》数字化的复原结果相
一致。

康熙年间由于高家堰不断完善,使其减泄洪泽湖水的程度与
规模基本在人力可控的范围内,泥沙主要被沉积在洪泽湖中,进
入高宝诸湖的淮河水含沙量很低。这种情况也在沉积物资料中
得到印证,在高邮湖 119°15′4″E、32°45′59″N 处钻取的 GLC2 钻
孔 40 厘米以下沉积层变化比较缓慢,元素累积速率较低,沉积岩
心下部粗颗粒物质丰富,证明了高家堰的建成减少了河流径流带
来的陆源物质的汇入量,较清澈的淮河水对高邮湖沉积物的元素
含量起到稀释作用。同时高家堰的修建堵闭了洪泽湖东部的其
他出口,遇水位暴涨时期,大洪水只能宣泄入高邮湖,逐渐使高邮

---

① 〔清〕靳辅:《治河方略》卷四《湖考》,中国水利史典编委会编:《中国水利史典·黄河卷》第 2 册,中国水利水电出版社,2015 年,第 497 页。

湖湖面扩大,湖水水位也不断抬高。[①]

（二）清中期以后湖中沙洲开始发育

从清代中期开始,由于黄河对洪泽湖的倒灌和清口水利枢纽的逐渐淤塞,蓄清刷黄这一策略渐渐难以为继。洪泽湖所积蓄的泥沙越来越多,高家堰上的滚水坝不时被洪水冲毁或人工开启的记载逐渐增多(见表2-1),如嘉庆九年(1804年)八月,总督陈大文、总河吴璥等奏:"本年洪泽湖水甚为浩瀚,先后酌启山盱信、义两坝。七月初五日,仁、智二坝亦掣通,过水由高、宝诸湖泛涨入运。"[②]嘉庆二十年(1815年)六月,百龄、黎世序等奏:"洪湖水势盛涨,高堰志桩现存水一丈七尺,山盱仁、义两引河,智、信两坝令全行启放。本年淮、扬各处,自五月以后,阴雨连绵,高、宝滨湖及下河各州县地方当山盱各坝未启之前,已据禀报低洼田亩间被淹浸;若再益以坝水下注,诚恐田亩被淹稍重……"[③]嘉庆二十一年(1816年)六月,百龄、黎世序等奏:"洪湖高堰志桩闰六月初一日长水至一丈八尺一寸。智、信两坝义字引河启放之后,复将新挑礼字引河启放,水势仍未见消,仁字引河本年筑办石坝,停止启放,现在甫经购石,尚未兴工,仍于闰六月初三日将该坝启放。坝河分泄之水,由高、宝诸湖递入运河,势难容纳。"[④]

---

① Li Shuheng, Fu Guanghe, Guo Wei, et al., "Environmental changes during modern period from the record of Gaoyou Lake sediments, Jiangsu", *Journal of Geographical Sciences*, 2007,17(1), pp.62-72;李书恒、郭伟、殷勇:《高邮湖沉积物地球化学记录的环境变化及其对人类活动的响应》,《海洋地质与第四纪地质》2013年第3期。

② 同治《续纂扬州府志》卷一《河渠上》,《中国地方志集成·江苏府县志辑》第42册,江苏古籍出版社,1991年,第637页。

③ 同治《续纂扬州府志》卷一《河渠上》,《中国地方志集成·江苏府县志辑》第42册,第656页。

④ 同治《续纂扬州府志》卷一《河渠上》,《中国地方志集成·江苏府县志辑》第42册,第657页。

表 2-1 清代中前期高堰五坝情况表

名称	年份	修建情况
仁坝 (北坝)	康熙三十九年(1700 年)	滚水石坝,长七十丈,身高六尺八寸
	雍正五年(1727 年)	将坝底落矮一尺五寸
	乾隆三十三年(1768 年)	加筑封土护埽
	嘉庆十六年(1811 年)	启放跌成深塘,堵闭未修;嘉庆二十三年筑成土堤,临湖筑石工长九十五丈八尺三寸,层内北长四十六丈八尺三寸,砌石十六层,南长四十五丈,砌石二十四层,石后筑堤长九十四丈
义坝 (中坝)	康熙三十九年(1700 年)	始建滚水石坝,长六十丈
	雍正五年(1727 年)	将石底落矮一尺五寸
	乾隆三十三年(1768 年)	坝上加筑封土护埽
	嘉庆十年、十五年(1805、1810 年)	两次过水,跌成深塘,堵闭未修,嘉庆二十三年筑为土堤,临湖建石工长七十三丈五尺七寸,内南北长三十三丈五尺七寸,砌石十六层,中长四十丈,砌石二十层,石后筑堤长七十丈
礼坝 (南坝)	康熙三十九年(1700 年)	始建滚水石坝,长七十丈
	雍正五年(1727 年)	将坝底落低一尺五寸
	乾隆三十三年(1768 年)	坝上加筑封土护埽
	嘉庆十五年(1810 年)	加高坝底三尺
	嘉庆十七、十八年(1812、1813 年)	启放跌成深塘,未修复;嘉庆二十三年筑为土堤,建石工,退后圈越,新石工与南北金刚墙里头相接,共长一百四十七丈。内中长五十三丈,砌石十九层,南北长四十四丈,砌石十七层,两金刚墙旧石工长四十八丈,也作临湖石工,石后筑长堤一百四十一丈

续　表

名称	年份	修建情况
智坝	乾隆十六年(1751 年)	始建滚水石坝,金门南北长六十丈,石底面宽二十丈四尺,墙高一丈二寸
	乾隆三十三年(1768 年)	坝上加筑封土护埽
	嘉庆十五年(1810 年)	将坝底加高四尺,每年堵闭,在坝脊加筑埽戗
信坝	乾隆十六年(1751 年)	始建滚水坝,金门南北长六十丈,坝底东西宽二十丈,墙高一丈二寸
	乾隆三十三年(1768 年)	坝上加筑封主护埽
	嘉庆十七年(1812 年)	加高坝底一尺,每年启放,在坝上筑做护埽

资料来源:水利部治淮委员会《淮河水利简史》编写组:《淮河水利简史》,第 247～248 页。

黄、淮泥沙开始被大量搬运并沉积在高宝诸湖,湖中沙洲开始发育,湖泊调蓄洪水的能力下降。嘉庆《备修天长县志稿》记录了从清初至嘉庆年间高宝诸湖的变化:

> 其时高堰一带黄流顺轨,湖少涨泛,自乾隆六年以后,凡滨湖之田,虽逢山水骤发,而湖之宽深足以泄之,故亦不害盈宁之告。近年以来,下流之湖今昔异势……曩之膏腴,今皆泽国。[1]

这段引文可看出当时黄淮关系的恶化和对高宝诸湖带来的影响。嘉庆八年(1803 年)工部的奏折中提到高邮一带的运河因"上游闸坝诸水下注以致停沙壅积,河底淤高,急应

---

[1] 嘉庆《备修天长县志稿》卷九下《灾异》,黄山书社,2013 年,第 413 页。

疏浚"①。绘制于嘉庆十二年至十四年呈上东下西向的《淮扬水道图》(见图2-10)描绘了当时高家堰上五坝及洪泽湖水经由五

图2-10　清嘉庆十二年至十四年淮扬水道图(方向上东下西)②

资料来源:英国国家图书馆、数位方舆网站。

---

① 台湾"中研院"史语所内阁大库档案,登录号:110110-001。

② 图题《淮扬水道图》,系以图中内容而订。整理者对于此图年代的考证如下:图中已绘出乾隆四十六年(1781年)原筑运口北的束水坝;五十年改名为"束清坝"。嘉庆十年(1805)"束清坝"移往运口南(《大清一统志》卷九四《江苏·淮安府二》)。另嘉庆十二年(1807年)后,湖水日高,柴坝、木桩难以存立,坝、桩俱废(姚汉源:《京杭运河史》,中国水利水电出版社,1998年,第477~488页),图中高堰堤上明显注记"石工",高堰武家墩以北济运坝、北裹头间闸坝注记"砖工";嘉庆十三年(1808年),总河吴璥奏《履勘河口及高堰各工并顺道查看淮扬运河两岸堵筑各缺口情形》,提及"临湖砖工溃蛰,湖水入运过大,以致运口内之二三两草坝及北裹头、老鹳嘴等处俱被冲塌"(宫中档404012636),图中所示高堰北的砖工堤堰似待修。另图中亦未反映运河西岸状元墩的钳口二坝及后来据此改建的草闸;嘉庆十四年(1809年)漫堵河大坝改为钳口坝,嘉庆十五年(1810年)吴璥又奏钳口二坝宜改建草闸,以备随时启闭(《续行水金鉴》卷七〇《运河水》)。判断本图当绘于嘉庆十二年至十四年之间(资料来源:数位方舆网站 http://digitalatlas. asdc. sinica. edu. tw/map_detail. jsp? id=A104000044)。

坝南面的蒋家坝进入高宝诸湖的流路,对比1717年图层,湖中的沙洲清晰可见。嘉庆十五年(1810年)后,高家堰上的仁、义、礼三坝冲成深塘,未能修复。[①] 洪泽湖水在汛期冲破高家堰所遗留的地貌景观,可从图2-8中得到直观展现。嘉庆十八至二十年,在蒋家坝南坡,依次创挑仁、义、礼三河,筑成新的仁、义、礼滚坝。[②] 仁、义、礼河也分别称为头河、二河、三河,三河(礼河)之名始于此时。道光以后,黄河经常倒灌洪泽湖,清口淤塞,一遇淮河大水,湖水只能向南通过五坝宣泄,流入高宝诸湖。[③] 民国《宝应县志》引用道光旧志的记载描述了当时宝应一带湖泊环境的变化:

> 宝应蕞尔一邑,诸河缭带于东西,溉浸所及享其利固厚。而时势迁改,罹其殃亦常酷,如湖中旧有五河,以氾光、界首为尾闾,灌输甚速,今则丰草填咽,半成平陆,兼运河西堤各闸水所注,直变湖滨为皋壤,日淤日广,地与水争。[④]

---

① 《清实录》第31册,中华书局,1986年,第624页。

② 《清史稿》卷一二七《河渠志三》,第3802页。

③ 道光四年(1824年)十一月,孙玉庭、张文浩等奏:“堰盱大堤骤遇非常风暴,掣塌过水,缺口下注之水,入宝应、高邮诸湖。”十二月,以堰盱要工溃决,命尚书文孚、汪廷珍查办,覆奏:“高堰此次塌卸石工,山阳、宝应、高邮、甘泉及下游兴化、盐城等县,均被淹漂没田庐。”道光六年(1826年)六月,总督张井、副总河潘锡恩又奏:“洪泽湖水势六月初九日长至一丈五尺八寸,启放三河两坝之后,水势仍有长无消,初十日早长二寸,晚长八寸,十一日又长六寸,不得不另筹宣泄。查有蒋家坝以南之拦湖坝,嘉庆二十四年(1819年),曾经启放,减下之水,汇归高宝湖,宣泄甚为得力。当派淮扬道前往察看情形,如果来源旺盛,即行启放……”七月,总督琦善、总河张井、副总河潘锡恩等奏:“洪泽水势,前长至一丈七尺六寸,自拦湖坝放后,仅消四寸,旋复回长二寸,迄今水定不消,下游高宝等湖皆已灌足……”(同治《续纂扬州府志》卷二《河渠下》,第661~662页)

④ 民国《宝应县志》卷三《水利》,《中国地方志集成·江苏府县志辑》第49册,江苏古籍出版社,1991年,第53页。

从引文中不难看出，宝应湖因泥沙淤垫，近半湖面已成陆地，而且泥沙淤积有增无减，湖滨直变为皋壤。

（三）咸丰后三河携带泥沙沉积加快

道光时期，由于黄河长期倒灌洪泽湖，清口水利枢纽日益淤塞，逐渐丧失了功用，"蓄清刷黄"无以为继，淮河出清口归海的流路受阻，大部分时间都是通过洪泽湖大堤上的五坝减泄至高宝诸湖再向南汇入长江。咸丰元年（1851 年），洪泽湖东南端的三河坝（新礼坝）被冲毁而未能修复，此后终年不闭，冲口越冲越大，淮河不再由东北的清口入海而改为东南经高宝诸湖入长江。1911年四月，胡雨人实地勘察三河一带，见到：

> 三河口至三河尾约七八里，其最狭处约三十丈，其两岸甚高，约二丈余，一色新土……上岸观之，并无堤岸，皆平地也。三河口一带洪泽湖边地势顿高，口门既深，水流仍急，近水地层愈刷愈空，下空则上层低陷坍卸，故在河观之皆似新岸。[①]

1911 年五月实测三河流量每秒流量为 7 173 立方米[②]，显示出三河强烈的侵蚀搬运能力。咸丰五年（1855 年）黄河北徙后，不再倒灌洪泽湖。三河来水减少，进入高宝诸湖后泥沙搬运能力下降，大量泥沙被沉积在高宝诸湖三河入口处，在湖西北方向形成不断扩大的三河三角洲。在 1868 年图层（图 2 - 3b）中可见三角洲的生长使得白马、宝应湖西岸大片湖区淤积成陆，宝应湖出

---

① 胡雨人：《江淮水利调查笔记》，中国水利史典编委会编：《中国水利史典·淮河卷》第 2 册，第 232 页。
② 沈秉璜：《勘淮笔记》，中国水利史典编委会编：《中国水利史典·淮河卷》第 2 册，第 199 页。

现明显的沙洲。三河泥沙的沉积还使湖盆淤浅,清光绪以后甚至漕运及农业用水均因此受到影响,"高邮湖南注邵伯湖港口有五,下游合为三道……高邮每逢旱年即需堵此诸港蓄水济运及农,此光绪以来情形与道光前不同者也"[①]。1911 年胡雨人考察江淮水利,路经宝应湖,目睹:

> 湖中块沙纵横,有不见沙面而芦苇翘出甚肥泽者,船至直过无碍。有点点小沙而结庐其上者,有并无片沙而一家一屋独居水中者,门前各系小船,此种家居殊觉别有风味。湖中四望,柳树甚多。[②]

通过胡雨人的描述,可知当时宝应湖淤积严重,大量沙洲露出水面,许多沙洲虽然尚未出水,但由于湖水极浅而芦苇丛生,许多民居建于湖中,借助船只出行。1916 年图层(图 2-3c)显示三河三角洲进一步扩大,白马湖西部更加萎缩,宝应湖中的沙洲已经完全成陆。而此时湖底高程进一步增加,民国《高邮州志》记载:"高邮湖底昔深今浅,水盛时约一丈八尺有几,旱年湖心只四五尺而已。"[③]根据马武华等的研究,"1920 年时白马湖已为薮泽低地。自入江水道建成后,三河之水不再泄入白马湖。至 70 年代初,由于围湖造田,遂使该湖与宝应湖分离,成为一个独立的湖泊。同样,由于三河三角洲与心滩的发育,使宝应湖变为当时洪泽湖的泄洪干道,后因入江水道和大汕隔堤

---

① 民国《三续高邮州志》卷一《河渠》,《中国地方志集成·江苏府县志辑》第 47 册,江苏古籍出版社,1991 年,第 267 页。

② 胡雨人:《江淮水利调查笔记》,中国水利史典编委会编:《中国水利史典·淮河卷》第 2 册,第 232 页。

③ 民国《三续高邮州志》卷一《舆图》,《中国地方志集成·江苏府县志辑》第 47 册,第 252 页。

的兴建,切断了该湖对高邮湖的联系,与白马湖一样成为不受
洪泽湖泄洪影响的湖泊。高邮、邵伯湖的自然演变较之白马、
宝应湖小。高邮、邵伯湖相连接地段为大片浅滩所隔开,滩上
河道密集,有二十二港之称。由于泥沙淤积,滩地不断向南延
伸,在王港河和高桥港的南端,都有比较典型的三角洲前缘"[①]。
上述趋势在2011年图层(图2-3d)中得到进一步体现,三河三
角洲不断淤涨,白马湖、宝应湖几乎全部淤积成陆,高邮湖也受到
显著影响。

第四节　运西湖群演变的动力机制

一、黄淮关系的变迁

　　洪泽湖是高宝诸湖的上游,也是淮河与黄河交汇的节点,明
代隆庆四年(1570年)后黄淮关系的变迁通过洪泽湖直接作用于
高宝诸湖。将洪泽湖的演变与高宝诸湖的变迁进行对比,发现二
者的变化趋势与时间节点基本同步。高家堰初建时,积蓄于洪泽
湖的淮河水可以顺畅地出清口与黄河交汇,黄河泥沙对洪泽湖的
影响较小,洪泽湖水汇入高宝诸湖时含沙量也很低,因此明末清
初高宝诸湖湖面扩张,水位抬升。自乾隆末年开始,黄淮关系开
始向黄强淮弱转变。黄河对洪泽湖的倒灌使洪泽湖的泥沙含量
日益增多,沉积在高宝诸湖的黄、淮泥沙也显著增加。道光以后,
黄强淮弱不可逆转,黄河倒灌进入洪泽湖的泥沙又经三河进入高
宝诸湖。咸丰元年,淮河不再入海而全部由高宝诸湖入江,咸丰
五年黄河北徙使三河来水减少,泥沙搬运能力下降,洪泽湖的泥

---

① 马武华、邓家瑛:《运西湖泊滩地资源特征及其开发研究》,《中国科学院南京地理
与湖泊研究所集刊》第5号,科学出版社,1988年,第37~49页。

沙进入高宝诸湖后大量沉积在三河河口,使三河三角洲在高宝诸湖中不断生长扩大,除三河外,洪泽湖大堤与白马湖间的广大低洼地区,受黄淮合流南迁影响,还形成了许多三角洲和复合三角洲。据马武华等分析,"岔河以东,浔河夹带大量泥沙形成冲积三角洲;其南,草字河与老三河自出洪泽湖以后在吕良桥形成复合三角洲。东部,黄浦里运河西堤浅水入白马湖,于顺河集附近形成三角洲。北部,原先的蔡家湖、徐家湖等因黄泛而淤塞。由于黄淮灌淤及洪泽湖水经三河携带泥沙(据统计,仅 1960~1965 年间,平均每年携带 171.6 万吨)的沉积"[①],这些因素最终使高宝诸湖中的白马湖、宝应湖几乎消亡。

二、人口的增加及圩田的开垦

16 世纪以来高宝诸湖面积不断缩小的原因除了来自洪泽湖泥沙的淤垫外,圩田的不断发展也是重要因素。从明代隆庆年间开始,千余年来发挥灌溉和济运作用的以扬州五塘为代表的陂塘蓄水系统被豪强占废为田,致使从天长一带汇入上河湖群的地表径流失去了陂塘的调蓄。人口的增长使对粮食和农田的需求不断增加,高宝诸湖大部分区域在清代属扬州府,当地人口在清初战乱中损失巨大,康熙以后逐步恢复,并在乾隆年间迅速增长。据人口史专家计算,扬州府乾隆四十年(1775年)人口约为 515.7 万,嘉庆二十五年(1820 年)约为 666.3万,人口年平均增长率为 5.8‰。[②] 为了满足日益增加的人口对粮食的需求,围湖造田兴盛起来。清乾隆以后的文献中对滨湖低田的记载很多,如乾隆年间"山阳县西乡一带低田,每遇白

① 马武华、邓家璜:《运西湖泊滩地资源特征及其开发研究》,《中国科学院南京地理与湖泊研究所集刊》第 5 号,第 37~49 页。
② 曹树基:《中国人口史》第五卷,复旦大学出版社,2005 年,第 81 页。

马湖涨,即遭淹没",嘉庆年间"高邮宝应等处滨湖低洼田亩因湖水涨盛间有漂浸"①,邵伯湖西岸近 300 年来滨湖圩田平原逐步扩大,湖岸线不断向内收缩,《甘泉县志》记载"邵伯湖在上河,与黄子等湖通连,滨湖皆民田"②,甚至一些湖中地势稍高的滩地也被开垦,如"李家庄,河淮未合之先是为陆地……因改为稻田,然在湖心,稍溢则没耳"③。在高宝诸湖的西北方向,三河三角洲的生长造成白马、宝应一带湖区淤积成陆,新生的湖滩地也变成了可供开垦的土地。史籍记载"咸丰河徙后,高宝诸湖水量渐减,人民于湖中筑圩兴垦,与水争地,湖又缩小遂如今日形势"④。光绪二十五年清政府发布上谕清查高邮一带未经登记的新田,结果"至是年冬月其共查出垦熟新田四万四千二百十九亩"⑤,新增的圩田数量庞大。民众在新淤积出的滩地上建造圩垸,客观上加速了高宝诸湖的萎缩,"民贪小利,占湖为田,白马旧湖面积日削,宝应湖口收束如瓶,一遇淮涨则时安等庄白波浩渺,是不啻移洪湖位于高宝也"⑥,这是民国时期高宝诸湖地进湖退的真实写照。

1949 年后,围湖造田继续造成高宝诸湖面积萎缩,在高邮湖119°19.656′E、32°55.065′N 处钻取的 GY07 - 02 钻孔柱状样 7

---

① 中国第一历史档案馆:《清宫扬州御档精编》,广陵书社,2012 年,第 154 页。

② 光绪《增修甘泉县志》卷三《水利》,《中国地方志集成·江苏府县志辑》第 43 册,江苏古籍出版社,1991 年,第 105 页。

③ 光绪《增修甘泉县志》卷三《水利》,《中国地方志集成·江苏府县志辑》第 43 册,第 119 页。

④ 民国《宝应县志》卷三《水利》,《中国地方志集成·江苏府县志辑》第 49 册,第 53 页。

⑤ 民国《三续高邮州志》卷一《民赋》,《中国地方志集成·江苏府县志辑》第 47 册,第 281 页。

⑥ 民国《宝应县志》卷三《水利》,《中国地方志集成·江苏府县志辑》第 43 册,第 54 页。

厘米处,有机碳、碳酸盐含量均为峰值,含水率则为谷值,推断年龄大致在 1960 年前后,与 1954～1980 年江苏围湖造田,植被大量砍伐和烧荒相对应。[①] 据马武华等研究,至 1985 年:白马湖面积约 17 万亩,湖底最低点高程为 4.7 米,居于湖盆中部。南部在 5.5～6.0 米之间,北部在 5.0～5.5 米之间。整个湖底地形呈南高北低的特点。地势高处为入湖河流淤积而形成的三角洲前缘水下滩地所在,滩地面积计约 12 万亩。宝应湖湖中滩地高程在 5.0～6.5 米,经大量围垦,湖区滩地所剩不多,约 5.3 万亩,约为已围面积的 13%。1970 年后,围垦面积进一步扩大,曲折的湖岸线均为人工堤。至 1985 年湖泊面积为 15.6 万亩。高邮湖湖水最深处在湖的南部,湖底高程为 4.1 米,北部大汕子与小汕子三角洲前缘高程 4.5～5.5 米。湖底地形自北向南缓慢倾斜。滩地主要分布于湖盆北部大汕子三角洲南延的广大地区,面积约 3.5 万亩;高邮湖与邵伯湖接壤处的新民滩过水廊道,枯水季节有六条南北走向的河道纵贯草滩,滩地高程在 4.8～7.0 米之间,呈北高南低之势,面积为 7.4 万亩。邵伯湖 70 年代中期的湖盆形态与 50 年代截然不同。由于围垦和筑堤,原来曲折多弯的岸线,现今已成为南北向的直线。除新民滩前沿滩地和心滩外,原有 3.5 米以上的滩地大多已被围垦或养殖。邵伯湖实质上已名存实亡,而是湖水入江的干道。[②] 截至 1985 年,高宝诸湖围垦面积如表 2-2 所示。

---

① 唐薇、殷勇、李书恒等:《高邮湖 GY07-02 柱状样的沉积记录与湖泊环境演化》,《海洋地质与第四纪地质》2014 年第 4 期。

② 马武华、邓家瑚:《运西湖泊滩地资源特征及其开发研究》,《中国科学院南京地理与湖泊研究所集刊》第 5 号,第 37～49 页。

表 2-2 截至 1985 年年底高宝诸湖围垦面积统计表

湖名	湖泊面积 (万亩)	原有滩地面积 (万亩)	已围面积 (万亩)
白马湖	17.0	13.3	1.3
宝应湖	15.6	46.9	41.6
高邮湖	114.1	38.9	27.5
邵伯湖	19.5	11.5	6.2
合计	166.2	110.6	76.6

资料来源:马武华、邓家瑛:《运西湖泊滩地资源特征及其开发研究》,《中国科学院南京地理与湖泊研究所集刊》第 5 号,科学出版社,1988 年,第 37~49 页。

小结

通过对 16 世纪以来运西湖区平原河流、湖泊地貌过程的复原研究,可以发现本区地貌过程变迁的主要趋势是高宝诸湖的扩张与萎缩,在运西湖区平原尚未受到洪泽湖来水影响时,里运河以东是大量散布的湖荡,彼此之间有水道连通,水大时可连成一片;受到洪泽湖来水影响后运西湖区平原上的湖泊面积逐渐扩大,形成拥有统一湖面的高宝诸湖。通过本章的分析,可以进一步得出如下结论。

首先,明末清初是高宝诸湖 16 世纪以来的全盛时期。高宝诸湖 1717 年水域面积达 1 606.02 平方千米,清中期后持续受泥沙淤积和围湖造田的影响,湖面在 1868 年缩小至 1 494.03 平方千米,1916 年为 1 071.97 平方千米,至 2011 年仅为 886.90 平方千米。其中北部的白马湖、宝应湖因三河三角洲的淤涨而几乎消亡,南部的邵伯湖缩小的原因主要是西侧的围湖造田,而中部的高邮湖萎缩的幅度较小,成为今日高宝诸湖的主体。

其次,黄淮关系的演变是高宝诸湖变迁的主要原因。为了蓄清刷黄,淮河被截留在洪泽湖内以抬高水位,才使得洪泽湖水可以越过高家堰汇入高宝诸湖,造就了高宝诸湖在清前期的广阔水域。当黄强淮弱时,黄河泥沙也通过洪泽湖水进入高宝诸湖,导致湖泊淤浅,面积萎缩。

最后,圩田修建也加快了高宝诸湖的萎缩。明代后期扬州五塘中上雷塘、下雷塘与小新塘和其他陂塘被废塘为田,导致来自天长一带的地表径流失去调节,使湖水泛溢的可能性大为增加。此后占湖为田成为人类利用湖滩地的主要形式。清中期以后,人口的迅速增长带来极大的粮食需求压力,在农业生产技术没有革命性提高的前提下,只能通过围湖造田增加耕地面积进而提升粮食产量。圩田的兴建与泥沙的淤积相互伴生,地进湖退是近300年来高宝诸湖演变的主要趋势。

第三章

里下河平原湖泊分布与水系格局的演变过程

里下河平原位于江苏省中部,是江淮平原的一部分,西起里运河,东至串场河,北迄苏北总灌渠,南抵通扬运河,如图 3-1 所示。江淮平原以里运河为界,西侧称上河湖区平原,第四纪时期受西侧低山丘陵区隆升的影响缓慢抬升,东侧里下河地区在第四纪最后一次海侵时被海水淹没成为浅水海湾。约距今二千至三千年前,由于长江北岸沙嘴和淮河南岸沙嘴不断向海延伸和长江、淮河入海泥沙经海流再搬运后在今范公堤一线形成岸外沙堤,沙堤西侧的海湾演变为潟湖,并逐渐淡化、成陆,形成一处碟形洼地,即今日的里下河平原。[①] 范公堤一带的古代岸外沙堤高度一般在 6~7 米,长江北岸古沙嘴一般高度在 7~8 米,兴化一带地面真高只有 2 米左右[②];沙堤以东的滨海平原成陆更晚,它是 12 世纪黄河夺淮,特别是明中叶对黄河采用固定河槽和"蓄清刷黄"的措施以后,由黄河入海泥沙逐渐淤积而成,一般地面海拔2 至 5 米。[③] 里下河平原形如釜底,河网复杂又相对封闭,低洼的地势非常不利于洪水排泄,大气降水和地表径流的变化都会对当地水系发育带来显著影响。16 世纪以后至 1855 年前是黄河、淮

---

① 单树模、王维屏、王庭槐编著:《江苏地理》,江苏人民出版社,1980 年,第 25 页。
② 陈吉余、虞志英、恽才兴:《长江三角洲的地貌发育》《地理学报》1959 年第 3 期。
③ 水利部治淮委员会《淮河水利简史》编写组:《淮河水利简史》,第 255 页。

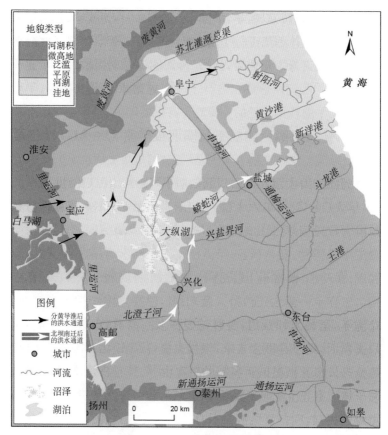

图 3-1　里下河平原示意图

资料来源:《中国自然地理图集》,中国地图出版社,2010 年,第 141 页。

河、运河关系空前复杂的时代,而里下河平原紧邻黄、淮、运交汇区域的特殊地理位置,也使得这一时期成为里下河平原水系受外界扰动最频繁、变迁最剧烈、人地矛盾最尖锐的时代。研究 16 世纪以来里下河平原的水系变迁,复原河流、湖泊演变的过程,分析产生变化的原因,对于预测本区地貌发育的趋势、总结历史时期环境治理的经验有积极意义,也能为目前科学预防洪涝灾害提供历史背景的参考。以往学者的研究已经对全新世以来苏北地区环境变迁的大体趋势进行了复原[1]，并对黄河夺淮以来当地河湖地貌的变迁进行了开创性的研究[2]，对明清时期当地的环境变迁与湿地农业系统的形成也进行了一些讨论。[3] 这些成果对于理解里下河平原环境变迁的主要趋势有积极作用，但有关当地水系变迁的具体过程和背景的深入研究仍很薄弱，因此也难以有效总结历史经验。本章在前人研究基础上，利用历史地理学的研究方法，综合运用清代实测地图、有关水利及地理历史文献记载，借助 ArcGIS 的研究手段，对 16 世纪以来里下河平原水系格局进行复原研究，并分析其变迁的过程，探讨其原因及影响。

第一节　16 世纪前里下河平原的河湖地貌

早在距今 6 000 年前左右，里下河地区就有古人类的活动，先后发育了青莲岗文化、龙山文化、大汶口文化等新石器古文化。这些古文化遗址主要分布在古潟湖周围的高冈坡麓、岸外沙堤及河口沙嘴上。这里地势高亢，既可避水患，又有傍水的优势，为先

---

[1] 潘凤英：《试论全新世以来江苏平原地貌的变迁》，《南京师院学报（自然科学版）》1979 年第 1 期；严钦尚、许世远：《苏北平原全新世沉积与地貌研究》，上海科学技术文献出版社，1993 年；凌申：《全新世以来里下河地区古地理演变》，《地理科学》2001 年第 5 期；郭盛乔、马秋斌、张祥云等：《里下河地区全新世自然环境变迁》，《中国地质》2013 年第 1 期。

[2] 吴必虎：《黄河夺淮后里下河平原河湖地貌的变迁》，《扬州师院学报（自然科学版）》1988 年第 1、2 期；潘凤英：《历史时期射阳湖的变迁及其成因探讨》，《湖泊科学》1989 年第 1 期；凌申：《射阳湖历史变迁研究》，《湖泊科学》1993 年第 3 期；柯长青：《人类活动对射阳湖的影响》，《湖泊科学》2001 年第 2 期；凌申：《历史时期射阳湖演变模式研究》，《中国历史地理论丛》2005 年第 3 期。

[3] 彭安玉：《论明清时期苏北里下河自然环境的变迁》，《中国农史》2006 年第 1 期；卢勇、陈加晋、陈晓艳：《从洪灾走廊到水乡天堂：明清治淮与里下河湿地农业系统的形成》，《南京农业大学学报（社会科学版）》2017 年第 6 期。

民们的渔猎和农耕活动提供了有利条件。从新石器古文化遗址中出土的炭化稻粒可知,先民们已经在沼泽中种植稻类。水稻的种植也促进了潟湖的淡化。先秦时代,里下河地区尚是湖泊面积广阔、水势浩大之地,随着入湖河道带入泥沙量的增加和区内排出水量的增大,广袤的水面变得束狭而逐渐分化。

春秋末期,吴王夫差开挖邗沟,引江水北上经古射阳湖等湖入淮河,在沟通江淮间交通的同时,对古潟湖的演化亦施加了较大的影响。其一是促使了古潟湖与江淮的沟通,加快了潟湖淡化的进程;其二是江淮所挟带的泥沙促进了湖泊的淤积和分解。到了秦汉时期,古潟湖的广袤水面已被分割成众多的湖荡和沼泽。在这些湖泊中,以射阳湖为最大,故许多史籍中,将上述众多湖泊统称为古射阳湖。[①] 人类的生产活动对于本区潟湖的淡化也起了促进作用,两淮地区的防潮堤俗称海堤,又名捍海堰。据史籍记载,苏北海堤的兴建始于南北朝。北齐时,杜弼“于(海)州东带海而起长堰,外遏咸潮内引淡水”[②]。唐黜陟使李承筑楚州捍海堰,“东距大海,北接盐城,袤一百四十二里……遮护民田,屏蔽盐灶,其功甚大”,到了北宋初年,因“历时既久,颓废不存”,因此北宋天圣年间,时任泰州西溪盐官的范仲淹“调四万余夫修筑(范公堤),三旬毕工”,使“海澨沮洳潟卤之地化为良田,民得奠居”[③]。范公堤的修筑,对里下河地区的生态环境演化有着重大的影响:范公堤障蔽了外域海水倒灌入湖,也就加速了潟湖咸水淡化的进程;阻西水外泄却加速了泥沙在潟湖内的淤积。两者作用的最终结果是古潟湖面积的不断缩小和分解以及咸水淡化,从而演变为

---

① 姜加虎、窦鸿身、苏守德编著:《江淮中下游淡水湖群》,长江出版社,2009 年,第208～213 页。

② 《北齐书》卷二四《杜弼》,中华书局,1972 年,第 353 页。

③ 《宋史》卷九七《河渠七》,中华书局,1977 年,第 2394 页。

一系列的淡水湖泊。

明代王士性对里下河周边区域有相当具体的描述，为今日了解这一区域的环境变迁和当时的湖泊水系格局提供了依据：

> 淮、扬一带，扬州、仪真、泰兴、通州、如皋、海门地势高，湖水不侵。泰州、高邮、兴化、宝应、盐城五郡邑如釜底，湖之壑也，所幸一漕堤障之。此堤始自宋天禧，转运使张纶，因汉陈登故迹，就中筑堤界水。堤以西汇而为湖，以受天长、凤阳诸水，縣瓜、仪以达于江，为南北通衢；堤以东画疆为田，因田为沟，五州县共称沃壤。起邵伯，北抵宝应，盖三百四十里而遥，原未有闸也。隆庆来岁，水堤决，乃就堤建闸，实下五尺，空其上以度水之溢者，名减水闸，共三十六座。然一座阔五丈，则沿堤加三十六决口，是每次决水共一百八十丈而阔也，虽运济而田为壑矣。所赖以潴止射阳、广阳诸湖，出止丁溪、白驹、庙湾、石硊四口耳。近射阳已涨与田等，它水者可知。丁溪、白驹二场，建闸修渠，金钱以万计，不两年为灶丁阴坏之。又盐城民惑于堪舆之言，石硊之闸启闭亦虚，止庙湾一线通海耳。[1]

现代调查资料显示，江淮平原的地势周高中低，且西高东低，位于里运河西面的洪泽湖东岸基本与 10 米等高线重合，洪泽湖与其东面的上河湖区平原以洪泽湖大堤为限构成一微阶梯。而里运河基本与 5 米等高线重合，上河地区与里下河地区以运堤为界构成另一微阶梯。因此整个江淮平原的地势呈三级阶梯状，洪

---

① 〔明〕王士性：《广志绎》卷二《两都》，第 26 页。

泽湖处于第一阶梯,上河地区的高宝诸湖为第二级阶梯,里下河
地区为第三级阶梯,里下河平原北部的古射阳湖湖盆洼地是地势
最低的区域,也是古潟湖最后的遗存。在里下河平原的南部,沿
通扬运河一带是高爽的岗地,高度在 7~8 米,从泰州北向着里下
河洼地的地面坡度为 1/500,这是古长江河口段涌潮现象导致的
滨海波浪堆积。①

　　洪泽湖大堤(古称高家堰)最早为东汉陈登所筑,至明初又经
平江伯陈瑄增筑,万历年间,潘季驯增修高家堰,留下周桥以南到
翟坝一段,为"天然减水坝"。当水位抬高到一定程度,湖水便会
自动漫过减水坝,泄入高宝诸湖。当时洪泽湖规模较小,湖水很
少漫过高家堰下泄,据文献记载:

　　　　昔之翟坝土坚而平满,其间有古沟小闸仅数尺阔,
　　四尺深,每逢淮水暴至,则平漫翟坝二十五里,此水不过
　　五六日即消,多亦不过十日。其大势仍从清口合河入
　　海……故高邮之湖止受五六日之横流,而不被水患。②

　　因此明代中后期高宝诸湖主要接受天长一带地表径流的补
给。汛期洪水排泄不畅时,高宝诸湖会通过运堤东面的泄水闸,
将洪水排入里下河地区经射阳湖入海,会对里下河平原造成一定
冲击。但在明代中后期修建了入江的仪真、瓜洲等闸后,情况显
著改善,说明此时可以通过水利工程与技术手段解决水患的问
题。万恭的《治水筌蹄》记录了当时的情况:

---

① 陈吉余、虞志英、恽才兴:《长江三角洲的地貌发育》,《地理学报》1959 年第 3 期。
② 〔清〕钱湘灵:《淮扬治水利害议》不分卷《治清水潭议》,《扬州文库·第二辑》第 43
　册,第 291 页。

> 高邮诸湖,西受七十二河之水,岁苦溢。乃于东堤建减水闸数十,泄水东注,闸下为支河,总汇于射阳湖、盐城入海,岁久悉湮。弘治中,乃开仪真闸,苦不得泄……隆庆初,水高于高、宝城中者数尺,每决堤,即高、宝、兴化悉成广渊。隆庆六年、万历元年,建平水闸二十一于长堤,又加建瓜洲闸,并仪闸为二十三,湖水大平,淮涨不能过宝应。①

此外,当时的洪水还可通过民间为灌溉而在运堤上开凿的涵洞进入里下河平原,这个问题只要将涵洞改为平水闸也可解决。② 由于上河地区来水可控,加上人工堤防的作用,因此里下河平原虽号为泽国,但仍可称得上阡陌相连的沃壤:

> 起自泰州以及兴、高、宝、盐,纡回虽共四百三十里,然阡陌连壤,东渐于海,西滨于湖,而盐场、草场、河泊、湖港则周遭不下数千里而盈矣。千里之内,往来者止凭舟楫之通,略无牵挽之路,其形共类一釜底,古所为号泽国也。然所由称沃壤者,徒以湖堤固而水利兴耳。堤一决,则千里者壑矣。③

从明万历年间《扬州府图说》可以看出上河湖群与里下河平原诸湖荡之间的形势,位于运河以西的高宝诸湖通过连接上河与

---

① 〔明〕万恭著,朱更翎整编:《治水筌蹄》二《运河》,水利电力出版社,1985年,第96页。
② 万恭在《治水筌蹄》卷二《运河》中对此认为:"高、宝湖堤间,民盗制涵洞,旱则启之溉田。然夏、秋水溢,则决堤者多以涵洞也。湖水东注,悉为巨浸,是涵洞之利民也少,而害民也多! 且败堤、伤运,禁之。愿改平水小闸者,听。"(第97页)
③ 〔清〕顾炎武:《天下郡国利病书》不分卷《扬州府备录》,上海古籍出版社,2012年,第1307页。

下河的许多东西向水道进入里下河射阳湖、广洋湖、渌洋湖、艾菱湖。入广洋湖与射阳湖之水可经庙湾（后称阜宁县）入海，高邮东南诸湖之水还可向东流入平望、博之等湖，再向东则进入兴化附近的湖荡。

第二节　1570年后里下河平原成为淮河下游入海通道

1128年黄河夺淮后，黄河曾长期保持南北分流的状态，南流入淮的泛道在淮北平原的广大地区内迁徙不定，黄河之泥沙沿途停滞淤淀于泗河、涡河、颍河、睢河等河道，加之北流尚未断绝，此时期黄河对淮河下游水系的影响并不显著。明弘治八年（1495年），刘大夏筑成太行堤，阻断黄河北流，从此黄河开始全河入淮。全河入淮后淮河下游的径流量较之前增加了200％。原有的河槽不足以同时容纳黄河与淮河两条大河，当黄淮并涨之时，泛溢决口随之而来：

> 隆庆四年（1570年），黄河决崔镇，淮大溃高家堰。水浡洞东注，溢山阳、高邮、宝应、兴、盐诸州县。漂室庐、人民无数，淮扬垫焉。淮既东，黄水亦蹑其后，决黄浦八浅，沙随水入，射阳湖中胶泥填阏，入海路大阻。[①]

从此里下河成为淮河下游的洪水走廊，"凡遇伏秋，水必长发。屈指计之，隆庆五年水矣，万历二年水矣，四年大水矣，五年又水矣，以至七年、八年、九年、十一年、十四年、十五年，又十七

---

① 万历《扬州府志》卷五《河渠志上》，《江苏历代方志全书·扬州府部》第1册，第352页。

年、十九年、二十一年、二十二三年无岁不大水矣!""隆庆而前,下河为乐国,隆庆而后下河为穿府,陵谷未迁,风景顿异。"①据王宗沐《淮郡二堤记》记载,隆庆年间经高堰决口分泄的水量约占淮河水量的一半。②

万历六年(1578年),潘季驯增修高家堰,留下周桥以南到翟坝一段,为"天然减水坝",从此洪泽湖经高家堰分洪成为定制。当湖水位抬高到一定程度时,便会自动漫过减水坝,泄入高宝诸湖,再由里运河东堤上的闸坝,排入里下河。在里下河的高邮州、宝应县、兴化县等地本就"地卑洼,多湖荡,十岁九涝"。隆庆以后,"淮河时溢,堤岸善崩,由是一州两县之地皆为巨壑"③。当时里下河腹地呈现河湖相间的水系格局,兴化县西北方向是蜈蚣湖、平望湖两个相连大湖共同组成的广阔湖面。平望湖因"四方平衍,故曰平望"④,体现出里下河地势平坦的特点。在兴化以东则有德胜湖与白沙湖。在平原西南部则有渌洋湖、艾菱湖、菏塞湖,各湖之间均有水道相互连通。⑤

里下河入海的通道主要是射阳湖、新洋港等,这是由里下河的地貌条件决定的。里下河平原系由古潟湖演变而来,在分隔潟湖与广海的沙堤之上,受潮汐作用影响,发育有若干口门,即后来范公堤上各岗门之前身。里下河平原北部是里下河平原中地势最低洼的区域,形如釜底的地势使地表径流汇聚于此,再由范公

① 〔明〕陈应芳:《敬止集》卷一《论水患疏数》,《泰州文献·第2辑》第17册,凤凰出版社,2014年,第164页。
② 〔清〕傅泽洪编:《行水金鉴》卷六二《淮水》,《中国水利史典》编委会编:《中国水利史典(二期工程)·行水金鉴卷》第1册,中国水利水电出版社,2020年,第573页。
③ 《扬州府图说》,美国国会图书馆藏,编号:2001708631。
④ 万历《兴化县新志》卷二《地理》,《江苏历代方志全书·扬州府部》第49册,凤凰出版社,2017年,第116页。
⑤ 万历《江都县志》卷七《山川》,《江苏历代方志全书·扬州府部》第19册,凤凰出版社,2017年,第422页。

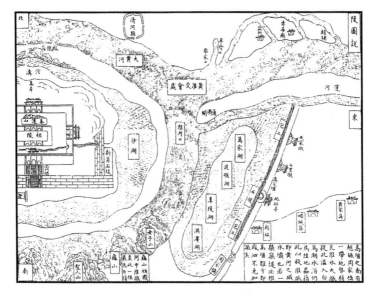

图 3-2　约 1590 年的高家堰和洪泽湖

资料来源:〔明〕潘季驯:《河防一览》卷一《祖陵图说》。

堤上的几处口门分泄入海。随着苏北海岸线的向海延伸,各岗门外逐渐形成入海河道,"自射阳口以南泄水入海之口有六:曰野潮洋,曰新洋港,皆在盐城东北;曰大围口,在其东南;曰斗龙港,曰苦水洋,曰天开河头,皆在兴化东境"①。里下河排水之口虽多,但以射阳河的排水能力最强,"五州县诸水必注于此,而后放于海"②。因此明代潘季驯、凌云翼、杨一魁及清初王永吉、史夔等人坚持"凡筹泄运河之水,皆以泾河、子婴沟与金湾并举"的基本策略,借助泾河、子婴沟将洪水导入射阳湖入海,并借助金湾闸将一部分洪水排入长江。

前文已述,明代上河与里下河地区的河道与湖泊系统主要受

---

① 〔清〕齐召南《水道提纲》卷七《淮水》,国家图书馆出版社,2017 年,第 134 页。

② 〔明〕陈应芳:《敬止集》卷一《论射阳诸湖》,《泰州文献·第 2 辑》第 17 册,第 166 页。

天长一带地表径流的补给,虽然面临洪涝灾害的威胁,但在人工水利设施的调节下,可以形成一种脆弱的平衡。一旦洪泽湖水大量漫过高家堰下泄,上河与里下河地区的河道与湖泊系统无法容受,这种脆弱的平衡就会面临全面崩溃。顺治十六年五月,总河朱之锡上《覆淮黄关系甚巨疏》,文中谈到明后期以来的黄淮形势:

> 淮水自西南来,趋东北;黄水自西来,横截于清口外。淮之支流由清口折而南注通江者,所谓运河也;淮之正流,会黄并驱东下入海者,所谓黄河也。伏秋之间,黄、淮交涨,淮被黄遏,周旋而不得出。清口以上汇而为洪泽等湖,则高堰危,故堰南有高良涧、周家桥两闸泄水,东入高、宝、白马诸湖;高、宝湖东通连运河,南从瓜、仪入江,而地势微昂,宣泄不及,则运堤危。故运河东岸有泾河、子婴、金湾等闸泄水东下射阳、广洋等湖入海;有湾头闸、有芒稻河泄水南入于江。此运河及诸湖之形势也。[①]

在瓜洲、仪征地势微昂,宣泄不及,高家堰上高良涧、周家桥两闸泄水,东入高宝诸湖,再由运河东岸有泾河、子婴等闸泄水东入里下河的形势之下,里下河平原水系面貌也随之发生巨变。本书第二章论述了上河湖群西部陂塘蓄水系统的崩溃对上河湖群的影响。这一过程对于里下河平原同样有负面影响,明代《扬州府图说》之《兴化图说》描写兴化:

> 其地卑洼多湖荡,水患尤甚,十岁九涝……窃考之,

---

① 朱之锡:《河防疏略》卷五《覆淮黄关系甚巨疏》,中国水利史典编委会编:《中国水利史典·黄河卷》第2册,第166页。

高邮、兴化、宝应为泉湖所汇,泉湖之水又为天长以东诸
水所汇,其害五塘未复,下流无潴,自高趋卑,势如建瓴,
加以淮河时溢,堤岸善崩,由是一州两县之地为巨壑。
虽尧横流之时,禹未导之日不是遇也。故障诸水以修复
堤防为急,修堤防以复五塘为急。①

　　兴化县位于里下河平原的腹地,从明万历《扬州府图说》之
《兴化县图》(图3-3)可以看到,当时兴化县在河湖环绕之中,县

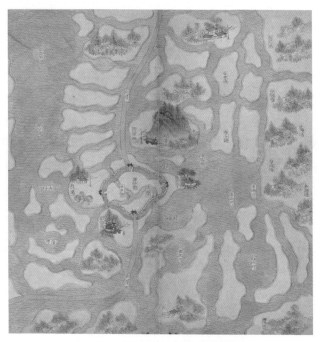

图3-3　明代兴化县周边水系图

资料来源:美国国会图书馆藏《扬州府图说》。

———————

① 美国国会图书馆藏明代万历年间《扬州府图说》,https://www.wdl.org/zh/item/
4443/。

城西部有蜈蚣湖(吴公湖)、平望湖,县城东部有得胜湖,各湖荡间又有车路河、白沙河、古庄河、立墩河、溪河、山子河等众多水道相联系。

第三节 "分黄导淮"后里下河平原的湖泊分布与水系格局

高家堰建成后,虽然预留了泄洪通道,但对于地处洪泽湖西岸的泗州而言,高家堰的存在使泗州面临被洪泽湖吞没的威胁。万历十九年(1591年),泗州大水后,朝廷上下对于开高家堰以泄洪泽湖水的呼声日益高涨。[①] 万历二十一年,牛应元即提出在高家堰上建周家桥、武家墩减水闸。[②] 万历二十三年,总河杨一魁力主"分黄导淮",并于次年在洪泽湖大堤上建成武家墩、高良涧和周家桥三闸,分泄淮水。其中,武家墩闸和高良涧闸泄水均由泾河注入里下河,周家桥闸泄水由子婴沟注入里下河,这些来水先汇聚于广洋湖,再由射阳湖入海[③],使广洋湖成为淮河入海的重要通道(见图 3-4a)。文献记载称广洋湖"东南通沈垛港,入博支湖,西南接漳河,北连章思荡,东北会三王沟"[④]。而博支湖"在广洋湖之东南,接马长汀,俗讹为郭真湖"[⑤]。在接纳淮河来

---

① 黄势强,夺淮入海,清口阻淮水,漫泗州城,浸祖陵树木,为谴罢督河大臣。议者汹汹,欲撤高堰,淮扬民大震恐,曰:"往溃堰事可鉴,今以二十年积潴之水,令建瓴而下,朝廷即以泗为重,顾可使运道决裂,且忍二郡亿万生灵尽为鱼鳖耶?"于是,再遣科臣勘议,始奏言分黄导淮事矣。(万历《扬州府志》卷五《河渠志上》,《江苏历代方志全书·扬州府部》第 1 册,第 352～353 页)

② 〔清〕傅泽洪编:《行水金鉴》卷六五《淮水》,第 594 页。

③ 王英华:《洪泽湖清口水利枢纽的形成与演变——兼论明清时期以淮安清口为中心的黄淮运治理》,第 74 页。

④ 万历《宝应县志》卷一《疆域志》,《江苏历代方志全书·扬州府部》第 40 册,凤凰出版社,2017 年,第 507 页。

⑤ 嘉靖《宝应县志略》卷一《地理志》,《江苏历代方志全书·扬州府部》第 39 册,凤凰出版社,2017 年,第 387 页。

水后,广洋湖面积扩大,合并博支湖(同"博芝湖")等临近湖泊。完成于康熙五十六年(1717 年)的《皇舆全览图》(后文简称《康图》)保存了明末清初时里下河平原的地理面貌。图上可见,广洋湖位于里下河平原西北方向,图上面积约为 354 平方千米。广洋湖与里运河之间有用于泄洪以确保运堤安全的引河相连,最北为泾河与泾河闸,"分运水通塔儿头、金吾庄,趋射阳湖东北入海"①。泾河以南为黄浦溪与黄浦闸,"万历七年,总河潘季驯既筑高堰而坝黄浦……后于堤上建双闸,以泄运河异涨"②。黄浦闸南为朱马湾闸,"天启元年建,水由引河至望直港,会归广洋湖"③。此外还有郎儿闸、永安闸等,均引水入广洋湖④,再向东北经三王河、射阳湖入海(见图 3 - 4a)。

在里下河平原北部,沿 2 米等高线有一处洼地,这里曾经是古射阳湖的湖盆,也是里下河平原中地势最低洼的区域。由于里下河平原是由古潟湖演变而成的碟形洼地,形如釜底的地势使当地容易潴水成湖,从汉代开始就有记载当地湖泊的资料流传下来⑤,《水经注》对里下河湖群的记载则更为详细:

> 韩江,亦曰邗溟沟,自江东北通射阳湖。《地理志》
> 所谓渠水也。西北至末口入淮……中渎水自广陵北出

---

① 乾隆《山阳县志》卷一一《水利》,《江苏历代方志全书·淮安府部》第 11 册,凤凰出版社,2018 年,第 182 页。

② 乾隆《山阳县志》卷一一《水利》,《江苏历代方志全书·淮安府部》第 11 册,第 182 页。

③ 道光《重修宝应县志》卷六《水利》,《江苏历代方志全书·扬州府部》第 45 册,凤凰出版社,2017 年,第 281 页。

④ 道光《重修宝应县志》卷六《水利》,《江苏历代方志全书·扬州府部》第 45 册,第 281 页。

⑤ 《汉书》卷二八《地理志下》:"江都,有江水祠,渠水首受江,北至射阳入湖。"(中华书局,1962 年,第 1638 页)

武广湖东、陆阳湖西。二湖东西相直五里,水出其间,下
注樊梁湖。旧道东北出,至博芝、射阳二湖。[①]

  根据上述记载,可知从先秦时期开始,里下河平原上就有湖
泊存在,射阳湖、博芝湖是其中较为重要的湖泊。唐代《元和郡县
图志》开始出现对湖泊具体位置和大小的描述:"射阳湖,在(山
阳)县东南八十里。汉广陵王胥有罪,其相胜之奏夺王射陂草田
赋与穷人……今谓之射阳湖,与宝应、盐城分滆为界,萦回三百
里。"[②]引文中记载的射阳湖大致位于今射阳湖已经干涸的湖盆
之中,而"萦回三百里"则是对当时射阳湖面积的具体描述,虽然
这种描述准确与否已经无从得知,但是这些记载却对后代产生了
重要影响。射阳湖是里下河湖群中主要的湖泊之一,射阳湖的变
迁可视为当地历史环境变迁的一个缩影。曾有学者研究认为射
阳湖一直延续至清末,演变成马家荡、九里荡等浅荡,残存部分变
成狭长的带状河道湖泊。[③] 笔者通过对历史文献的考证,认为射
阳湖在明后期就已经开始瓦解。
  虽然从唐宋至明清时期的地理文献中均记载了射阳湖"萦回
三百里"或"周回三百里"(见表3-1),但这应视为古代地方志编
纂中常见的照抄前志记载的现象,而不能说明至清代射阳湖仍然
维持唐宋时期的体量。因为自1128年黄河夺淮以来,尤其是万
历年间潘季驯采取"束水攻沙"的治河策略之后,沉积在里下河平
原的黄河泥沙逐渐增多,包括射阳湖在内的整个里下河湖群均处
于淤浅与萎缩之中。

---

① 〔北魏〕郦道元著,陈桥驿校证:《水经注校证》,中华书局,2007年,第713~714页。
② 〔唐〕李吉甫:《元和郡县图志》,中华书局,1983年,第1075页。
③ 吴必虎:《黄河夺淮后里下河平原河湖地貌的变迁》,《扬州师院学报(自然科学版)》1988年第1、2期。

表 3-1　历代文献中对于射阳湖的记载情况

文献来源	记载详情	成书年代
《太平寰宇记》卷一二四《楚州》	射阳湖,在(盐城)县西北一百二十里。湖阔三十丈,通海三百里,预五湖之数也	约 1000 年
《方舆胜览》卷四六《淮安军》	射阳湖,在山阳县东南八十里。今与宝应、盐城分湖为界,萦回三百里	约 1270 年
正德《淮安府志》卷三《风土》	去治东南七十里……其阔约三十里许,萦回三百里,自故晋经喻口至庙湾入海,山阳、盐城、宝应三县分湖为界	1519 年
天启《淮安府志》卷二《舆地》	射阳湖,治东南七十里,东通海,宝应、山阳、盐城三县分湖为界,其阔约三十里,周回三百里	1626 年
乾隆《淮安府志》卷四《山川》	射阳湖,治东南七十里,山阳、盐城、阜宁三县分湖为界,阔约三十里,周回约三百里,自故晋至喻口白沙入海	1748 年

注:《太平寰宇记》成书年代在宋真宗咸平三年至五年(1000～1002 年)间(张保见:《〈太平寰宇记〉成书再探——以乐史生平事迹为线索》,《中国地方志》2004 年第 9 期)。《方舆胜览》于南宋嘉熙年间刊印,后又经重订、增补,于咸淳年间重新刊行于世,这就是目前所能见到的《方舆胜览》本子。(李勇先:《试论〈方舆胜览〉一书的流传及影响》,《古籍整理研究学刊》1996 年第 6 期)

　　历史文献中有很多记载可以印证这一地貌过程,例如天启《淮安府志》记:"嘉、隆间,黄淮交涨,溃高宝堤防,并注于湖,日见浅淤,因盈溢浸诸州县。"[1]明万历年间扬州府推官李春开[2]《海口议》则对当时射阳湖的淤积情况有具体的描述:"从射阳庄入湖口,由蒋家堡直抵清沟灌铺,凡七十余里,周遭探视,量得湖下浮

————————

① 天启《淮安府志》卷二《舆地》,方志出版社,2009 年,第 88 页。
② 标点本《天下郡国利病书》作"扬州府推官李春开海口议"。查嘉庆《重修扬州府志》卷三七《秩官三》中对历任"推官"的记载,有"李春开,长山人,进士"的记载,因此标点应为"李春开《海口议》"。

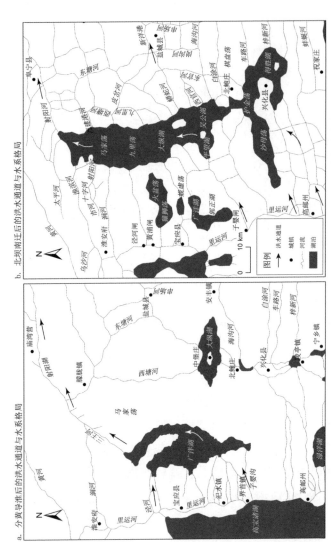

图 3 - 4 分黄导淮和北坝南迁后里下河平原洪水通道与水系格局

资料来源：图（图 3 - 4a 底图选自康熙《皇舆全览图》五排二号、图 3 - 4b 底图选自乾隆《十三排图》十排东一号。详见《清廷三大实测全图集》，外文出版社，2007 年。

泥或六七尺,或八九尺,或一丈有余,沙泥凑合胶粘,篙插不能顷拔。"①万历年间"从广洋湖至射阳湖入海,广洋湖阔有八里,而射阳湖阔仅二十五丈"②。明末崇祯年间,射阳湖再次严重淤积,"崇祯四年,淮北苏家嘴、柳铺湾、新沟、建义口并决,筑塞久无成功,黄流灌注三年,水退沙停,支河小港大半壅淤,而射阳湖几化为平陆矣"③。这些文献记载证明射阳湖在明中后期已经因泥沙不断淤积而日益消亡,因此明末的里下河平原北部不存在一个浩渺的大湖,而是分布着几个相对独立的湖荡。曾经的射阳湖至明后期已经演化成河道型湖泊,残存的湖身称为马家荡。这一结论在清代文献记载中亦得到印证:

> 马家荡即射阳湖之一隅,止因湖日淤垫,历次请开俱称射阳湖,后遂以入海之河为射阳湖,而湖身之犹存者均名为马家荡。④

可知马家荡为古射阳湖的一部分,射阳湖受泥沙淤塞不断缩窄,并与入海河道连为一体后,射阳湖这一名称被用来表示射阳河水道。

广洋湖以东为大纵湖,《康图》上面积约为 116 平方千米。广洋湖与大纵湖间彼此沟通,里运河上永安闸减下之水"入郭正湖,北汇广洋湖,经平望湖入大纵湖"⑤。大纵湖位于里下河平原腹地,其位置与较早出现的蜈蚣、平望、德胜、白沙诸湖的分布位置

---

① 〔清〕顾炎武:《天下郡国利病书》不分卷《扬州府备录》,第 1330 页。
② 乾隆《淮安府志》卷八《水利》,方志出版社,2008 年,第 310 页。
③ 乾隆《淮安府志》卷八《水利》引王永吉《重浚射阳湖议》,第 313 页。
④ 乾隆《淮安府志》卷八《水利》,第 315 页。
⑤ 嘉庆《重修扬州府志》卷一四《河渠志六》,广陵书社,2014 年,第 389 页。

有所重叠,因此其发育模式应与广洋湖相同,即分散的湖荡通过合并形成统一湖面。大纵湖以北为东塘河与西塘河,引导里下河之水由射阳湖入海。其南部为海沟河、白涂河、车路河、梓新河四条东西向河流,引水入串场河,再经大团口、斗龙港、苦水洋、天开河头等处入海。里下河平原西南部为渌洋湖,高邮东南诸水皆汇聚于此①,《康图》上面积约为212平方千米。渌洋湖与里运河间也由众多引河相连。里运河来水借助这些引河进入渌洋湖后,或南下入江,或经海沟河、兴盐界河、车路河、梓新河等东西向河道出范公堤入海。②

　　由此可知,当时里下河平原上的广洋湖、大纵湖与渌洋湖三大湖泊,实际是淮水经里下河入海途中的三处洪水滞积区,且三大湖泊均是在原有较小湖泊的基础上,因水量增加,湖面扩展而形成。如博芝湖、渌洋湖均见于《水经注》的记载,大纵湖区的得胜湖在南宋以前就已存在。这说明"分黄导淮"以后,里下河仍然延续了中古时期的湖泊水系分布格局,只是由于来水的增加导致水域面积随之扩大。

第四节　"北坝南迁"后里下河平原的湖泊分布与水系格局

　　明末清初,经过长期的战乱,黄、淮、运河道失修和淤积严重。康熙十六年,靳辅疏言:"运河自黄水内灌之后,日垫日高。今年八月,河底竟致干涸。"③位于里运河北段的泾河闸"因运河淤垫,

---

① 〔清〕齐召南《水道提纲》卷七《淮水》,第134页。
② 乾隆《高邮州志》卷二《河渠志》,《江苏历代方志全书·扬州府部》第61册,凤凰出版社,2017年,第205页。
③ 嘉庆《重修扬州府志》卷一〇《河渠志二》,第288页。

每闭闸蓄水济运,民田求水不得"[1]。黄浦溪"自黄流淤垫,河心日高,民田积水难出"[2]。这样一来,里运河漕运梗阻,而洪泽湖来水也难以再经过泾河、子婴沟等河道排入广洋湖。

康熙二十年(1681年),靳辅施行"北坝南迁",创建宝应子婴沟,高邮永平港、南关、八里铺、柏家墩,江都鳅鱼口减水坝共六座,改建高邮五里铺、车逻港减水闸二座。其中除子婴沟位于宝应南部外,高邮永平港在高邮北,南关、八里铺、柏家墩、五里铺、车逻港均在高邮城南,鳅鱼口坝在更偏南的江都县邵伯镇。后经多次改建,至清中叶演化为"归海五坝",即高邮的南关坝、新坝、中坝、车逻坝以及江都邵伯镇北的昭关坝。这一部署使"盱堰各坝下注之水并趋邮南,而泾河、子婴之用益轻"[3]。

靳辅在奏章中解释了北坝南迁的益处,即运河上的新旧减水坝及其坝下之引河数量众多,"若欲一概兴筑,则其费数倍"。唯有将分散的闸坝"俱行闭塞,拆取石料移于高邮城南、邵伯镇南二处",使"洪泽湖减下之水并天长、盱眙各山涧之水,由高邮城南之南关大坝、五里、八里、柏家墩、车逻等坝,并新议建之大石闸内泄去十分之八。邵伯镇南已建之减水坝并新议建之大石闸内泄去十分之二"。靳辅还提出建造归海河道堤防的规划,即"自高邮城东起,筑大堤二道,历兴化县白驹场至海。束各闸坝泄下之水汇归一处,直达大洋"[4]。但最终未能付诸实践,这直接导致车路河、梓新河等向东通往范公堤的入海河道难以被有效利用。

至乾隆年间,高家堰上的减水坝总计宽度达348丈,而里运

① 乾隆《山阳县志》卷一一《水利》,《江苏历代方志全书·淮安府部》第11册,第182页。
② 同上。
③ 咸丰《重修兴化县志》,卷二《河渠二》,台北:成文出版社,1970年,第299页。
④ 〔清〕靳辅:《文襄奏疏》卷六《治河题稿》,《文渊阁四库全书》第430册,台湾商务印书馆,1986年,第640页。

河泄水入江各闸宽度仅 80 余丈①,超过四分之三的洪水被排入里下河,而经里下河出范公堤的诸海口却日渐淤塞。由"明季各场海口多废",兴化县"西南东三面受水,悉趋护金荡、蜈蚣、平望诸湖,由大纵湖直下九里、马家诸荡,历东沟、朦胧以达射阳"②。"土著金称,近年高邮坝开,水流一月尚不到堤下至串场河。"③里运河上各闸坝所泄之水均向里下河北部漫流,再经射阳河出海。这一过程可由射阳河口宽度的变化证明。乾隆年间射阳湖口"潮落口宽二三十丈,中泓水深四五尺及七八尺不等"④,至光绪年间射阳湖口水道"潮退宽二里,深二拓,口内自鲍家墩以东潮至一片汪洋"⑤。光绪年间射阳湖口落潮时的宽度较乾隆年间增加了 10 倍。而新洋港海口在道光年间"潮落后口门约宽三十余丈,水深六七尺不等"⑥,至清末口门潮退仍阔三十余丈⑦。至于斗龙港海口,道光时"潮落后口门约宽六丈余,水深不过四五尺"⑧,至清末则"淤沙节阻,仅通小船"。由此证明,里下河排水去路始终以射阳河为主,新洋港为辅,"比例之差,新洋泄水量较斗龙多十倍,射阳泄水量较新洋多三四倍"⑨。

"北坝南迁"之后,由于泄洪通道集中于高邮南北的归海坝,大纵湖成为积水入海的必经之路。积水汇聚于里下河中部,自南而北在里下河平原漫流,致使大纵湖与九里荡、马家荡等连为一

---

① 咸丰《重修兴化县志》卷二《河渠二》,第 294 页。

② 咸丰《重修兴化县志》卷二《河渠三》,第 322 页。

③ 〔清〕叶机:《泄湖水入江议》,《扬州文库·第二辑》第 43 册,第 553 页。

④ 《阜宁县庙湾营界会勘图》,英国国家图书馆藏,编号:004985696。

⑤ 〔清〕朱正元:《江苏沿海图说》,台北:成文出版社,1974 年,第 39 页。

⑥ 《盐城县斗龙港、新洋港间会勘图》,英国国家图书馆藏,编号:004985697。

⑦ 〔清〕朱正元:《江苏沿海图说》,第 35 页。

⑧ 《盐城县斗龙港、新洋港间会勘图》,英国国家图书馆藏,编号:004985697。

⑨ 民国《续修兴化县志》卷二《河渠志》,《中国地方志集成·江苏府县志辑》第 48 册,江苏古籍出版社,1991 年,第 452 页。

体。广洋湖因来水减少,原本的统一湖面又分解为獐狮、火盆、郭正、广洋等几处分散的湖荡(见图 3‐4b)。渌洋湖因昭关坝下开支河流入荇丝湖,北入渌洋湖①,其水域得以延续。高邮以北的清水潭一带因"地势低洼,当河淮下流之冲,屡筑屡决"②,沙母荡、洋马荡等水域不断扩大。

清代对归海五坝的启放标准有较为明确的规定,若遇运河水涨到一定程度,则依次启放归海五坝。若是大水迅速上涨,则诸坝齐开。咸丰元年(1851 年),高家堰礼坝冲损未修,此后淮河不再东出清口,而是全河南下。加之范公堤上出海口淤塞,"自丁溪至阜宁,计闸只十有八座,金门不过七十余丈,不足泄漕堤一坝之水"③,整个里下河的防洪压力随之大增。

咸丰五年(1855 年)黄河北徙前,归海五坝常同时启放。黄河北迁后,大水之年,依然常开车逻坝、南关坝和新坝。如 1921 年和 1931 年大水时,均开启车逻坝、南关坝、新坝。由于缺少堤防,一旦开坝,下河顿成泽国。1926 年,沈秉璜在《勘淮笔记》中记录了他所目睹的情况:

> 坝下泄水河,沿坝附近,两岸有砌,足资收束。东下十余里至张庄,南岸无堤。拐子街以下又名北澄子河,堤岸低而不能衔接。瓦庄以下,两岸完全无堤,故自坝下泄之水,遍地横溢,内减射湖之量,外有范堤之阻,兴邑形同釜底,尤为众水所归,盈科而后进,而范堤以内之

---

① 嘉庆《重修扬州府志》卷一四《河渠志六》,第 392 页。
② 嘉庆《重修扬州府志》卷八《山川志》,第 230 页。
③ 〔清〕冯道立:《淮扬水利图说》卷一《漕堤放坝水不归海汪洋一片图》,《扬州文库·第二辑》第 43 册,第 299 页。

各县无一得免。①

围绕海坝启放问题,官府保漕堤安全的国家利益和上、下河民众保卫自己生命财产安全的地方利益产生了激烈的冲突。国家和地方社会之间、上河与下河地方社会之间的开坝和保坝之争显得相当激烈。② 图 3-5 展示了开归海坝对里下河地区湖泊分布和水系格局的显著影响。根据表 3-2 的统计,由于 1865 年至 1867 年连续三年开启车逻坝、新坝(1865 年)和南关坝(1866、1867 年)向里下河排泄洪水,在 1864~1868 年间测绘的《江苏全省五里方舆图》上呈现出里下河在洪水期的水系格局(图 3-5a)。淮水的持续注入,导致形如釜底的里下河平原积水难泄,高邮以北的清水潭积水成湖。里下河平原北部因地势最低,众水汇聚,原本各自独立的广洋湖、马家荡、大纵湖形成一片湖荡毗连的湿地沼泽景观,面积扩张至 787 平方千米。湖区中标注了许多村镇一级的地名,这些聚落长期有人居住,但在洪水期均被淹没。而在不开启归海坝的时期,积水将逐渐消退。由于 1911~1915 年间均未开放归海坝,所以在 1915 年测绘的 20 万分一地形图上,可见大片湖区被排干,成为沼泽或旱地(图 3-5b)。

由于归海坝频繁开启,为了保证农业生产,圈圩活动逐渐兴盛。自嘉庆年间始,宝应大纵湖沿岸的圈圩活动已经非常普遍③,"历道光、咸丰,棋布星罗,增筑累百。湖西亦然。光绪十四

① 沈秉璜:《勘淮笔记》,《中国水利史典·淮河卷》第 2 册,第 217 页。
② 张崇旺:《清中叶至民国时期苏北里运河东堤归海坝纠纷及其解决》,张崇旺、朱浒主编:《江淮流域的灾害与民生》,科学出版社,2021 年,第 134~149 页。
③ 民国《宝应县志》卷三《水利》,《中国地方志集成·江苏府县志辑》第 49 册,第 51 页。

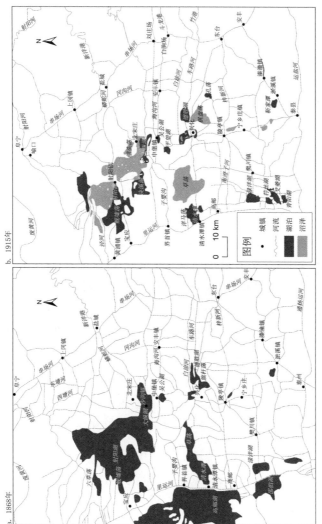

图 3 – 5 1868~1915 年间洪水期和平水期里下河平原的湖泊分布

资料来源：图 3 – 5a 底图选自同治《江苏全省五里方舆图》，图 3 – 5b 底图选自 "中研院" 近史所档案馆藏 "（日本）参谋本部陆地测量局" 二十万分一地形图。

年,臬使张富年亲勘下河,欲使无田不圩,遽兴大役,与水争地"[1]。这又使里下河的排水更加困难,"湖汊浅滩、荡边荒垛,频年垦熟,私筑小圩。官府但顾升科,并不禁其圈占。一经水发,节节遮留,诸坝虽开,不能骤泄"[2]。此外,随着清末盐垦公司的纷纷建立,修圩筑堤蔚然成风。在里下河东南部,"王家港距斗龙港二百余里,中间为草荡,向来坝水下注,泛滥平铺入海。至大丰盐垦股份有限公司将场荡收为垦地,又将东洋河塞圈入,以致水被垦部高堤阻塞,不得由草荡平铺入海,反绕垦部外西子午河下注斗龙港"[3]。围垦湖荡,圩堤阻水,造成下河地区水道淤塞、排水不畅,水环境进一步恶化。

为了与严酷的水文环境相适应,里下河地区逐渐形成圩、垛并存的人工地貌景观。圩田虽然能屏蔽洪水,但圩岸并非堤防,难以抵御洪水的直接冲击。如果每次洪水过后都重建圩岸,显然劳费不赀。因此,在位于洪水通道上的兴化县境内,就演化出极具地域特色的垛田景观。垛田通过垫高的台垛将地表分割为棋盘状,使农田略高于平水位,既保证了水源供给,又不易被淹没,人可以在台垛之间乘船而行。即使洪水来临,漫过台垛,也不易将其冲毁,水位下降后又可以继续耕种。圩岸的修筑和台垛的垫高,都是古人积极适应环境变迁的历史见证。1938 年,黄河在花园口决堤,里运河上再次开启车逻坝和新坝,这是历史上最后一次开启归海坝。此后,随着归海坝的永久封闭,里下河地区不再是淮河洪水的入海通道。

---

① 民国《三续高邮州志》卷一《河渠志》,《中国地方志集成·江苏府县志辑》第 47 册,第 270 页。
② 民国《三续高邮州志》卷一《舆地志》,《中国地方志集成·江苏府县志辑》第 47 册,第 277 页。
③ 民国《续纂泰州志》卷二《水利》,《中国地方志集成·江苏府县志辑》第 50 册,第 549 页。

第五节　清末以来里下河平原湿地系统演变的内部差异

本节对里下河湿地系统的探讨，目的是区分不同历史时期里下河平原湿地面积和类型的变化，并揭示这种变化背后的驱动力。对湿地类型的划分主要是湖泊、沼泽两种类型，这是由历史资料的可获得性所决定的。由于里下河平原地势低洼，运堤上的归海坝一旦开启，就会出现洪水漫溢的景象，因此湖泊和沼泽之间可以根据受水灾影响的强弱相互转化。水灾严重时沼泽积水成为湖泊，水灾减少时湖泊也可以转为沼泽，里下河地区湖泊与沼泽的面积代表受水灾影响的程度，而不同时期湖泊与沼泽面积的比例则反映了湿地系统内部的演化趋势。

需要说明的是，里下河平原内部也存在区域差异，民国时期的文献记载对此曾有描述："下河夙称泽国，沟洫之利自古重之，在昔淮水安流，两岸沟渠交错农产至丰。自黄夺淮后十九湮废，惟马家荡以东射阳河以南受黄水之害较轻，支河小港经纬秩然。"[1]说明里下河平原受水灾影响显著的部分是位于马家荡以西的区域，而马家荡以东受影响较小，这一描述与本文在上一小节中对清代里下河平原水系格局的复原研究中所呈现出的区域差异相一致。导致这一差异的原因还是地势，靠近串场河一线的地势较射阳湖、马家荡所在区域为高，这一地势上的差异其实是里下河平原障壁——潟湖海岸发育的延续，人类活动加剧了这一过程：

　　　　盐邑地势东高西下，要非往古形势然也。范堤以东

---

① 民国《阜宁县新志》卷二《水系》，台北：成文出版社，1975年，第841页。

古本沮洳庫湿之地，迨唐大历中李承、宋天圣中范文正
先后筑堰捍海，潮汐为所壅遏不能逾堰而西，泥沙停积
久之遂成瓯窭。然明宣宗时堤东海滩止三十余里，不如
今日之广，夏应星禁垦海滩碑记可据。其时范堤迤西尚
洼下，未高燥也。迨嘉隆以后高堰屡溃，湖淮之水挟泥
沙东趋，阻于范堤不能复东，日益淤淀久乃弥高，而西境
之洼下亦淮湖冲决所致。[①]

湿地系统的演变往往与大的水灾事件有关，对淮河全流域湿
地系统宏观演变的研究也显示出这样的特征[②]，但里下河平原湿
地系统的演变却呈现出另一种特征。由于从清初以来连续受到
水灾的影响（见表3-2），这种水灾平均每隔几年就会发生一次，
因此里下河平原湿地系统一直处在动态变化之中。

表3-2　清初至民国开放归海坝及里下河水灾情况统计表

年　　代	开放归海坝情况	里下河地区受灾情况
1697年（康熙三十六年）	减坝尽开	
1708年（康熙四十七年）	七月，开大坝	田禾尽淹
1715年（康熙五十四年）	开高邮中坝	兴化、泰州水
1721年（康熙六十年）	开高邮各坝	

① 光绪《盐城县志》卷一《舆地》，《中国地方志集成·江苏府县志辑》第59册，江苏古
　籍出版社，1991年，第36页。
② 胡金明等基于对隋唐与北宋淮河流域湿地系统变迁的研究认为："历史时期淮河
　流域湿地系统变化可谓沧海桑田，不仅主要湿地类型发生变化，湿地系统宏观格
　局变迁更为显著，直接驱动流域内湿地系统组分的变化。而且历次淮河流域湿地
　系统宏观格局的显著变化几乎都与流域严重水灾紧密关联。"（胡金明、邓伟、唐继
　华等：《隋唐与北宋淮河流域湿地系统格局变迁》，《地理学报》2009年第1期）

续 表

年 代	开放归海坝情况	里下河地区受灾情况
1725 年(雍正三年)	开启车逻坝	
1727 年(雍正五年)	开启车逻坝	
1730 年(雍正八年)	开启车逻坝	
1732 年(雍正十年)	开启车逻坝	
1736 年(乾隆元年)	开启车逻坝	
1737 年(乾隆二年)	开启车逻坝	
1739 年(乾隆四年)	开启车逻坝	
1741 年(乾隆六年)	开启车逻坝	
1742 年(乾隆七年)	开启车逻坝	
1746 年(乾隆十一年)	开启车逻坝	
1749 年(乾隆十四年)	开启车逻坝	
1753 年(乾隆十八年)	开启车逻坝	上下河尽淹
1754 年(乾隆十九年)	开启车逻、南关二坝	下河成灾
1755 年(乾隆二十年)	六月,次第开启车逻、南关、五里坝;七月,开启南关旧坝、柏家墩坝	
1757 年(乾隆二十二年)	六月,开启南关、车逻坝	下河大水,田禾尽淹
1759 年(乾隆二十四年)	七月,开启南关、车逻坝	
1760 年(乾隆二十五年)	六月,开启车逻、南关、五里中坝	
1761 年(乾隆二十六年)	七月,开启南关、车逻坝	下河大水,田禾尽淹

年 代	开放归海坝情况	里下河地区受灾情况
1786 年(乾隆五十一年)	七月,开启南关、车逻、五里坝	
1804 年(嘉庆九年)	七月,启放车、南、新三坝	高邮兴化水
1805 年(嘉庆十年)	五月,启放高邮车、南、新三坝;六月,启放五里中坝、昭关坝	六月、宝、高、兴、阜大水,泰州江、淮、海并溢
1806 年(嘉庆十一年)	五月底,启放高邮南关、车逻两坝	五月,河溢阜宁县侍家坞。七月,河决阜宁陈家浦,由五辛港入射阳湖
1808 年(嘉庆十三年)	六月,启放归海五坝	六月,运河溢甘泉汛、荷花塘、翁家营、蔡家潭,冬春堵塞
1810 年(嘉庆十五年)	十月,启放归海车逻坝	
1811 年(嘉庆十六年)	九月,启放高邮车逻、南关两坝	
1812 年(嘉庆十七年)	七月,启放高邮车逻、南关两坝	下河淹没被灾
1813 年(嘉庆十八年)	十月,启放车逻坝;十一月,启放南关坝	
1814 年(嘉庆十九年)	八月,启放高邮车逻、南关两坝	
1815 年(嘉庆二十年)	七月,启放高邮车逻、南关	
1816 年(嘉庆二十一年)	闰六月,启放高邮车、南两坝	

续　表

年　代	开放归海坝情况	里下河地区受灾情况
1818 年(嘉庆二十三年)	九月,启放车逻坝	
1819 年(嘉庆二十四年)	八、九月,启放归海五坝	
1820 年(嘉庆二十五年)	六、七月,启放车、南两坝	
1822 年(道光二年)	立秋后,次第启放归海五坝	
1824 年(道光四年)	十一月,暴风启放归海五坝,昭关坝损坏,用料堵闭	
1826 年(道光六年)	六月,启放车、南、中、新四坝,并不得已又启放已坏之昭关坝	六、七月,范公堤归海各闸坝全行启放
1828 年(道光八年)	七月初,风暴……启放车逻坝,又启放南、中、新三坝	
1831 年(道光十一年)	六月中,启放车逻坝	六月中,高邮运河漫决,马棚湾及以北张家沟两处过水,共三百余丈,水深三四丈。下游田禾,先因大雨兼旬,半遭淹没,近更全无收成
1832 年(道光十二年)	六月,启放高邮车、南、新三坝,耳闸泄水;七月底,次第启放高邮车、中、南、新四坝。八月,启甘泉汛昭关坝	

年 代	开放归海坝情况	里下河地区受灾情况
1833 年(道光十三年)	七月底,启放高邮车逻坝;八月,启放南关坝、五里中坝	坝水入兴化,禾半收
1839 年(道光十九年)	七月启放高邮车逻坝;八月启放新、中、南三坝	高邮、兴化、盐城大水
1840 年(道光二十年)	七月,次第启放高邮车、新、南、中四坝	时高邮、兴化、盐城均大水
1841 年(道光二十一年)	七月,启放高邮车、中、新、南四坝	时高邮、兴化、盐城大水
1843 年(道光二十三年)	闰七月,次第启放高邮车、中、南、新四坝	
1844 年(道光二十四年)	九月,高邮七棵柳漫溢,启放车、中、新三坝	
1846 年(道光二十六年)	七月,次第启放车、中、新三坝	
1848 年(道光二十八年)	六月,洪泽湖溢林家西坝、运河水涨,启放车、中、新三坝,又启南关坝;七月下旬,启放昭关坝	
1849 年(道光二十九年)	六月,启放高邮车、中二坝;七月,启放南、新二坝	
1851 年(咸丰元年)	七月,启放车逻坝;八月,启放中坝	
1852 年(咸丰二年)	六月,启放高邮车逻、中坝	

续　表

年　代	开放归海坝情况	里下河地区受灾情况
1853 年（咸丰三年）	七月，启放高邮车、新二坝；八月，启放南关中坝	
1860 年（咸丰十年）	七月，启放高邮车、新二坝	露筋镇至金湾一带间断漫塌
1862 年（同治元年）	闰八月，启放高邮车逻坝	
1865 年（同治四年）	七月，启放高邮车、新二坝	
1866 年（同治五年）	六月，启放高邮车、南二坝	六月，运河决，清水潭东西岸皆漫塌，月秒二闸漫塌过水，下河平地水深丈余，冬春堵筑
1867 年（同治六年）	七月，启放高邮车、南两坝	
1870 年（同治九年）	七月，启放高邮车逻坝	
1878 年（光绪四年）	七月，次第启放车、南、新三坝	
1883 年（光绪九年）	七月，启放高邮车、南二坝	
1897 年（光绪二十三年）	八月，先后启放高邮车逻、南关二坝，并预备启放新坝	
1906 年（光绪三十二年）	六月底，启放高邮车逻坝、南关坝；七月底，启放南关新坝	

续　表

年　　代	开放归海坝情况	里下河地区受灾情况
1909 年（宣统元年）	六月下旬，启放高邮车逻坝、南关坝	
1910 年（宣统二年）	七月下旬，启放高邮车逻坝	
1916 年（民国五年）	启放车逻坝	
1921 年（民国十年）	启放车逻、南关、新坝	
1931 年（民国二十年）	启放车逻、南关、新坝	
1938 年（民国二十七年）	启放车逻、新坝	

资料来源：本表根据《淮系年表全编》、《再续行水金鉴》、民国《续修兴化县志》整理编写。

由表 3 - 2 可见，从清康熙年间至民国，里运河上的归海坝频繁开启，给里下河带来深重的灾难，因此文献记载："下河水害及水利来源皆系于里运河，里运河来源近脉为高宝、洪泽诸湖，远脉则北至淮北、鲁南，西至皖北豫东。数十万方里地域之各河渠均有连属关系。在昔黄河未徙，水害固烈。今黄虽北徙，又时虞鲁、豫两省黄河南岸溃决，夺淮夺运，灾及下河。"①高邮附近的数座归海坝在设计之初是与洪湖大堤之仁、义、礼、智、信五坝相为表里。串场河东之五港，又与高邮之五坝相为表里，这种设计看似周全，但实际效果则是"邮坝启放三四日，坝水即抵（兴化）县境，十余日始至盐、阜，迨水出本境及邻县闸港又常有海潮顶托，不能尽量入海，须延至数月后积水始消"②。

---

① 民国《续修兴化县志》卷一《舆地》，《江苏历代方志全书·扬州府部》第 51 册，凤凰出版社，2017 年，第 20 页。
② 民国《续修兴化县志》卷一《舆地》，《江苏历代方志全书·扬州府部》第 51 册，第 21 页。

一、1868 年里下河平原湖荡分布

　　1868 年里下河平原湖荡分布(见图 3 - 5a)是根据同治《江苏全省五里方舆图》数字化后提取洪水淹没范围而成,湖荡的总面积为 1 102.1 平方千米。受原始资料本身的限制,这幅图中无法区分沼泽和常年积水的湖泊,因此这两种湿地类型均以湖荡来表示。就湖荡分布而言,可以划分为三个区域,即以洪泛区(图中作"苔大纵湖")为依托的湿地,兴化即周边湖荡组成的兴化湿地,沿里运河东岸分布的里运河东岸湿地。

　　洪泛区(苔大纵湖)湿地湖荡的分布集中于里下河平原西半部的射阳湖湖盆中,洪泛区(苔大纵湖)以东由于地势较高和受水患较轻,几乎没有湖荡的分布,这一趋势与前文所引历史文献的记载相一致,并延续至当代。借助 ArcGIS 软件的计算,可知表示洪泛区的洪泛区(苔大纵湖)789.98 平方千米,与之相连的六草荡 34.06 平方千米,吴公湖 11.96 平方千米,平望湖 3.75 平方千米,洪泛区(苔大纵湖)湿地合计 839.75 平方千米。洪泛区(苔大纵湖)是一处宽浅的湖盆,其中多有聚落的分布,不乏沙沟镇这类历史悠久的名镇。虽然明清以来里下河的水灾不断,但是这些市镇一直得以延续,现在仍可见到始建于明代的鱼市口石板街、经过复建的明代进士坊等历史遗迹。沙沟这类聚落的存在体现出里下河平原上湿地系统的一种特点,就是湖荡之中散布着聚落,人类选择在其中地势较高的区域生活。

　　里运河东岸的清水潭历来是决口频发之地,在 1868 年图上有 127.36 平方千米的水域面积(含草荡)。其南部的渌洋湖为 34.07 平方千米,乔墅荡、马家荡(非射阳湖湖盆中的马家荡)为 23.12 平方千米,连同宝应县以东的 18.92 平方千米的九沟溪,均是由于里运河决口冲决而成的湖荡。上述里运河东岸湿地总

面积为 203.47 平方千米。兴化县周围几处湖泊中德胜湖的面积为 14.26 平方千米，护金荡的面积为 5.24 平方千米。这些湖荡历史悠久，许多是自宋代以来就有记载。旗杆荡、高家荡、奶子荡是三处相连的湖荡，面积合计 25.19 平方千米。上述兴化湿地湖荡总面积为 44.69 平方千米。里下河平原南部靠近泰州一带还有草荡、鲍湖等多处较小的湖荡，面积均在 5 平方千米以下。这里接近里下河平原南部的岗地，地势渐高，受水灾侵袭的情况不如里下河腹地的兴化那样严重。

二、1915 年里下河平原湖泊、沼泽分布

1915 年里下河平原湖泊、沼泽的分布是根据 1915 年 1∶20 万地形图提取湖泊、沼泽要素复原的，1915 年这套 1∶20 万地图在内容的精确性和丰富程度上均好于 1868 年的《江苏全省五里方舆图》，因此这套数据中可以区分湖泊与沼泽两种湿地类型，但是这里的沼泽是广义的，包含草地、稻田、芦苇等。图 3－6a 是经过复原的 1915 年里下河平原湖泊、沼泽分布图，将其与 1868 年的湖荡分布图相对照，可以发现许多变化。在射阳湖湖盆及周边区域，湿地面积显著缩小，射阳湖湖盆及周边区域中属于湖泊的有大纵湖 31.56 平方千米、决溪湖 56.15 平方千米、北部无名湖泊 64.39 平方千米、吴公湖 5.28 平方千米、平望湖 9.62 平方千米、射阳湖及蚬墟荡 146.73 平方千米，湖泊总面积为 313.73 平方千米，射阳湖湖盆中的沼泽面积为 365.47 平方千米，射阳湖湖盆湿地总面积为 679.2 平方千米，较 1868 年缩小 160.55 平方千米。射阳湖湿地中湖泊和沼泽分别占 46.19％与 53.81％。

里运河东岸的清水潭、洋马荡连同南部较小的水体总面积为 46.55 平方千米，草荡为沼泽，面积为 175.96 平方千米。渌洋湖面积 25.91 平方千米，较 1868 年缩小 8.16 平方千米。荇丝湖、

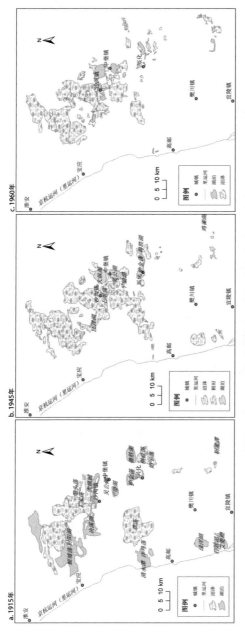

图 3－6　1915～1960 年里下河平原湖泊、沼泽分布图

注：图 3－6a 底图选自民国四年 1：20 万地形图；图 3－6b 底图选自美国陆军 1：25 万地形图；图 3－6c 底图选自 1960 年《江苏省地图集》。

艾菱湖(同"艾陵湖")面积为 29.31 平方千米,这一水体应与
1868 年的乔墅荡、马家荡(非射阳湖湖盆中的马家荡)为同一处
水体,面积增加了 6.19 平方千米,其形态变化较大的原因应与洪
水的泛滥有关。宝应以东的水面已消失。里运河东岸湿地总面
积为 277.73 平方千米,较 1868 年增加 74.26 平方千米。里运河
东岸湿地中湖泊和沼泽分别占 36.64% 与 63.36%。兴化附近的
德胜湖面积 27.42 平方千米、护金荡面积 22.95 平方千米。德胜
湖面积较 1868 年增加 13.16 平方千米,护金荡面积增加 17.71
平方千米。棋盘荡、奶子荡沼泽面积为 49.84 平方千米。上述兴
化附近湿地总面积为 100.21 平方千米,较 1868 年增加 55.52 平
方千米,增幅达 124%。兴化湿地中湖泊和沼泽分别占 56.70%
与 43.30%。泰州以北的主要水面靳家潭面积 8.27 平方千米。
1915 年里下河平原湖泊总面积 474.14 平方千米,沼泽总面积
为 614.06 平方千米,湿地总面积为 1 088.2 平方千米,湖泊和沼
泽分别占 43.57% 与 56.43%。

三、1945 年里下河平原湖泊、沼泽分布

1945 年里下河平原湖泊、沼泽分布图(图 3-6b)是根据美国
陆军工程署陆军制图局 1∶25 万中国地形图提取湖泊、沼泽要素
复原的,编号 NI-50-12、NI-50-16,图上注明"据大尺度图料
编制"并"参照民国三十三年至三十四年航射照片平面修测",因
此将这两张地图所代表的年代定为民国三十四年(1945 年)。这
套数据中将稻田与沼泽相区别,以不同的图例绘于图上,在对其
进行数字化时,也将稻田与沼泽分别数字化,但由于当时处于第
二次世界大战期间,农业生产受到极大的干扰,图上稻田的面积
非常有限,因此在分析时仍将其归入沼泽,不单独讨论。

数字化结果显示,射阳湖湿地中较大的水体大纵湖 33.67 平

方千米、吴公湖 16.57 平方千米、平望湖 2.99 平方千米、汪洋湖 6.57 平方千米、七里荡 6.2 平方千米。整个射阳湖湿地中湖泊面积 98.53 平方千米,沼泽面积 645.98 平方千米(含稻田 20.92 平方千米),射阳湖湿地总面积为 744.51 平方千米,总体较 1915 年增加 65.31 平方千米,但是湖泊面积仍继续萎缩,增加部分来自沼泽区域,湖泊和沼泽在湿地总面积中所占比例为 13.23% 和 86.77%。

里运河以东湿地大量消失,1915 年清水潭存在的区域只有一处 0.94 平方千米的水体及 2.93 平方千米的沼泽。草荡的形态发生很大变化,成为向射阳湖延伸的带状沼泽,面积 184.96 平方千米。渌洋湖成为一处 36.58 平方千米的沼泽,荇丝湖和艾菱湖分别演变为 6.27 和 6.44 平方千米的沼泽。里运河东岸湿地总面积 238.12 平方千米,湖泊只占 0.39%,剩下 99.61% 均为沼泽。

兴化湿地中护金荡与德胜湖面积共 19.58 平方千米,沼泽面积 47.35 平方千米,湿地总面积为 66.93 平方千米,较 1915 年减少 33.28 平方千米。湖泊与沼泽所占比重为 29.25% 和 70.75%,湖泊所占比重较 1915 年大幅下降。1945 年整个里下河平原湖泊面积 110.69 平方千米,沼泽面积 945.16 平方千米(含稻田),湿地总面积 1 055.85 平方千米。湖泊与沼泽各占 10.48% 和 89.52%。

四、1960 年里下河平原湖泊、沼泽分布

1960 年复原结果是根据中国科学院江苏分院江苏省地图编纂委员会编绘的《中华人民共和国江苏省地图集》[①]进行数字化

---

① 中国科学院江苏分院江苏省地图编纂委员会:《中华人民共和国江苏省地图集》,江苏人民出版社,1960 年。

后提取湖泊、沼泽要素而成。根据复原结果(见图 3 - 6c)可见,射阳湖湿地中主要的湖泊有大纵湖 25.51 平方千米、汪洋湖 4.8 平方千米、吴公湖 14.86 平方千米、平望湖 2.83 平方千米,射阳湖湿地湖泊总面积 70.37 平方千米,沼泽总面积 648.67 平方千米,射阳湖湿地总面积为 719.04 平方千米,较 1945 年减少 25.47 平方千米。湖泊与沼泽所占比重为 9.79%和 90.21%,湖泊所占比重继续下降。

兴化湿地中湖泊面积 17.74 平方千米,沼泽面积 36.8 平方千米,湿地总面积 54.54 平方千米,较 1945 年减少 12.39 平方千米。湖泊与沼泽所占比重为 32.53%和 67.47%,湖泊所占比重略有上升,总体已经趋于稳定。里运河东岸湿地基本消失,原清水潭仅存 1.47 平方千米,草荡沼泽仅存 54.88 平方千米,湿地总面积 56.35 平方千米,湖泊所占比重虽略微上升至 2.61%,但总体面积非常小,里运河东岸湿地已名存实亡。泰州以北湿地面积有所增加,湖泊 12.79 平方千米,沼泽 34.97 平方千米。1960 年里下河湿地湖泊面积 102.65 平方千米,沼泽面积 775.33 平方千米,湿地总面积 877.98 平方千米。湖泊与沼泽各占 11.69%和88.31%。

五、1868～1960 年里下河湿地系统演变的特征

从前文的复原结果来看,里下河平原湿地系统一直处于动态变化之中,总的演变趋势是湿地面积逐渐缩小,但是在这一大的趋势之下还存在许多内部的差异。具体而言,这种差异体现在整个里下河平原湿地系统内部湖泊和沼泽所占比例的剧烈变化和里下河平原内部几个较大湿地之间演变趋势的差异。

就第一点而言,虽然 1868 年至 1960 年间里下河平原湿地总面积的减少是以较为和缓的趋势缓慢下降,但是湿地系统内部结

构却出现了急剧变化(见图3-7)。在1915年里下河平原的湿地系统组成中,湖泊和沼泽所占比例分别为43.57%与56.43%,二者大致平衡。在1868年的复原结果中,由于原始资料不能区分湖泊与沼泽的分布,因此只能用湿地总面积加以表示。但是根据历史文献的记载和地貌过程的一般规律,仍然可以对1868年里下河平原湿地系统中湖泊和沼泽所占比例进行推测。根据表3-2的统计,1868年至1915年间的47年中,里运河归海坝开启了7次,大约每隔6.7年开启一次。而1855年至1868年间的13年中,里运河归海坝就开启5次,大约每隔2.6年就要开启一次,至于1855年之前,里运河归海坝的开启就更加频繁,例如1835年至1855年间的20年内,里运河归海坝开启了11次,每1.8年就要开启一次。由此可知,1868年时里下河平原遭受里运河洪水的影响远比1915年时更加严重。

由于湖泊多具有中间深、周边浅的特点,湖泊周边浅水区域很容易在湖泊和沼泽之间发生转化,因此水源是影响湖泊和沼泽面积的重要因素。大量的地表径流汇聚在里下河这个浅洼平原之中难以排泄,就会造成湖泊的水域面积增加,相反水量减少时,湖泊周边浅水区域就会向沼泽转化,而更边缘的沼泽则有可能转变为旱地。由此可以推断,在湿地总面积没有发生很大变化的情况下,1868年里下河平原由于遭受水患侵袭更加频繁,其内部湖泊所占比例应比1915年时更高,相应沼泽所占比例更低。这个原理同样可以说明1945年在湿地总面积较1915年减少不大的情况下,湖泊所占比例从43.57%急剧锐减至10.48%而沼泽所占比例从56.43%大幅增加至89.52%的原因就是湖面边缘向沼泽的转化。至1960年,里下河平原湿地总面积较1945年减少了155.87平方千米,平均每年减少10.39平方千米,这一数据远高于1915~1945年间年均减少1.08平方千米和1868~1915年间年均减少 0.26 平方千米。说明 1960 年时里下河所遭受的水患的影响较之前的时代大为减轻,湿地没有了洪水的补给,面积大为萎缩。1960 年时湿地系统中湖泊的面积较 1945 年略有增加,总体处于稳定,沼泽的面积显著缩小,说明在地表径流稳定的情况下,湖泊的水域面积处于稳定状态,外围的沼泽脱水成为旱地。

　　里下河平原湿地主要由射阳湖湿地、兴化湿地和里运河东岸湿地组成。这三个区域之中湿地的演变情况又有很大不同。里运河东岸湿地中的湖荡有两种类型,一类是里运河决口冲决而成,另一类则是历史较为悠久的湖泊,如艾菱湖据记载原本与邵伯湖相连,自筑运堤之后,邵伯湖在上河,艾菱乃在下河。[①] 里运河东岸湿地是由沿运河分布的一长串湖荡组成,在 1868 年时有很大的面积,至 1915 年时湿地面积已经大为缩小,1945 年时已经沼泽化(见图 3 - 7,表 3 - 3),至 1960 年仅存草荡湿地 54.88

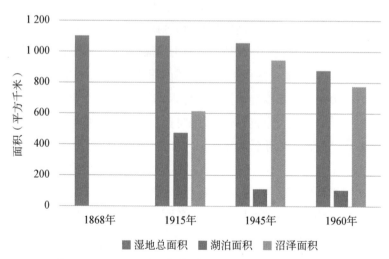

图 3 - 7　1868～1960 年里下河平原湿地系统演变趋势图

① 嘉庆《重修扬州府志》卷一四《河渠志六》,第 398 页。

表3-3　1915~1960年里运河东岸湿地系统演变

	1915年	1945年	1960年
湖泊比例	36.64%	0.39%	2.61%
沼泽比例	63.36%	99.61%	97.39%

平方千米,其他区域已经完全退化。

　　出现这一变化的原因与里运河决口次数的减少导致水源补给的减少有直接关系。一方面,随着1855年后黄河北归,里运河决口次数显著下降;另一方面,里运河的东堤作为关系下河存亡的命脉,除国家力量对运堤的保障外,民间自发的修缮与保护从未间断,如民国二十年(1931年)淮河流域发生严重水灾,里运河仅在高邮一地就有七公殿、挡军楼等6处先后决堤,洪灾造成里下河地区7.7万多人死亡,1300万亩农田颗粒无收,210万间房

图3-8　里运河故道与华洋义赈会捐建的河堤(摄于2016年2月)

屋倒塌,140 多万人流离失所。洪水过后,当时最大的民间慈善组织华洋义赈会募款 13.26 万元,帮助修复了以七公殿、挡军楼为主的 3 处决口(见图 3 - 8)。20 世纪 50 年代以后,里运河河道被人为迁移,与高邮湖相脱离,高邮湖与里运河均修筑了现代化的堤岸,防洪能力显著提高。在这种背景下,里运河东岸湿地没有了决口洪水的补给,迅速退化消失。

兴化湿地最初也属于古潟湖的一部分,后来由于黄淮泥沙的淤积而使兴化与射阳湖湖盆逐渐分离。兴化湿地中的旗杆荡、护金荡等在历史文献记载中多与宋金之交的战争有所联系,说明这些湖荡历史悠久。兴化县位于里下河平原腹地,被比喻为"锅底洼",来自里运河与通扬运河方向的地表径流均在此汇聚,文献记载:"(兴化)境内水道纵横,周环到处通达,平常来水,南自江都孔家涵,受通扬运河水东北流,由斜丰港至陵亭镇入境。西自高邮南北各闸洞,分受里运河水东流。一由运盐河至河口穿海陵溪东注入境。一由澄子河入斜丰港,至陵亭镇入境,三支同注南官河。此外尚有蚌蜒河北分之水及邮北支渠穿海陵溪东注之水,然以南官河来水为大宗,故遇旱年本邑西南乡因得水较近间有收获,东北乡则否,且田干生硷不利植稻,改种旱谷收成歉薄。"[①]现在兴化境内仍然可以见到"水道纵横周环到处通达"的湿地景观(见图 3 - 9)。

射阳湖湿地依托射阳湖湖盆而存在,历史时期黄淮水沙长期的灌注会使湖盆出现淤积和萎缩,因此历史时期射阳湖湖盆的范围应比现代更大,形态也会发生变化,这也是不同时期射阳湖湿地的形态多有不同的原因。射阳湖是里下河古潟湖的遗存,也是

---

① 民国《续修兴化县志》卷二《河渠一》,《江苏历代方志全书·扬州府部》第 51 册,第 57 页。

图 3-9　现代兴化湿地景观(摄于 2018 年 2 月)

里下河平原上最大的一处湖荡分布区,其中主要的湖泊有吴公湖、大纵湖、平望湖等,这些湖泊是射阳湖湖盆中地势更为低洼的区域,在射阳湖因水量减少和泥沙淤积而失去统一湖面时,这些区域仍然是常年积水的湖泊。由于主要受里运河决口洪水的影响,随着里运河来水的减少,1868 年至 1960 年间射阳湖湿地的面积一直在减少,1915 年时射阳湖湿地中湖泊和沼泽分别占46.19%与 53.81%(见表 3-4),湖泊尚占较大比例。1915 年至1945 年间射阳湖湿地也表现出明显的沼泽化趋势,湖面锐减,沼泽增加,这是由黄河北归,淮河逐渐得到治理,里运河决口减少等因素共同决定的。1945 年至 1960 年间射阳湖湿地湖泊与沼泽之比例仍大致稳定在 1945 年的水平,说明射阳湖湿地已经达到一种新的平衡。1960 年湿地总面积较 1945 年继续减少,应当与筑圩兴垦活动有关。

表 3-4　1915~1960 年射阳湖湿地系统演变

	1915 年	1945 年	1960 年
湖泊比例	46.19%	13.23%	9.79%
沼泽比例	53.81%	86.77%	90.21%

　　1915 年的兴化湿地复原结果显示,湖泊所占比例达56.70%,高于沼泽所占的比例(见表 3-5)。这是 1915 年至1960 年里下河平原湿地中唯一的一处湖泊面积超过沼泽面积的区域,也证明兴化确如文献记载的那样是"下河之最低区",来自多个方向的地表径流在此汇聚。兴化湿地与射阳湖湿地的区别在于射阳湖是淮河归海的要道,文献记载称:

　　　　古今言淮扬水利者必以射河为出水之门,关系下河全局
　　至巨。据民国八年实测,裴家桥至县城河底平均低于海平九
　　尺许,县城至海口河底平均低于海平三丈六尺许,相差二丈
　　六尺有奇。……较归海坝运河底约低一丈至三丈。……
　　民国十年大水时运河工程局实测,射阳水面倾斜落潮时,平
　　均每秒流量为一千七百六十立方公尺(用千秋港附近射河
　　断面推算),较盐城新洋港多三四倍,其泄水之价值可知。[1]

表 3-5　1915~1960 年兴化湿地系统演变

	1915 年	1945 年	1960 年
湖泊比例	56.70%	29.25%	32.53%
沼泽比例	43.30%	70.75%	67.47%

---

[1]　民国《阜宁县新志》卷九《水工》,第 790 页。

由于射阳湖洼地与射阳河承担着整个里下河平原排水入海的使命，因此射阳湖所受到的泥沙淤积远比兴化湿地更加严重，这就导致了射阳湖湿地的沼泽化趋势比兴化湿地更加明显。

前文已述，里运河决口次数随着黄河北归而显著减少，与之相对应的射阳湖湿地于 1915 年的面积较 1868 年缩小 160.55 平方千米，而兴化湿地 1915 年的面积较 1868 年反而增加 55.52 平方千米，面积扩展了一倍以上。这恰好说明作为归海要冲的射阳湖湿地主要受里运河来水影响，而兴化湿地即使没有里运河来水的补给，仍然是其他方向地表径流的汇聚之处，湿地系统的发育受里运河影响较小。虽然 1915 年至 1945 年间兴化湿地也出现了沼泽面积增加、湖泊面积减少的情况，但 1945 年兴化湿地的湖泊面积仍占 29.25%（见表 3 - 5），至 1960 年则增加至 32.53%，这更加证明了兴化湿地的发育主要是里下河平原内部地表径流的转移在起作用，这是兴化湿地显著区别于射阳湖湿地与里运河东岸湿地的特征。

小结

16 世纪以来，里下河平原湖泊分布与水系变迁存在内部差异性。"分黄导淮"以后，淮河下游洪水由泾河、子婴沟入广洋湖，再由射阳河入海，广洋湖扩张成为里下河平原面积最大的湖泊。"北坝南迁"后，广洋湖接纳的淮河来水大为减少，清中期时分解为几处分散的湖荡，清末基本消失。大纵湖位于里下河平原腹地，"北坝南迁"使归海坝下泄的洪水大多汇聚于大纵湖之中，自南向北漫流，再由射阳河、新洋港入海。这导致原本分散的蜈蚣湖、九里荡、马家荡等湖荡与大纵湖连为一体。渌洋湖在明末清初时为里下河平原第二大湖，高邮以东、兴化以南诸水汇聚于此。

"北坝南迁"后,除昭关坝外,其余各坝下泄之水均不入渌洋湖,湖面逐渐萎缩、分化。而高邮以北的清水潭因决口频繁,形成沙母荡、洋马荡等水域,并在清末形成新的带状湖泊。里运河上归海坝的启闭是影响里下河平原湖泊分布与水系格局的重要因素。在开启归海坝的年份,里下河平原北部洼地出现大面积的洪泛区,而在堵闭归海坝后,积水逐渐消退,大量湖面转化为沼泽或旱地。为了与水环境相适应,圩田、垛田被大量建造,不仅极大地增加了本区的河网密度,而且还把散乱的天然水系改造成纵横交错的棋盘状人工水系。

清末以来里下河平原湿地面积整体处于逐步下降的趋势之中。在湿地系统构成中,湖泊所占比例迅速下降,沼泽所占比例大为增加。里下河平原湿地系统的演化呈现出明显的内部差异,里运河东岸湿地主要受里运河来水的补给,在黄河北徙、里运河来水减少的情况下,里运河东岸湿地迅速沼泽化并消亡;射阳湖湿地依托古射阳湖湖盆而存在,明代这里就是里下河平原地表径流入海的重要通道,因此受泥沙淤积严重,沼泽化趋势显著;兴化湿地在"北坝南迁"后才成为地表径流的汇聚之处,受泥沙淤积的程度最轻,沼泽化不明显。

第四章

淮河入长江河口及河口外沙洲的演变过程

淮河下游干流原本出洪泽湖清口,经苏北废黄河故道入黄海。由于受到黄河夺淮的影响,公元 1570 年淮河首次经里运河进入长江,此后入江的频率与流量不断增加,直至 1851 年淮河干流由出清口入海改为经三河口南下入长江,这一过程历时 281 年。随着淮河入江水量的不断增加,渐渐改变了镇扬河段的河槽特征和水流结构,镇扬河段的沙洲发育与江岸进退随之发生变化。自 20 世纪 50 年代以来,地质、地理与水利学者对长江中下游河道历史变迁的研究取得了一批重要的成果,徐近之在 1951年考察黄泛区时已经注意到 1938~1947 年间由淮北南泛的黄淮水沙可能对长江及运河造成的干扰。[①] 邹德森分析了黄、淮水入侵长江后对镇扬河段和扬中河段水流动力轴线的影响,以及由此导致的河流地貌的变化,认为:"黄、淮水入长江是造成镇扬河段焦山以下 19 世纪初河势的根源,但已成为历史陈迹,不可能再重演;以后对该段起重大变化的主因是长江本身水沙条件等因素作用",但基于河势判断,淮河入江所带来的效应仍将持续影响镇扬

---

① 徐氏在《淮北平原与淮河中游的地文》一文中有如下描述:"据常航行蚌埠扬州间的民夫说:'泛后高宝湖及运河相当受淤,扬州以南长江中亦增加数大沙滩',立见黄泛对于运河长江皆有不良影响。"(徐近之:《淮北平原与淮河中游的地文》,《地理学报》1953 年第 2 期)

河段。① 中国科学院地理研究所等单位根据野外调查、航空影像及历史文献资料首次对镇扬河段整个历史时期的演变过程进行了系统的复原研究,其结论具有重要的科学意义,但对于淮河入江河口外沙洲的形成年代及演变过程判断有误。② 王庆等从河流动力地貌的角度复原了明代以来镇扬河段的演变大势,但是同样未能准确复原淮河入江口外沙洲的演变。③ 笔者认为,淮河入江口外沙洲的形成年代、发育过程与并岸时间是解决镇扬河段河道变迁的关键问题,对全面认识淮河入江给长江河道发育带来的影响有重要意义。因此本章尝试在前人研究基础上,结合黄淮关系变迁的大背景,运用历史文献与古地图资料对以上问题做进一步的研究。

第一节 淮河入江前的长江河道与里运河

接纳入江淮水的长江河段属镇扬河段,该河段上起仪征,下至三江营,位于现代长江三角洲的顶端,古时这里曾是长江入海的河口地段(见图4-1)。汉代以来,随着泥沙不断淤积,长江口向海不断推进,江中沙洲也日增。南北朝至唐宋时北岸边滩大幅度地淤长,长江岸线已伸展到仪征运河和小江河道一线。至唐中叶时,瓜洲与左岸相连,长江岸线向右扩展达20里,江面骤然缩小,自汉至宋时,江面缩窄达22里。宋至明末江面又缩窄10华

---

① 邹德森:《黄、淮水对长江下游镇澄河段影响的探讨》,见中国水利学会水利史研究会编:《水利史研究会成立大会论文集》,第155~161页。

② 中国科学院地理研究所、长江水利水电科学研究院、长江航道局规划设计研究所:《长江中下游河道特性及其演变》,第73~79页。

③ 王庆、陈吉余:《淮河入长江河口的形成及其动力地貌演变》,《历史地理》第十六辑,第40~49页。

里,其淤长的速度更为迅速,涌潮现象也随之消失。①

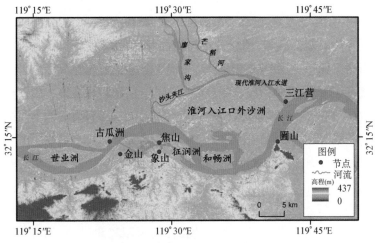

图 4‑1　淮河入江河口示意图

　　淮河与长江借助人工运河而连通,这条运河通常被称为江淮运河,明代以后也称里运河,是淮河入江水道的前身。里运河的前身邗沟在先秦时期即已存在,《左传》有鲁哀公九年(前 486 年)"吴城邗,沟通江、淮"的记载。《汉书·地理志》记载:"江都,有江水祠,渠水首受江,北至射阳入湖"②,说明在汉代,江淮间的运河称渠水,渠水从江都一带引长江水,向北流入射阳湖,这一由南向北的水流方向与后来自北向南的流向不同,江淮运河流向的调转是一个重要事件,反映的是运河所依托的地貌条件的变化。从扬州附近地势可以看出,在扬州至泰州一带存在一处地势较高的岗地,成为里下河浅洼平原和长江冲积平原之间的分水岭,关于这

---

① 中国科学院地理研究所、长江水利水电科学研究院、长江航道局规划设计研究所:《长江中下游河道特性及其演变》,第 73～79 页。
② 《汉书》卷二八《地理志下》,第 1638 页。

一岗地的成因,曾有观点认为是长江的天然堤。陈吉余等通过对沉积物的分析[①],认为岗地的形成应与长江古沙嘴的伸展有关,"冈地在堆积过程中,较深海滨的波浪运动起了相当重要的作用。冈地物质分选较好,颗粒较粗,正能说明滨海波浪堆积的性质。当然,长江是供给这些物质的主要来源,而物质入海之后,又经过波浪作用而造成。在推究冈地形成的时候,也应该考虑古代河口段涌潮现象,可以导致较高的潮水,使得物质能够堆积,达到较高的高程"[②]。

由于岗地是随着长江口的发育同步形成的,因此其年代与长江口一样古老。位于岗地之上的扬州古称江都,从汉代开始就是重要的都会,而《水经注》记载的"(中渎水)首受江于广陵郡之江都县,县城临江"[③],证明当时的长江河道距离北岸的岗地较近,才能使位于岗地之上的江都紧邻长江。由于岗地地势高于北侧的里下河地区,因此长江水在涌潮作用下达到较高的水位时,可以通过邗沟穿过岗地向北流入里下河洼地。随着长江口不断向外延伸,扬州河段距离河口越来越远,上游泥沙的沉积也使得江面逐渐收紧,岗地以南逐渐发展为河漫滩平原。由于河漫滩平原

---

① "组成冈地的物质,比较粗大,一般颗粒中径为 0.04 毫米左右。从冈地向两侧中径减小,向东部减小,物质分选比较优良,粒度曲线表现陡峭。这样的粒度与现在的河漫滩沉积之间,有着显著的差异。现在的河漫滩物质中径常在 0.01~0.02 毫米之间,分选较差,砂与粘土相夹。河漫滩相沉积的下面,约与平均水位相当的高度,才见到有河床相的沉积,其粒径与河漫滩相沉积相比,显然较粗,中径在 0.03~0.04 毫米左右。因而从沉积物性质而言,这一冈地并非为河漫滩相的天然堤性质。然则这一冈地的沉积物是否为河床相沉积? 从冈地的高度而言,为目前最高水位所不能达到。目前的河床相分布,一般在中水位以下的高度才能看到。也就是说,现在河床相堆积要比冈地的沙质物质的高度低 3~4 米。从而说明冈地并非由于河床相的堆积。"(陈吉余、虞志英、恽才兴:《长江三角洲的地貌发育》,《地理学报》1959 年第 3 期)
② 陈吉余、虞志英、恽才兴:《长江三角洲的地貌发育》,《地理学报》1959 年第 3 期。
③ 〔北魏〕郦道元注,陈桥驿校证,《水经注校证》,第 713 页。

的海拔显著低于岗地,涌潮作用又因为距河口变远而减弱,因此长江水难以再像之前那样自南向北进入里下河洼地,运河的流向也随之改变。隋文帝开皇七年(587 年),开山阳渎。炀帝大业元年(605 年)开邗沟,皆自山阳至扬州入江。水流与前相反。[①] 大运河要在这种特殊的地势条件下完成沟通江淮的使命,只能借助人工调蓄设施,文献记载称当时的运河海拔高于江淮数丈,依靠助陂塘和闸坝节制水流,以满足漕运需求。[②]

里运河经过高宝诸湖的尾闾邵伯之后,在扬州附近分成几条水道与长江相衔接,主要有瓜洲运河、仪征运河、白塔河、芒稻河等路线。这些水道自诞生之日起就同时肩负人工运河与临时溢洪道的职能。

瓜洲运河,古称伊娄河。《扬州府图说》之《瓜洲图说》记载:"瓜洲在府城南四十五里,与江南镇江府对,直二十里……江面旧为江滨乡瓜洲村,盖隋之前,扬子镇尚称县、临江,至唐始积沙二十五里,与瓜洲相连。开元中润州刺史齐瀚穿伊娄河四十五里达扬子县立娄埭即今运河。旧有石城二面,后废。嘉靖末,数罹倭患,乃议筑今城。"[③]将瓜洲段江岸的演变大势与瓜洲城的来历均做了说明。明代万恭曾在上奏中称:

> 瓜洲花园港、猪市二处,皆可通江,但猪市临江最
> 近,河水走泄,中无盘旋之势,不可无虑。花园港至时家

---

① 〔北魏〕郦道元注,〔清〕杨守敬、熊会贞疏:《水经注疏》卷三〇《淮水》,江苏古籍出版社,1989 年,第 2555 页。

② "运河高江、淮数丈,自江至淮,凡数百里,人力难浚。昔唐李吉甫废闸置堰,治陂塘,泄有余,防不足,漕运通流。发运使曾孝蕴严三日一启之制,复作归水澳,惜水如金……"(《宋史》卷九六《河渠六》,第 2389 页)

③ 美国国会图书馆藏明代万历年间《扬州府图说》,https://www.wdl.org/zh/item/4443/。

洲相去六里,河身宛转,水不直下,再将河道开辟,以便
停泊。相应于此创建二闸……吴浙方舟之粟,直达于
湾;高宝巨浸之流,建瓴而下。既免挑盘雇剥之苦,又无
风波险流之虞。①

从万恭的描述中可知在明中后期瓜洲运河就已肩负漕运与
泄洪的双重职能,明后期的瓜洲城与瓜洲运河如图4-2所示。
图4-2中瓜洲运河(伊娄河)在瓜洲城外分支处可见地名"时家
洲",应是古沙洲名的遗存,在瓜洲并岸、建城后仍得以保留,这类
古地名将成为本章复原淮河入江口外沙洲变迁的重要依据。分
流后的瓜洲运河一支经瓜洲城内天池后再分为两支入长江;另一
支则绕行城外入江,此时瓜洲运河上可见"头闸""四闸""通江闸"
等,应是调节运河水位的控制工程。瓜洲城外的屯船坞清晰可
见,此时瓜洲未受江潮顶冲,堤岸完整,烟墩、擒贼台等军事设施
完备。金山位于江中。现在瓜洲城虽已不可见,但瓜洲运河得以
延续至今(见图4-3)。

仪征运河是里运河沟通长江的另一条重要分支,位于瓜洲运
河以西。与瓜洲运河一样,仪征运河历史悠久,"晋永和中,江都
水断,自欧阳埭引江水至广陵城,即今仪征运河"②。最初瓜洲运
河与仪征运河均是漕运要道③,但随着时间的推移,仪征运河的
作用渐渐弱化。《扬州水道记》记载:

---

① 〔清〕顾炎武:《天下郡国利病书》不分卷《扬州府备录》,第1293页。
② 武同举:《江苏水利全书》卷一二《江北运河一》,《江苏历代方志全书·小志部·盐
漕河坊》第22册,凤凰出版社,2020年,第69页。
③ "初瓜仪两口俱通漕,至乾隆四十年后,仪征运河浅涩,只通盐运,仪漕遂废。"(武
同举:《江苏水利全书》卷一二《江北运河一》,《江苏历代方志全书·小志部·盐漕
河坊》第22册,第71页)

图 4‑2　明代瓜洲城与瓜洲运河(方向上北下南)

资料来源:美国国会图书馆藏《扬州府图说》。

图 4‑3　瓜洲伊娄河(摄于 2018 年 10 月,由南向北看)

　　明代重运,皆由仪征。中叶以后,始由瓜洲。国朝
乾隆以后,粮运船由瓜洲,惟盐船由仪真。然近年,仪征
运河淤浅已甚,夏时犹不可以行舟,盐船亦间由瓜洲行
走。虽从事挑浚,亦复无济。①

　　仪征运河在明中后期曾经也是淮河的溢洪道,但由于其路程
较远,行洪能力不强,逐渐为人工开凿的淮河入江水道所取代,明
后期的仪征县与仪征运河如图 4-4 所示,图中可见完备的运河
闸坝系统及用于调蓄运河水量的扬州五塘之一的陈公塘。这些
人工水利设施的富集,证明了仪征运河在当时的重要地位。仪征
城外可见黄天荡与新洲、天宁洲等沙洲,这些古沙洲将为本章对
淮河入江河口沙洲及镇扬河段河形的讨论提供论据。
　　白塔河在明代兼具漕运与泄洪功能,万历以后,白塔河漕运
功能弱化,成为宣泄洪水的重要通道。万历初年,潘季驯在奏疏
中谈道:"至于伏秋淫潦,与天长、六合诸山之水陡发,共注于湖,
止凭瓜、仪二闸宣泄不及。查得扬州湾头,原有运盐官河一道,内
由芒稻、白塔二河直达大江,势甚通便。"②由此可知白塔河是临
江运河分支中比较重要的一条淮河溢洪道,这或许是由其路线较
为顺直所致。芒稻河始于何时无考,从明代《扬州府图说》上的绘
制来看,芒稻河应与白塔河一样,是运河入江的分支,兼具漕运与
泄水的功能。与白塔河不同的是,随着淮河入江频率与流量的增
加,芒稻河渐渐成为淮河入江的主要通道,并在明万历初年就已
因此而闻名。③

①〔清〕刘文淇:《扬州水道记》卷二《江都运河》,广陵书社,2011 年,第 46 页。
②〔明〕潘季驯:《河防一览》卷九《尊奉明旨计议河工未尽事宜疏》,第 165 页。
③ 万历年间扬州府推官李春开《海口议》中曾记载:"万历五年,高家堰大坏,淮水南
徙,诸湖泛涨……开瓜洲、仪真二闸,挖郡城东之沙坝及芒稻河坝,不数日（转下页）

图4-4　仪征县与仪征运河（方向上南下北）

资料来源：美国国会图书馆藏《扬州府图说》。

上述几条水道平时担负漕运的职能，上游水大时便成为临时的溢洪道，是有代表性的淮河早期入江水道。随着淮河入江的频率与流量不断增加，以芒稻河为代表的人工入江水道兴起，淮河逐渐有了专用的入江水道，而不是仅仅通过漕运河道泄洪。清初靳辅在《治河方略》中记载："考江口向自瓜、仪达清口，与黄淮会。

（接上页）而河水减二尺许，湖水减一尺许，自此芒稻河之名始著。"（顾炎武：《天下郡国利病书》，上海古籍出版社，2012年，第1331页）

今黄身日高,夺淮阻江,惟漕河为通江正脉,其余支流如高、邵等湖,受淮、泗散漫之水,又由邵伯金家湾下运盐河,入芒稻河达江。江都湾头亦下运盐河流海陵诸处,亦有由白塔河滚水坝达江者,扬州以南下扬子桥,俱分流入江,而盈溢暴涨之水,在于分疏下流,如芒稻等河疏之不使狭阻可也。"①正是反映了上述趋势。

第二节　1570 年后淮河入江水道的形成和演变

明清两代治理黄淮的主流思想都是"蓄清刷黄",使黄淮合流入于黄海。但是人力对自然的干预终究不能违背自然界的客观规律,黄河泥沙在淮河故道的淤积最终导致淮河干流在 1851 年由经苏北废黄河入黄海改为出三河口经运河入长江。淮河从最初偶尔、小部分入江至干流大部入江的过程中,淮河入江水道的数量和通行能力不断提高,因此其对长江河道的影响也日益显著。万历《扬州府志》中记录了淮河首次入江的情况:

> 隆庆四年,黄河决崔镇,淮大溃高家堰,水泽洞东注,溢山阳、高邮、宝应、兴、盐诸州县,漂室庐、人民无数,淮扬垫焉。淮既东,黄水亦蹑其后,决黄浦八浅,沙随水入,射阳湖中胶泥填阏,入海路大阻。久之乃东漫盐城之石砬口及姜家堰破范公堤而出,入于海。自邵伯湖南奔瓜、仪入江,又旁夺芒稻、白塔河以去。②

---

① 〔清〕靳辅:《治河方略》卷四《湖考》,中国水利史典编委会编:《中国水利史典·黄河卷》第 2 册,第 498 页。
② 万历《扬州府志》卷五《河渠志上》,《江苏历代方志全书·扬州府部》第 1 册,第 352 页。

这是目前所见最早的一次淮河入江记录,其路线是"自邵伯湖南奔瓜、仪入江,又旁夺芒稻白塔河以去",由此可知瓜洲运河、仪征运河、芒稻河和白塔河是淮河最早的入江水道。随着黄淮关系的演变,洪泽湖清口水利枢纽逐渐被出水不畅的问题所困扰①,泗州以及明祖陵面临被淮水淹没的巨大压力。万历二十三年(1595年),总河杨一魁力主"分黄导淮":

> 分黄者,自黄家嘴导河,分为一支,趋五港、灌口,径入海,以杀黄势,毋尽入淮。导淮,则自清口辟积沙数十里,又于堰旁若周家桥、武家墩稍引淮支流入于湖,为豫浚入江入海路,以分泄之。而若山阳之泾河、宝应之子婴沟皆可达庙湾。在盐城,则开石碰口,兴化以东,开丁溪河,为入海路。凿江都淳家湾,即金家湾,(万历)二十一年新开,以护湖堤。是年,复加浚深广。横绝运盐河,入芒稻河,径达江。②

"分黄导淮"不仅仅是一种治理黄淮的理念,而且是一次成功的实践。《天下郡国利病书》记载:"杨一魁开金家湾十四里至芒稻河,复建减水石闸三座,緣芒稻河通江一十八里,亦建石闸一座,一时涨水颇借宣泄之利"③,证明分黄导淮工程在当时曾收到良好的效益。这也是人工引导淮河入江最早的尝试,自此以后,运河在宣泄淮河来水方面的作用日益显著。

---

① 洪泽湖按照清口淤淀—修筑高堰(抬高水位,蓄清刷沙)—刷沙阶段性成功—清口再淤淀—加筑高堰堰顶(再次抬高水位,蓄水刷沙)—又是刷沙阶段性成功—清口再淤淀的模式循环。(韩昭庆:《洪泽湖演变的历史过程及其背景分析》,《中国历史地理论丛》1998年第2期)
② 〔清〕顾炎武:《天下郡国利病书》不分卷《扬州府备录》,第1221页。
③ 〔清〕顾祖禹:《读史方舆纪要》卷二三《南直五》,第1120页。

　　明末清初几十年的战乱导致河务废弛,高家堰堤防与清口枢纽的作用均不能充分发挥,"蓄清刷黄"面临很大的危机,淮河水经高家堰下泄高宝诸湖更是常态,给淮扬地区带来极大威胁。清代初年,导淮入江成为重要的治河方略。康熙二十三年(1684年),重挑金湾人字河①,增加入江水道的行洪能力。康熙三十九年(1700年),皇帝曾当面指示张鹏翮:"引湖水,使之由人字河、芒稻河入江,朕所见最真,尔必须要行。"而张鹏翮在回奏中描述了当时淮河入江水道的情况:"人字河自金湾闸至孔家渡,为河之脉络……自此至芒稻山,河分两派,又名芒稻河……凤凰桥引河系前河臣新挑……引水从王家庄入运盐河,汇入芒稻。双桥、湾头二河,见今水流同入芒稻河……此三处之水,俱相继会入芒稻河,十八里入江。此江都金湾闸以下至仙女庙之情形也。"②从上述描述可知,康熙年间淮河入江水道在邵伯以下分三路汇入芒稻河入江(如图4-5所示)。人工开凿的入江水道规模较之万历年间初行分黄导淮时已经显著扩大,而且白塔河的职能也逐步由漕运转为泄洪,以便接纳淮河日益增加的来水。《扬州水道记》引《南河成案》记载:"雍正五年,总督范时绎等议奏:'运盐河南岸董家沟、白塔沟、董家油坊、潘家堰四处,系泄运河入江之口岸……今于董家沟估建湾坝一座,白塔河估建石涵洞一座,既便蓄泄,兼可防奸。'乾隆八年,大学士等议:'泰州河内旧有秦塘港、白塔河、西汉河三路旁趋入江,因防私盐往来,筑坝堵塞,今应将土坝改建闸门,以时启闭,并挑通河路,既可防范私贩,复可多泄涨水。'"③

① 嘉庆《重修扬州府志》卷一〇《河渠志二》,第289页。
② 嘉庆《重修扬州府志》卷一〇《河渠志二》,第300~301页。
③ 〔清〕刘文淇《扬州水道记》卷二《江都运河》,第36页。

图4-5 康熙年间舆图上的淮河入江水道（方向上南下北）

资料来源：英国国家图书馆、数位方舆网站。

　　乾隆年间，随着高家堰下泄的湖水越来越多，入江水道的数量随之大为增加，《扬州水道记》引《河渠纪闻》载："乾隆七年，河督高斌面奉圣训，将邵伯以下入江之路酌增。请于金湾滚坝下东西湾地方，建滚水坝二，坝下深挑引河。复增挑仙女庙金湾对过之越河，扬河厅闸金湾对过越河，长一千丈。"①此时淮河来水过邵伯以后从金湾三闸及凤凰、壁虎桥、湾头闸各路分注，一走芒稻河，一趋泰州河入江。②乾隆八年（1743年），在邵伯以南金湾滚坝之下的东、西湾，添建滚水坝二座，坝下挑浚引河，分引湖水入下盐河。湾头闸之下、董家沟之上，加挑石羊沟引河一道，河头建滚坝。将凤凰桥下引河及壁虎桥下游之廖家沟，俱挑浚深阔，归

---

① 〔清〕刘文淇《扬州水道记》卷二《江都运河》，第51页。
② 嘉庆《重修扬州府志》卷一一《河渠志三》，第300～301页。

石羊河以达于江。董家沟原归芒稻河,河形短促,不足宣泄,将河尾加长接挑,自为一河,直注于江。于芒稻闸以下、仙女庙以上之泰州河,挑挖越河一道,接入金湾河内;再于金湾闸之上添建宽大石闸一座,并修纤道。泰州河内旧有秦塘港、白塔河、百汊河三路旁趋入江,将土坝改建闸门,以时启闭。① 在这些入江水道中,泰州盐河通江新、旧河港八处。如秦塘、百汊、白塔等河尽属港汊,泄水无多,唯芒稻一河最为宽畅。②

虽然入江水道的规模不断扩大,但仍不能满足宣泄淮水的需求,嵇璜在乾隆二十二年(1757年)曾有描述,称"邵伯以南运河归江之路,董家沟、石洋沟、廖家沟、芒稻河、金湾六闸、金湾坝、东西湾坝、凤凰桥、壁虎桥、湾头闸等处,共宽不及二百丈,河道年久淤窄。洪湖二坝,三河计宽三百数十丈,加以蒋家坝十八丈,是去水仅及来水之半"③。为增加归江水道通行能力,乾隆二十三年五月,上谕:"芒稻一闸,乃归江第一尾闾,向因淮南盐艘皆由湾头河转运,必须芒稻闸门下版,方可蓄水遄行,以致不能启放合宜……嗣后芒稻闸永远不许下版,俾得畅泄归江,则诸河积水自可减退"④,并与乾隆二十五年于金湾坝下开挑引河一道,正对董家沟滚坝,并将浅狭之处疏挖,以注于江⑤,乾隆二十六年,将西湾引河加挑三百二十丈,至太平桥,始与东湾水合。⑥ 乾隆二十七年四月,上谕:"金湾滚坝宽五十丈,而新挑引河仅宽十五丈,底宽八丈,未能畅达,应再为展宽,以河底十丈为率。迤下地势稍仰,并一律挑浚深通,俾成建瓴之势。又东湾滚坝,前年已落

① 嘉庆《重修扬州府志》卷一一《河渠志三》,第325~326页。
② 嘉庆《重修扬州府志》卷一一《河渠志三》,第329页。
③ 〔清〕叶机:《泄湖水入江议》,《扬州文库·第二辑》第43册,第554页。
④ 嘉庆《重修扬州府志》卷一二《河渠志四》,第348页。
⑤ 嘉庆《重修扬州府志》卷一二《河渠志四》,第350页。
⑥ 嘉庆《重修扬州府志》卷一二《河渠志四》,第351页。

低三尺,而西湾坝尚仍其旧,诸臣议请落低三尺。朕量该处泄水情形,至为便捷,应将西湾坝再加落一尺,共低四尺,则平日已有尺水入江,循序而进,庶可预减暴涨之势。其河头亦加挑宽深,以资利导。"①一系列的人工河道挑挖工程极大拓展了淮河的入江之路,至乾隆三十八年(1773年),"运河东岸之金湾、东湾、西湾、凤皇(凰)桥、壁虎桥、湾头闸等河,入廖家沟、石羊沟、董家沟、芒稻河归江,各河俱属深通"②。乾隆五十年(1785年),总河兰第锡称:"运河由金湾六闸、凤凰等桥及瓜洲两路入江,极为通畅。"③如图4-6所示,该图上南下北,南部深灰色部分即长江,

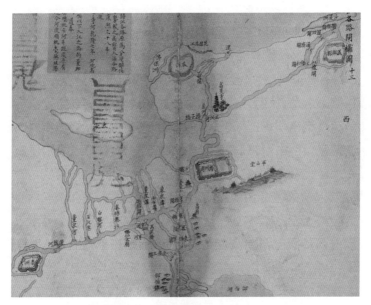

图4-6　清乾隆十四年后淮河入江水道(方向上南下北)

资料来源:美国国会图书馆、数位方舆网站。

---

①　嘉庆《重修扬州府志》卷一二《河渠志四》,第352页。
②　嘉庆《重修扬州府志》卷一二《河渠志四》,第358~359页。
③　嘉庆《重修扬州府志》卷一三《河渠志五》,第377页。

可见入江水道的数量较图 4–5 中康熙年间的数量有显著增加，反映了淮河入江水量的增加。图 4–5 中的谈家洲在雍正年间消亡，而图 4–6 中淮河入江口外出现名为"大沙"的沙洲，是淮河与长江相互作用的产物，详见后文论述。明清时期淮河入江水道各分支的营建、扩建见表 4–1，各入江水道的分布格局见图 4–7。

表 4–1 淮河入江水道营建年代表

名称		规格与演变过程
临运之口（邵伯至通扬运河）	金湾北闸	二门各宽二丈二尺，明季建，乾隆二十三年（1758 年）落低二尺四寸
	金湾中闸	二门各宽一丈六尺，明季建
	金湾新坝	宽三十丈，乾隆二十七年（1762 年）拆除南闸改建
	金湾旧坝	康熙二十五年（1686 年）建，原宽二十丈，乾隆二十五年（1760 年）加展五十丈
	东湾坝	乾隆十年（1745 年）建，原宽二十四丈，二十三年展至三十六丈，落低二尺四寸
	西湾坝	宽二十四丈，乾隆十年（1745 年）建，二十七年落低四尺
	凤凰北桥、砖桥、南桥	凤凰北桥康熙三十八年建，原宽六丈，乾隆二十一年（1756 年）展至十丈；砖桥宽一丈二尺六寸，明季建；南桥宽十一丈，康熙三十八年（1699 年）建，乾隆四十四年修
	瓦窑铺河	宽四十丈，道光八年（1828 年）新开
	壁虎北桥、中桥、砖桥	壁虎北桥宽二十丈，乾隆二十三年（1758 年）建，四十四年修；中桥乾隆四年建，原宽二丈，二十一年展至十丈；砖桥二门各宽一丈，明季建
	湾头闸	宽二丈四尺，明季建

续　表

名称		规格与演变过程
	沙坝	宋季建,乾隆五十年(1785 年)修,金门宽一丈六尺
	扬子桥	明季建,乾隆五年(1740 年)修,金门宽一丈
临江之口 (通扬运河 至长江)	沙河	自达于江
	芒稻河西闸、东闸	西闸明万历六年(1578 年)建,原三门,天启六年(1626 年)增高石底六尺,康熙元年(1662 年)落低二尺五寸,十二年改建七门,各宽二丈,雍正十年(1732 年)移上三丈;东闸三门各宽二丈,明季建,雍正十三年重建,乾隆九年(1744 年)修,上承人字河,汇金湾北中闸新坝之水入江,道光十年(1830 年)将金门概行拆除
	董家沟	滚坝原宽十八丈,乾隆二年(1737 年)建,二十五年展至三十丈,落低三尺,上承金湾旧坝之水,下归芒稻河入江
	石羊沟	乾隆八年(1743 年)开,滚坝原宽三十二丈,两耳闸各一丈二尺,二十五年并为一坝,共宽三十七丈六尺,坝底照董家沟落底,上承东西湾坝之水,下至沙河港入江
	廖家沟滚坝	乾隆十三年(1748 年)建,原宽十六丈,二十五年展至四十四丈,上承瓦窑铺、凤凰、壁虎桥之水,下历石羊沟入江

资料来源:咸丰《重修兴化县志》卷二《河渠二》,台北:成文出版社,1970 年,第288~290 页。

　　至道光年间,清口水利枢纽日益衰败并最终淤废,黄河多次倒灌洪泽湖,高家堰下泄的水量日益增加。至咸丰元年(1851 年),淮河洪水冲毁新礼坝(三河口),此后常年由三河进入高宝诸湖,再由入江水道流入长江。从此淮河干流由与黄河汇流入海改为入江,淮河入江进入全盛时期,入江水道上原有的滚水坝闸被洪水冲毁,归江各坝闸无法再起节制作用,全部采用柴土草坝堵筑蓄水济运。到清同治年间,入江水道总宽度已达 830 米,比乾隆时归江河道总宽度增加了近 3 倍。廖家沟、石羊沟、董家沟及芒稻河最后归并为芒稻河与廖家沟,下游又并入沙头河。[①] 沙头河自沙头口至三江营,原来是长江北岸沙洲的夹江,清代《四省运河水利泉源河道全图》绘出了长江过镇江以后由被称为"大沙"的沙洲分为南北两支,而淮河入江水道直接注入的长江北岸沙洲的夹江就是后来的沙头河,文献中也称之为沙头夹江:

> 焦山迤下,水势回洑,淀为新老诸洲,联缀为一。水分二道,南为大江,北为沙头之夹江。大江自焦山循洲南而东流,经圌山北,又分二道。北为大江,南为太平洲之夹江。大江自圌山趋北少东,经太平洲西,至三江营合于沙头之夹江。沙头夹江自焦山北岸之沙头口斜出西北,折而出东北,名沙头河。左纳廖家沟、芒稻河淮运之水,又屈而出东南。其左有白塔河口,为古漕运间道。夹江稍东南,至三江营之南合于大江。[②]

沙头夹江原有两个入江口门,是淮河入江的最后一程,后来西侧口门日益淤塞,淮河主要经由三江营入长江。沙头夹江西侧口门淤塞是由于与长江主泓相遇,流速减缓,泥沙沉积,以致消失。此外也与连城洲和保业洲的出现、并岸导致西侧水道日益曲

---

① 水利部治淮委员会《淮河水利简史》编写组:《淮河水利简史》,第 253 页。
② 武同举:《江苏水利全书》卷一《江一》,《江苏历代方志全书·小志部·盐漕河坊》第 21 册,凤凰出版社,2020 年,第 494 页。

折,使流速变缓有关。图4-5和图4-6中均可见长江至大沙分为南北两支,大沙以北的河道就是后来的沙头夹江。

民国时期,运河东岸淮河归江之口有七处,分别是:六闸口、金湾口、东湾口、西湾口、凤凰河口、新河口、壁虎河口,清代的金湾三闸,早已圮废。人字河头西侧有拦江草坝,水穿古盐河,经芒稻废闸,入芒稻河。芒稻河头东侧,仙女庙镇北端,有褚家土坝,截断古盐河之路。金湾口内亦有草坝,水出金湾河,穿古盐河,由蒙家沟入芒稻河。东湾口有草坝,西湾底高无坝,两湾之水合流,穿古盐河,由石羊沟入廖家沟。凤凰河口、新河口各有草坝,水穿古盐河,入廖家沟,壁虎口最大,口有草坝,水经古盐河,入廖家沟。凡归江各草坝,每年相水势启闭,统汇入芒稻河,廖家沟会合西来之夹江,即沙头河,东南流,至三江营口入江。

关于淮河入江流量及其占长江流量的比重,由于清代并无实测资料,只能以现代资料推算,根据现代资料计算的淮河多年平均水量与长江大通站多年平均水量之比例,大致可以反映没有实测资料之前淮河入江水量与长江流量之间的比例。淮河流域1956~2000年多年平均入海水量为359亿立方米,入江水量为183亿立方米[①],淮河多年平均入海入江总水量为542亿立方米,1950~2000年长江大通站多年平均径流量为8 964亿立方米。[②] 在1851~1950年之间,淮河干流主要经入江水道入长江,据此计算淮河入江总水量约占长江大通站流量的6%,但是这一比例仅代表淮河与长江多年平均流量之比例,在实际情况中,淮河洪峰未必与长江同期,因此在实际情况中,淮河入江水量与长

---

① 刘昌明主编:《中国水文地理》,第662页。
② 刘昌明主编:《中国水文地理》,第641页。

江流量的比例是处于动态变化之中的。由于长江的流量和流速都很大,淮河注入长江非但无助于冲刷,反而使长江所携带的泥沙在淮河入江河口外落淤并形成大量沙洲。

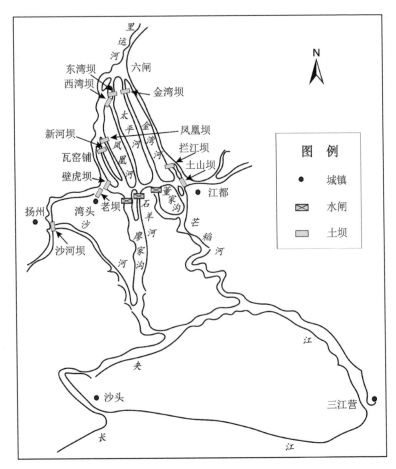

图 4-7　淮河入江水道与归江十坝示意图

资料来源:水利部治淮委员会《淮河水利简史》编写组:《淮河水利简史》,第251页。

第三节　淮河入长江河口及河口外沙洲的演变过程

"将今论古"是研究地貌演变的重要方法,但在探讨历史时期沙洲演变时却不能完全根据现代的情况向前追溯,因为有些沙洲具有漫长的历史,当它形成的时候,河槽特征和水流结构都与现在有所不同。以现在的河槽形态和水流结构,都不足以说明当时的成因。[①] 因此,通过对历史文献的判读,提取历史信息复原当时的情况就显得尤为重要。本节对明万历至清同治年间的镇扬河段沙洲变迁的研究主要利用地方志记载与传统舆图相结合的方法进行定性分析,对于清同治以后的变迁情况则使用实测大比例尺地图,并对其进行数字化,从定量的角度复原其演变过程。

一、淮河入江前的长江镇扬河段沙洲分布

明代中前期,黄河下游尚未筑堤,对淮河水系的扰动有限,淮河基本可以畅行入海,因此淮河对长江水道的影响可以忽略。此时长江镇扬河段上分布着开沙、藤料沙等广袤的沙洲,其中开沙又名长沙、白沙、大沙,其范围"首过焦山,与象山石公渡斜对,尾抱圌山,与江北新江口相值"[②]。开沙之首至藤料沙头止,长六十里,阔三十里,周回一百八十里,自藤料沙之首至姜家嘴止,长五十里,阔三十里,周回一百五十里。藤料沙上诸围大者万亩,次者不下七八千亩。成化、弘治年间,开沙、藤料沙等日渐沦没,沙尾崩坍,此时东北对江淤长出顺江洲,周回四十余里,北界南新沙,皆大沙崩土所涨。[③]

---

① 陈吉余、恽才兴:《南京吴淞间长江河槽的演变过程》,《地理学报》1959 年第 3 期。
② 崇祯《开沙志》上卷,台北:成文出版社,1983 年,第 9 页。
③ 崇祯《开沙志》上卷《总叙开沙藤料沙形势考》,第 9 页。

　　《江防海防图》现藏于中国科学院文献情报中心（国家科学图书馆），编号为 264456，彩绘长卷，纵 41.5 厘米，横 3 367.5 厘米，纸基锦缎装裱。① 此图并未标注图名，曹婉如根据图中内容拟定图名为"江防海防图"。地图由右向左展开，卷首自江西瑞昌县开始，沿长江向东，经今安徽、江苏沿江各地，至吴淞口后转而向南，卷尾为福建流江水寨。此图对长江下游的矶头、沙洲、营寨、巡司、墩台等地物记录甚详，曹婉如根据图上靖江县所在的马驮沙形态为地图进行了定年，指出："图上靖江县尚为一沙洲，其编绘时间当在成化八年（1472 年）至天启元年（1621 年）之间。"②这一观点主要依据《明史·地理志》关于常州府靖江县的记载："成化八年九月，以江阴县马驮沙置。大江旧分二派，绕县南北，天启后，潮沙壅积县北，大江渐为平陆。"③孙靖国通过对此图的进一步研究，利用图中将崇明县城绘于长沙之上这一细节，结合历史文献中崇明县治所衙署于万历十四年（1586 年）迁到长沙的相关记载，判定《江防海防图》的年代上限，应为崇明县城迁徙到长沙上的万历十四年，其年代下限，则仍应为天启元年（1621 年）。④ 同时提出《江防海防图》在南京以东的部分有较多的增补与改绘，其下限当在康熙初年鲁王朱以海、张煌言相继去世，对清朝东南沿海的威胁解除之时，很有可能是在顺治十六年（1659 年）郑成功、张煌言长江之役前后。笔者对《江防海防图》上绘出

① 孙靖国：《〈江防海防图〉再释——兼论中国传统舆图所承载地理信息的复杂性》，《首都师范大学学报（社会科学版）》2020 年第 6 期。
② 曹婉如、郑锡煌、黄盛璋等编：《中国古代地图集（明代）》，文物出版社，1995 年，图版说明第 1 页。
③ 《中国古代地图集（明代）》原文为"成化八年"，中华书局标点本《明史》为"成化七年"，见《明史》卷四〇《地理志一》，第 922 页。
④ 孙靖国：《〈江防海防图〉再释——兼论中国传统舆图所承载地理信息的复杂性》，《首都师范大学学报（社会科学版）》2020 年第 6 期。

的崇明诸沙洲出现的时间做了统计,图上崇明诸沙洲的时间断面截止到明万历中期。而崇祯年间淤长的西皇、日升、定成、保定等沙和顺治年间淤长的太平、永安、永盛、日兴等沙均未见。据此判断《江防海防图》对长江河口段的绘制,主要呈现了万历十四年(1586 年)至天启元年(1621 年)间的地貌形态。图中所反映的淮河入江河口外沙洲形态,其时间可追溯到淮河入江初期,体现了开沙解体后,淮河入江口外沙州大量淤长之前,长江镇扬河段的沙洲分布格局(图 4-8)。

对于开沙和藤料沙的解体,有观点认为是黄淮之水由运河、白塔河入长江,使河势大变,将稳定的开沙、藤料沙的极大部分冲走。[①] 然而明成化、弘治时期,淮河尚未开启入江之旅,而且文献称白塔河在嘉靖以前旋开旋塞[②],因此这种观点难以成立。镇扬河段曾为长江河口的顶端,下泄的河流径流与上涌的潮流在此交汇,水流变化复杂,河床不稳定,容易形成汊河与河口沙岛。随着泥沙增多与江面缩窄,宋至明末时镇扬河段的涌潮现象逐渐消失[③],17 世纪河口下移至江阴河段[④],海洋(潮汐)影响的沉积物和

---

① 孙仲明、濮静娟:《长江城陵矶—江阴河道历史变迁的特点》,《地理集刊》第 13 号地貌,科学出版社,1981 年,第 1~17 页。

② 明初陈瑄浚仪真、瓜洲河道,凿吕梁、百步二洪石以平水势,开泰州白塔河以达大江(《明史》,第 2081 页)。至宣德二年,陈祥巡按福建,还奏白塔河上通邵伯,下注大江,苏松舟楫多从往来,浅狭湮塞,请开浚,从之(《明史》,第 4401 页)。景泰三年,御史练纲言:江南漕舟,俱由江阴夏口并孟渎河出大江……江北又有白塔河,在江都县,与江南孟渎河参差相对。若由此横渡,江面甚近,但北新河、白塔河淤塞,俱应疏浚。成化十二年,总督李裕等奏:新开扬州白塔河,潮水往来,恐久而淤浅,宜下所事与瓜洲、仪真等河,皆三年一浚。(嘉庆《重修扬州府志》,第 271~272 页)

③ 中国科学院地理研究所、长江水利水电科学研究院、长江航道局规划设计研究所:《长江中下游河道特性及其演变》,第 76 页。

④ 陈吉余:《长江河口的治理——过去、现在和未来》,载《陈吉余从事河口海岸研究五十五年论文选》,第 421~431 页。

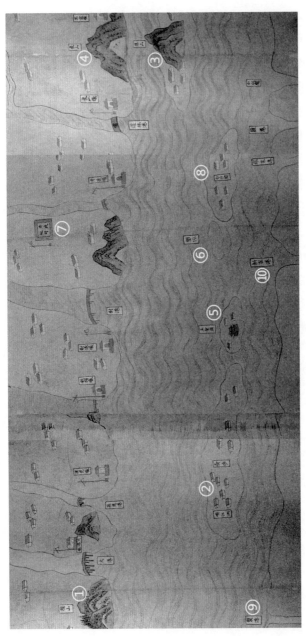

图 4 - 8　明后期长江图山至金山段（方向上南下北）

注：①圌山　②顺江州、长沙　③焦山　④象山　⑤五圣庙　⑥樊沙　⑦丹徒巡司　⑧白沙头　⑨双港　⑩新家港。
资料来源：中国科学院图书馆藏《江防海防图》，李孝聪先生提供。

河口沉积物之间的分界线随之向下游移动,这可能是导致开沙、藤料沙解体的原因之一。此外,有研究表明长江中下游的很多汊道和江心洲的消长具有交替演变的特点,江道中的江心洲在迁徙或消失以后,可以很快地淤长出另一个江心洲来,这种交替演变在历史时期是在不断进行着的,有时还有一定的周期性变化。[①] 因此开沙、藤料沙的解体应与河海相互作用及长江的河性有关,而非淮河入江所致。至明隆庆年间,文献中开始出现淮河入江的记载,虽然当时淮河入江无论在频率或是水量方面,均不足以对长江造成显著影响,但环境变迁往往是积渐所致,因此本节对淮河入江及其影响的探讨,始于文献中首次记载淮河入江事件的年份,即明隆庆四年(1570 年)。

二、淮河入江初期长江镇扬河段沙洲的变化

万历《扬州府志》成书于 17 世纪初[万历三十二年(1604 年)以后],对于镇扬河段的沙洲名称和面积均有记载,是研究长江沙洲演变的重要资料,该书记载:"江都之洲十有五:曰花园港,曰新兴洲,曰卞家洲(同"汴家洲"),曰裕民洲,曰保固洲,曰永丰洲,曰后宁洲,曰复业洲,曰永兴洲,曰小新洲,曰顺洪洲,曰家家洲,曰鞋底洲,曰自升洲,曰复业砥柱洲,共计实在田、滩八万伍千叁百伍拾陆亩。"[②]将上述记载与崇祯年间《开沙志》的记载相互参照,可以复原明后期长江镇扬河段中沙洲演变的整体趋势。

《开沙志》记载明中前期镇扬河段中面积广袤的开沙、藤料沙在成化、弘治年间瓦解,其崩土在江中逐渐形成新的沙洲。见于记载的有:复兴中洲、守业洲、颜沙洲、南兴洲、复生洲、中横洲、宝

---

① 孙仲明、濮静娟:《长江城陵矶—江阴河道历史变迁的特点》,《地理集刊》第 13 号地貌,第 1~17 页。

② 万历《扬州府志》卷四《芦洲》,《江苏历代方志全书·扬州府部》第 1 册,第 348 页。

定洲、团洲围、基心洲、小洲围、东生洲、复兴洲、四案洲、黄泥洲、启业洲、天理人心洲、柳洲、永定洲、中生洲、补惠洲、补新洲、复原洲、补兴洲。在江都县则有再兴洲、卞家围、预鸣洲、丁家洲、孔家洲、骆家洲、蓝家洲、课洲、安复洲。① 明末镇扬河段江面狭窄,旧有的开沙、藤料沙坍没殆尽后,顺江洲②、谈家洲等新淤涨的沙洲横亘江中,其形势大略如下:"瓜洲渡至京口不过七八里。渡口与江心金山寺相对;自瓜洲而东十八里为沙河港,其东南与江心焦山寺相对,亦谓之沙坝河,旧与白塔、芒稻二河俱为泄水通江处;又东五里曰深港;俱东面设防处也。又东五十余里曰宝塔湾,为盐盗渊薮,其南岸汉港可进圌山。又东南四十五里曰三江口,亦曰新港。又东至周家桥四十里,正与江南圌山相对。中有顺江洲,江面稍狭,水流至急。"③除顺江洲外,谈家洲也是明末清初时镇扬河段的重要沙洲,《读史方舆纪要》记载:"谈家洲,(镇江)府西北六里江中。近时新积沙洲也,横列大江,为京口扼束之地。"④

　　成图于顺治、康熙的《长江地理图》(图 4-9)现藏于台北"故宫博物院",方位上南下北,左东右西,以长江为中心线,自右而左呈一字形展开,重点描绘长江中下游的江面景物和汛地防务,尤

---

① 崇祯《开沙志》记载的沙洲还有:姜家洲、焦山洲、工部洲、护沙洲、启新洲、裹沙洲、顺沙洲、补兴洲、南兴洲、中兴洲、小南洲、复原洲,在沙西北与沙接壤。复元洲、复官洲、复盛洲、基沙洲、天复洲、大成洲、复成洲、接界洲、补安洲、南耳洲、复新洲、补顺洲、还原洲、带粮洲、中洲,在沙东南与沙相联,皆系坍而复涨者。

② 《总叙顺江、南新洲形势考》记载:"顺江洲去郡三十里,在大沙东北,昔开沙之曹府、马沙二围,田逾四万余亩尽坍入江,成、弘间涨为芦滩万亩……论地形势柳港黄港大港诸山列屏为南,圌塔五峰锁镇为东,南新、丁课、蓝骆等洲拥蔽于北,皇庄、借乐、基心、宝定、补顺、补新、补兴诸洲间接壤于西,方圆四十余里,江流环抱烟火相联,田地膏腴世业耕读。"(崇祯《开沙志》,第 12~13 页)

③ 〔清〕顾祖禹:《读史方舆纪要》卷二三《南直五》,第 1117~1118 页。

④ 〔清〕顾祖禹:《读史方舆纪要》卷二五《南直七》,第 1256~1257 页。

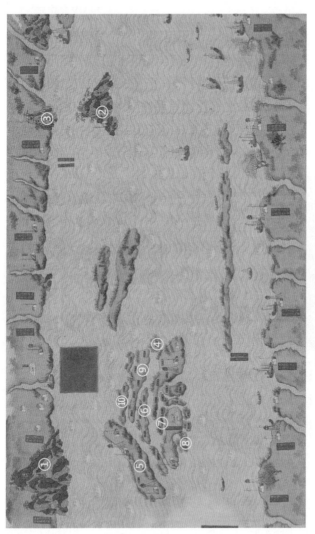

图 4 - 9 《长江地理图》圌山至象山段

注：①圌山 ②焦山 ③象山 ④在兴洲 ⑤南新洲、顺江洲 ⑥裕明洲 ⑦课洲、复课洲 ⑧永宁洲 ⑨大洲头、下大洲、
下小洲、复生洲 ⑩永定洲、朴芜洲。
资料来源：台北"故宫博物院"。

其是以绿营兵为主体的河道防守。关于成图时间,整理者依据图内仪真县未改成仪征县、荻港营、奇兵营、仪真营、永生南营、永生北营,以及"菱石巡司"俱在,推考此图应绘于顺治、康熙两朝交会之时。[①] 笔者认为这一年代考证大致准确,因为图中出现的绿营兵(见图 4 - 10)始建于顺治年间,"顺治元年,清军入关,抚定直隶各地,及入京,将明降官兵编为巡捕二营,旗用绿帜,是为绿营之始"[②]。而判断是否为绿营兵的主要依据是士兵的装束。《大清会典》卷四三载:"国初定八旗之色,以蓝代黑,黄白红蓝各位于所胜之方,惟不备东方甲乙之色。及定鼎后,汉兵令皆用绿旗,是为绿营。"

《长江地理图》年代的下限应不晚于康熙年间,除了仪真尚未改为仪征这一依据外,图中所绘之谈家洲是判断年代的另一依据,文献记载"清初,丹徒城北有谭家洲,郑成功入寇,设防备,敌与瓜洲取犄角势。迨雍正间江流北徙,谭家洲全境陆沉"[③],雍正年间谈家洲已经消亡,因此此图所示应为雍正以前,此外文献中有"康熙年间瓜洲东门外崩坍至息浪庵,势甚危"[④]的记载,而图中瓜洲一带的江岸也未有明显的侵蚀现象。

笔者根据《长江地理图》所绘镇扬河段的沙洲做了整理,复原出镇扬河段沙洲分布示意图,如图 4 - 13b 所示。图中焦山与圌山之间的河段正是淮河入江水道注入长江的区域,《长江地理图》

---

① 台北"故宫博物院"网站,http://theme.npm.edu.tw/exh105/TangPrizeWeek/ch/page-3.html。

② 赖福顺:《清初绿营兵制》,私立中国文化学院史学研究所硕士学位论文,1977 年,第 5~6 页。

③ 民国《瓜洲续志》卷二《山川》,《江苏历代方志全书·小志部·乡镇坊厢》第 17 册,凤凰出版社,2020 年,第 446 页。

④ 民国《瓜洲续志》卷一《疆域》,《江苏历代方志全书·小志部·乡镇坊厢》第 17 册,第 427 页。

图 4-10 《长江地理图》中的谈家洲及绿营兵

资料来源:台北"故宫博物院"。

上在这一区域绘出的沙洲名称自西向东为:孔家洲、大沙头、小沙头、在兴洲、华家□、唐□子港、乐家洲、王家洲、米安洲、大洲头、卞小洲、卞大洲、复生洲、鸡心洲、小南洲、夏家洲、蔡家洲、际洲、安复洲、永定洲、补宪洲、裕明洲、黄泥洲、双岸洲、课洲、复课洲、蓝家洲(汛地)、孤江、下孤江、永宁洲、长宁洲、里脑洲、顺江洲、南新洲。《长江地理图》上共有沙洲名 31 个,分别画在 16 处沙洲上,另有几处沙洲没有标注名称,或标注了名称但不是沙洲名。图上绘出的焦山至圌山之间沙洲总数为 20 个。

三、淮河大规模入江后长江镇扬河段沙洲的变化

《江南水陆营汛全图》(图 4-12)现藏于英国国家图书馆,全图不附图例,比例以缩小全图尺寸,以每方 20 里的计里附于图左下方;方位采北上南下。图中除了形象描绘江南水陆提督所辖各

营外,亦文字注记各处地名及营汛名称,是一幅非常详细的官绘军事图。整理者认为此图绘制时间为道光二十三年(1843 年)前,依据是"是年'添设福山镇总兵官,改福山营为福中营,苏松奇营为福左营,提标杨库水师为福右营'(光绪《常昭合志稿》卷一八《兵制志》;《清史稿》卷一三五《兵志六·水师》),图中所示福山营为改建置前"①。笔者认为,此图反映的长江沙洲与江岸的年代上限不早于乾隆三十年(1765 年),因为图中绘出了瓜洲城外的连城洲,关于连城洲出现的时间,文献中有两种提法:嘉庆《瓜洲志》称:"乾隆三十年以前,未有连城洲"②,民国《江都县续志》称:"乾隆四十四年连城洲成,四十六年保业洲成,见王豫《瓜洲志稿》。"③这里所提到的王豫《瓜洲志稿》是嘉庆年间王豫私人编纂的一部《瓜洲志》手稿,没有刊印,当编修嘉庆《瓜洲志》时,王豫将这部志稿贡献出来作为资料使用④,现在扬州图书馆存此手稿,可惜是残本,恰好缺失关于连城洲的记载,只能笼统地判断连城洲出现在 1765~1779 年之间,这也是《江南水陆营汛全图》中所表现的长江沙洲年代的上限。就其时间下限而言,定于道光二十三年前应基本准确。一方面文献记载"运河旧由瓜洲城北水关穿城达南水关出江,道光二十三年南门塌陷,其近南城垣、民居、河道悉入江,仅余北水关外河道里许"⑤,而图中瓜洲城南门

---

① 数位方舆网站,http://digitalatlas. asdc. sinica. edu. tw/map_detail. jsp? id = A104000049。

② 嘉庆《瓜洲志》卷二《河志》,《江苏历代方志全书·小志部·乡镇坊厢》第 17 册,第 236 页。

③ 民国《江都县续志》卷三《河渠考》,《中国地方志集成·江苏府县志辑》第 67 册,江苏古籍出版社,1991 年,第 382 页。

④ 嘉庆《瓜洲志》卷首《凡例》,《江苏历代方志全书·小志部·乡镇坊厢》第 17 册,第 211 页。

⑤ 光绪《江都县续志》卷一三《河渠考》,《中国地方志集成·江苏府县志辑》第 67 册,第 204 页。

尚在；另一方面瓜洲城外的柳城也见于图中，柳城又称鬼柳城，文献记载："鬼柳城在东门外，制如羊马城，旧御海寇所筑，道光间亦坍于江。"①

　　或许是由于军事部署的需要，淮河入江口一带的沙洲被绘制得非常详细，每处沙洲的大体方位、名称都标示清楚。将《江南水陆营汛全图》的沙洲分布与清康熙以前《长江地理图》相对照，可见其出现了重要的变化。《江南水陆营汛全图》自西向东绘出了沙头、伏生洲、再兴洲、丁家洲、大城洲、卞家洲、南城洲、八洲、南兴洲、顺江洲、开元洲、安阜洲、和连洲、草洲、柳洲、中奠洲、东生洲等沙洲。从时代上来讲，《江南水陆营汛全图》应与乾隆时期的文献和舆图记载有承接关系，笔者在分析、使用传统舆图的过程中发现清乾隆以后，淮河入江口的沙洲群在图上常被笼统称为"大沙"或"洲"，在绘制时被绘为一整块大沙洲。如乾隆四十二年至四十五年（1777～1780 年）《黄、运、湖、河全图》（局部见图 4 - 11）、乾隆《江都县志》中都是这样表示的，道光年间的《江南水陆营汛全图》（图 4 - 12）对淮河入江口沙洲群的描绘是许多小沙洲紧密相连，共同组成一处大沙洲，这说明乾隆时期开始出现的被绘制成一整块沙洲的"大沙"或"洲"其实是一种简化的表示方法，但也证明淮河入江口处的沙洲群并洲趋势明显，这也与文献中"由深港东至三江口，南北芦洲皆渐淤塞，极阔处不过里许，冬日水冰往往不通舟楫矣"②的记载相符。几乎已经并洲的各个小沙洲仍然保持自己原来的名称，这种现象即使在沙洲并洲后的很长时间内都会存在，体现了地名的延续性。

---

① 民国《瓜洲续志》卷一《疆域》，《江苏历代方志全书·小志部·乡镇坊厢》第 17 册，第 426 页。

② 嘉庆《瓜洲志》卷二《河志》，《江苏历代方志全书·小志部·乡镇坊厢》第 17 册，第 236 页。

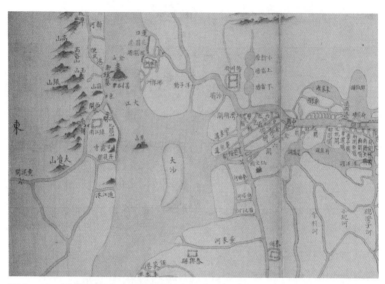

图 4-11 清乾隆四十二年至四十五年淮河入江口外的大沙(方向上东下西)

资料来源:美国国会图书馆、数位方舆网站。

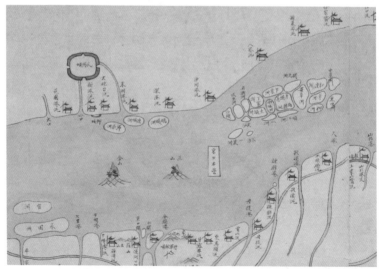

图 4-12 清道光年间《江南水陆营汛全图》(方向上北下南)

资料来源:英国国家图书馆、数位方舆网站。

四、淮河入长江河口沙洲的演变趋势

笔者将万历《扬州府志》、崇祯《开沙志》、《长江地理图》、《江南水陆营汛全图》中出现的沙洲整理为表4-2。通过对不同文献中对沙洲的记载进行相互比对，可对明中后期至清道光年间淮河入江口外沙洲的演变有一直观的认识。

表4-2 明万历至清道光年间淮河入江口外沙洲变迁表

	万历《扬州府志》	崇祯《开沙志》	顺治、康熙《长江地理图》	道光《江南水陆营汛全图》
花园港	√			
新兴洲	√			
汴家洲	√	汴家围	卞小洲、卞大洲	卞家洲
裕民洲	√	预鸣洲	裕明洲	
保固洲	√			
永丰洲	√			
后宁洲	√			
复业洲	√			
永兴洲	√			
小新洲	√			
顺洪（江）洲	√	顺江洲	顺江洲	顺江洲
家家洲	√			
鞋底洲	√			
自升洲	√			
复业砥柱洲	√			
复兴中洲		√		
守业洲		√		

续　表

	万历《扬州府志》	崇祯《开沙志》	顺治、康熙《长江地理图》	道光《江南水陆营汛全图》
颜沙洲		√		
南兴洲		√	南新洲	√
复生洲		√		伏生洲
中横洲		√		
宝定洲		√		
团洲围		√		
基心洲		√	鸡心洲	
小洲围		√		
东生洲		√		
复兴洲		√		
四案洲		√		
黄泥洲		√	√	
启业洲		√		
天理人心洲		√		
柳洲		√		
永定洲		√	√	
中生洲		√		
补惠洲		√		
补新洲		√		
复原洲		√		
补兴洲		√		
再兴洲		√	在兴洲	√
丁家洲		√		√

续　表

	万历 《扬州府志》	崇祯 《开沙志》	顺治、康熙 《长江地理图》	道光《江南水 陆营汛全图》
孔家洲		√	√	
骆家洲		√	乐家洲	
蓝家洲		√	√	
课洲		√	课洲、复课洲	
安复洲		√	√	
大沙头			√	大沙
小沙头			√	小沙
华家□			√	
王家洲			√	
米安洲			√	
大洲头			√	
复生洲			√	
小南洲			√	
夏家洲			√	
蔡家洲			√	
际洲			√	
补宪洲			√	
双岸洲			√	
永宁洲			√	
长宁洲			√	
里脑洲			√	
沙头				√
大城洲				√

续 表

	万历《扬州府志》	崇祯《开沙志》	顺治、康熙《长江地理图》	道光《江南水陆营汛全图》
南城洲				√
八洲				√
开元洲				√
安阜洲				√
和连洲				√
草洲				√
柳洲				√
中奠洲				√
东生洲				√
一菓洲				√

注:"√"表示见于记载,空白表示未见记载。

　　根据历史文献的记载进行综合判断,裕明洲与裕民洲应是同一处沙洲,汴家洲与卞小洲、卞大洲也应为同一沙洲,此外万历《扬州府志》所记之顺洪州疑为顺江洲之误,顺江洲早在明成化、弘治年间即已出现,万历《扬州府志》没有将其忽略的道理,与顺洪洲一样疑似存在文字错讹。还有家家洲和复业砥柱洲,家家洲疑为某家洲之讹,复业砥柱洲之前已有复业洲之名,再次出现显然并不合理,但是这两处沙洲由于资料缺乏,难以具体考证。

　　长江镇扬河段中淮河入江水道外的汴家洲、顺江洲、裕民洲[①]是从明中后期一直延续下来的沙洲,虽然其具体的形态甚至位置有可能发生变化,但其主体一直得以延续(见图 4 - 13a)。南

---

① 《江南水陆营汛全图》未标注裕民洲,但在其后的清末至民初的地图上均有此洲,详见后文。

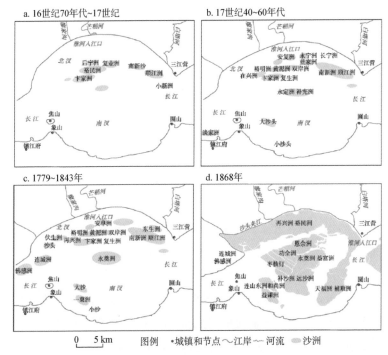

a. 16世纪70年代~17世纪

b. 17世纪40~60年代

c. 1779~1843年

d. 1868年

0　5km　　图例　•城镇和节点　～江岸　～河流　沙洲

图4-13　淮河入江口外沙洲发育及并岸示意图(17世纪70年代~1868)

新沙与顺江洲时代相同,文献记载"顺江洲,周回四十余里,北界南新沙",南新沙在顺江洲以北,《长江地理图》上的南新洲和《江南水陆营汛全图》上的南兴洲也均位于顺江洲以北,与顺江洲接界,因此应为同一沙洲,其名称由沙变洲,反映了沙洲的发育过程。而伏生洲、再兴洲、丁家洲则是明末兴起并延续下来的沙洲(见图4-13b)。也有如鸡心洲、黄泥洲、蓝家洲等明末清初时见于记载,但后不见于记载的沙洲,其原因可能是随着江溜走向的改变而消亡,也可能是与其他沙洲合并而失去了原有的名称。《长江地理图》中整个沙洲群中位于最东部的沙洲为顺江洲、南新洲,而《江南水陆营汛全图》中同样可以找到顺江洲与南兴洲,《江南水陆营汛全图》在顺江洲、南兴洲以东还绘有开元洲、安阜洲、和连洲、草洲、柳洲、中奠洲、东生洲,这些沙洲是清康熙以前《长江地理图》上所没有的,应为康熙以后至道光年间逐渐淤长形成,说明整个沙洲群的规模在扩大(见图 4-13c)。

与《长江地理图》相比,《江南水陆营汛全图》上在瓜洲城之沙河港汛之间的江面上出现了新的沙洲,即佛感洲、连城洲、蚂蚁洲,连城洲出现的年代在前文中已有论述,而佛感洲出现的时代则更早,文献记载:"江洲涨塌不常,《乾隆县志》谓自康熙五十五年瓜洲江流北徙,河督用碎石法镶埽护岸,溜流至岸辄返沿,江渐成新洲,绵亘数十里,土人名其洲曰佛保,此即佛感洲也。新洲惟佛感、草龙二洲最著。"①在《江南水陆营汛全图》上,可见沙洲群的西南方向是一菓洲、小沙以及靠近整个沙洲群的大沙三处沙洲,在《长江地理图》出现的小沙头与大沙头两处沙洲或与其有对应关系。一菓洲在后来的地图上被写为益课洲。前人对镇扬河段沙洲演变的结论为:"十七世纪清初时,瓜洲受冲,主流折向右岸,穿过焦山,使焦山以下的高沙、小沙受到冲刷,这时从黄淮流入长江的水流也慢慢减少,故在左岸江面上形成许多大小不等的沙洲,如永定洲、补课洲、补业洲、连山洲、天成洲、复新洲。至 18世纪初,这些沙洲并连成一个大沙洲,称南新洲,之后又淤长了裕民洲、安军洲、头桥、头圩、新桥等洲,到 18 世纪 50 年代,这些沙洲连接成较大的天星洲、小刀洲。"②前文对镇扬沙洲年代的考证已证明永定洲、裕民洲等沙洲的历史十分悠久,至少在明中后期已经见于文献记载,而不是 17、18 世纪才形成,南新洲在清代初

---

① 光绪《江都县续志》卷一三《河渠考》,《中国地方志集成·江苏府县志辑》第 67 册,第 204 页。

② 中国科学院地理研究所、长江水利水电科学研究院、长江航道局规划设计研究所:《长江中下游河道特性及其演变》,第 79 页。

年顺治康熙年间已经出现在舆图上,也不是 18 世纪初才由许多小沙洲并洲而成,而其前身南新沙与顺江洲一样,均是成化、弘治年间藤料等沙沦没后大沙崩土所涨。[①]

　　综合判断,除顺江洲、汴家洲、裕明洲、南新洲在明中后期已经是镇扬河段中主要的沙洲,并一直延续下来外,明代以来淮河入江口处一直有新的沙洲名称出现,也有旧的沙洲名称消失。不断有新的沙洲名称出现表明沙洲的数量在增多,这应当与淮河入江使江都一带江水流速减缓,泥沙更易于沉积有关,也符合历史文献记载中所体现的趋势。崇祯三年(1630 年)的《开沙志》已有"近日,惊沙甫定,洲渚复涨,已过焦山,而沙尾将抵图□关中心,藤料之旧观指日可见矣"[②]的记载,至清初"康熙以后,大江涨沙积聚淤垫星罗棋布,洲渚纵横,昔属巨浸,今为沃壤"[③]。那么旧的沙洲名称消失意味着什么呢?有可能是因为沙洲本身的消亡,但更有可能是沙洲之间的并洲现象使得许多小沙洲的名称被大沙洲的名称所取代。旧沙洲的消亡与新沙洲的产生以及并洲可以同时进行,但考虑到镇扬河段沙洲整体增加的趋势,消亡的沙洲所占的比例应当十分有限。

　　淮河入江口及入江口外沙洲均属江都县,通过乾隆和嘉庆年间两部《江都县志》对于滨江芦洲面积记载的对比,可以对当时淮河入江口外沙洲的变化情况有一个直观的认识,乾隆八年(1743 年)《江都县志》记载江都县共有滨江芦滩田 338 848 亩[④],嘉庆十

① 崇祯《开沙志》上卷《总叙开沙藤料沙形势考》,第 9 页。

② 崇祯《开沙志》上卷,第 11 页。

③ 民国《瓜洲续志》卷二《山川》,《江苏历代方志全书·小志部·乡镇坊厢》第 17 册,第 449 页。

④ 乾隆《江都县志》卷六《赋役》,《中国地方志集成·江苏府县志辑》第 66 册,江苏古籍出版社,1991 年,第 74 页。

六年(1811 年)《江都县续志》记载江都县滨江芦滩田为 385 883 亩[①],68 年间江都县的芦滩田增加了 47 035 亩,这些新增加的芦滩是江都县沙洲淤长、扩大、并洲的直接证据。此外,根据嘉庆《瓜洲志》中"乾隆三十年以前,未有连城洲,五十年以前未有保业洲,深港江面约计阔三四里,直达焦山尾,兹二洲淤塞,阔仅数十丈,由大沙头绕连城洲尾连于江,由深港东至三江口南北芦洲皆渐淤塞,极阔处不过里许,冬日水冰往往不通舟楫矣"[②]的记载可知嘉庆时连城洲、保业洲并岸的趋势已经非常明显,深港汛外的江面仅有数十丈宽。所谓绕连城洲尾的大沙头即《江南水陆营汛全图》中沙河港汛外的沙头,从深港汛至三江口间的沙洲群有逐渐合并的趋势,以至于极阔处不过里许。

从同治年间的《江苏全省五里方舆图》中淮河入江水道附近对地名的标注可以发现,明中后期以来文献中一直有记载的汴家洲位于沙头夹江以南已经并岸的沙洲上,同样历史悠久的裕民洲已经与汴家洲合并,也属于已经并岸的沙洲。崇祯年间《开沙志》中记载的复兴洲、补兴洲则位于沙头夹江以北的陆地上,显然比汴家洲和裕民洲更早并岸。再兴洲在《江南水陆营汛全图》上还是江中的沙洲,而在《江苏全省五里方舆图》上再兴洲和补新洲位于沙头夹江西侧口门外,也属于并岸不久的沙洲。乾隆三十年后形成的连城洲则位于沙头夹江西侧口门西岸,也属于已经并岸的沙洲,正是由于连城洲的出现与并岸,使得沙头夹江西侧水道入江之路出现一个由西转向东南的拐角处,淮河从此入江变得更加曲折。上述这些沙洲在并岸以后就成为陆地的一部分,其原有的

---

① 嘉庆《江都县续志》卷二《赋役》,《中国地方志集成·江苏府县志辑》第 66 册,第 533 页。

② 嘉庆《瓜洲志》卷二《河志》,《江苏历代方志全书·小志部·乡镇坊厢》第 17 册,第 236 页。

沙洲名称会保留一段时间，但终将消失（见图4-14）。

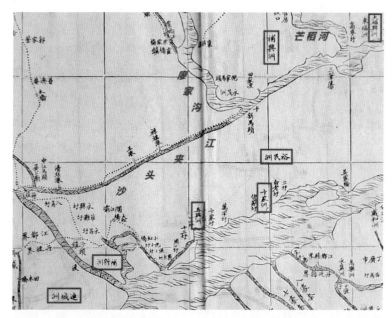

图4-14　同治《江苏全省五里方舆图》中已并岸的沙洲（方向上北下南）

资料来源：《江苏全省五里方舆图》，复旦大学图书馆藏。

第四节　淮河入江与长江镇扬河段演化的动力机制

明末清初时镇扬河段江中的沙洲为什么会在清中后期趋向并岸？淮河入江在这一地貌过程中起到怎样的作用？要回答上述问题，首先需要明晰镇扬河段中沙洲的性质和特点。从镇扬河段的河槽边界条件来看，南岸主要为基岩，而北岸则为冲积平原，节点对镇扬河段河形的发育起着控制作用，陈吉余等使用百年来地图资料研究南京至吴淞间长江河道平面变化的幅度，指出宽河段大于窄河段，弯河段大于直河段。窄河段的摆荡较少，在全部江岸动态中呈现"节"的作用。它不仅控制了江岸的摆荡,同时在一定程度上也控制了沙洲的下移。南京下关、浦口、乌龙山、焦山、都天庙、五峰山、三江营、江阴都是"节"之所在。"节"的形成原因主要有两个因素:一为河槽的边界条件,另一为人为因素。[①]

镇扬河段中南岸西段的金山、象山和东段的圌山构成右岸的节点,而左岸的古瓜洲和三江营两处节点恰好与南岸的节点相对,使镇扬河段形成两端狭窄而中间宽阔的态势。其中古瓜洲是一处人工节点。明嘉靖末年,为抵御倭寇,筑瓜洲城,从此瓜洲成为明清两代的运河要津和江防重地,为对抗江水的侵蚀而修建的人工护岸工程持续一百多年。瓜洲外原有花园港,漕船赖以屯泊。康熙五十四年(1715 年)六月,江流北徙,将花园港地方坍塌一百二丈,以致屯船无所。为了遏制瓜洲一带的坍江,于息浪庵前建筑护城堤埽工长三百一丈,花园港越埽长一百八十丈。[②] 护岸工程最初收到了良好的效果。雍正初,新涨佛感、草龙二洲迤逦至焦北,瓜城获全。[③] 至乾隆后期,瓜洲城的坍江形势再度恶化,乾隆二十九年(1764 年)七月,回澜坝一带江滩坍陷入江九十余丈,距瓜洲城十一二丈及三四丈不等。河臣高晋将新修埽工签桩压实,并筑子堰为靠,及于埽外抛填碎石,以资巩固。[④] 此后每年抛填碎石巩固堤岸,效果颇佳。但是瓜洲仍然断断续续坍入江中,乾隆四十一年(1776 年)六月,西南城墙坍塌四十余丈,只能

---

① 陈吉余、恽才兴:《南京吴淞间长江河槽的演变过程》,《地理学报》1959 年第 3 期。

② 嘉庆《瓜洲志》卷二《河志》,《江苏历代方志全书·小志部·乡镇坊厢》第 17 册,第 239 页。

③ 嘉庆《瓜洲志》卷首《凡例》,《江苏历代方志全书·小志部·乡镇坊厢》第 17 册,第 210 页。

④ 嘉庆《重修扬州府志》卷一二《河渠志四》,第 354 页。

将城垣收进。四十五年西南城圮者又百丈。① 乾隆五十七年
（1792年）五月，瓜洲城外回澜坝迤下江岸裂缝坍塌，浸至城根，
将四十一年收进之土城塌卸十四丈，只能将回澜坝坍卸工尾暨南
门外滩嘴处所用料里护，并将土城让进五六十丈照旧补还城
垣。② 此间江工抛填碎石工程并未停止。③ 嘉庆十年（1805年）八
月，瓜洲城外回澜坝因秋汛江潮旺大，临江埽段蛰坍，填碎石偎
护。道光三年，江水异涨，复将埽坝纤道蛰坍，又镶埽加抛碎石，
并估筑盖坝挑溜。④ 道光十年（1830年）以后，江流北徙，逐年愈
坍愈甚，全城岌岌可危，如聚宝门、南门、西门、便宜门先后皆坍于
江。光绪初，北门城及东水关以江流冲决逐年坍塌不止，无法保
存，于是全城皆沦于江。⑤ 延续百余年的人工护岸工程，将瓜洲
造就为一处坚实的人工节点，直到光绪初年瓜洲全部坍入江中
（见图4-15）。

从理论上讲，"当河道由较窄的断面突变为较宽阔的断面时，
原有水沙流机械能中的动能将显著减小，因此泥沙会相应地落
淤；当河道由宽阔断面突变为较窄的断面时，因窄断面的壅水作
用，会使泥沙在进入窄断面的入口前落淤"⑥。镇扬河段恰好符
合上述两种情况，淮河未入长江前，镇扬河段应属于堆积式江心
洲型河流。根据相关研究，有利于堆积式江心洲型河流形成的条

---

① 民国《瓜洲续志》卷一《疆域》，《江苏历代方志全书·小志部·乡镇坊厢》第17册，
第425页。
② 民国《瓜洲续志》卷三《河志》，《江苏历代方志全书·小志部·乡镇坊厢》第17册，
第464页。
③ 嘉庆《重修扬州府志》卷一二《河渠志四》，第360页。
④ 民国《瓜洲续志》卷三《河志》，《江苏历代方志全书·小志部·乡镇坊厢》第17册，
第465页。
⑤ 民国《瓜洲续志》卷一《疆域》，《江苏历代方志全书·小志部·乡镇坊厢》第17册，
第425~426页。
⑥ 倪晋仁、马蔼乃：《河流动力地貌学》，北京大学出版社，第70页。

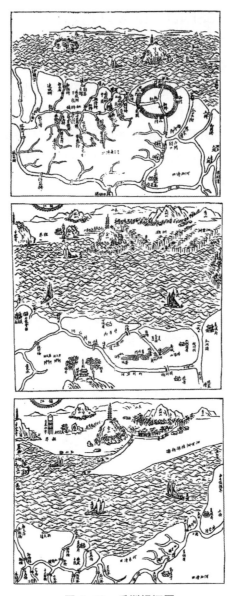

图 4-15　瓜洲坍江图

资料来源：民国《瓜洲续志》卷首《瓜洲全境图》《瓜洲坍余半城图》《瓜洲全坍地图》。

件主要包括:"从整体看来具有产生弯曲型河流的水流条件及边界条件,但从局部看来却存在着与整体(沿程)物质组成略有差异的局部边界条件。这类条件可以由狭窄段到突然放宽段的特殊地形构成,也可以由局部地质构造运动(诸如抬升、沉陷、掀斜等)造成,还可以是因节点控制等造成。"[①]镇扬河段符合上述水流条件及边界条件,因此自明代中期以后就有顺江洲、汴家洲、裕民洲等沙洲在江中发育,就其形态而言乾隆年间舆图中的"大沙"和《江南水陆营汛全图》上的沙洲群就是其体现,长江至此分为两汊。但江心洲河型产生后,维持其稳定发展需要满足一些条件,堆积式江心洲一方面需要较小的含沙量来保证不易使汊道淤堵;另一方面还要求含沙量不能太小,以致不利于江心洲的淤长或使江心洲渐渐被冲掉。[②] 如果这些条件发生变化,那么江心洲河型就不能维持稳定发展,淮河在北汊入江,使水沙条件发生变化,使镇扬河段下端的主流线渐渐向东南移动[③],而北汊西侧口门与长江相互顶托,水流变缓,水沙流机械能中的动能减小,泥沙相应地落淤,导致北汊不断萎缩,沙洲向北并岸。上述过程在图 4-16 中有直观体现,淮河所注入的长江镇扬河段北汊中沙洲密布,最终北汊演变为沙头夹江。文献记载中乾隆八年至嘉庆十六年间江都县增加的 47 035 亩芦滩田就是北汊消亡的一个缩影。北汊的消亡使其东侧口门成为淮河主要的入江通道,逐渐演变为现在的三江营入江水道,长江与淮河的水沙在此交汇,又使沙洲的尾闾不断向东、向南延伸。

淮河入江以后成为长江的支流之一,长江两岸密布着大小不

---

① 倪晋仁、马蔼乃:《河流动力地貌学》,第 302 页。

② 倪晋仁、马蔼乃:《河流动力地貌学》,第 302 页。

③ 邹德森:《黄、淮水对长江下游镇澄河段影响的探讨》,见中国水利学会水利研究会编:《水利史研究会成立大会论文集》,第 155~161 页。

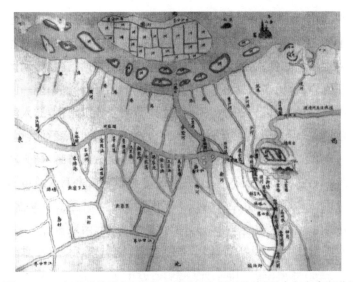

图 4-16 《江都县沟洫圩围图》中的淮河入江口外沙洲(方向上南下北)

资料来源:《江苏省明清以来档案精品选・扬州卷》,江苏人民出版社,
2013年,第19页。

等的支流,各支流的水量及含沙量又各不相同,孙仲明等曾对长
江支流与长江汇合处江心洲的分布做过总结,他指出:"在支流与
长江的汇合处,常分布有大小不等的江心洲,如湖北举水口的'举
洲'(即罗霍洲),浠水口的'五洲'(即戴家洲),秦淮河口的白露
洲,滁河口的世业洲等,在历史时期很早就有分布。有些支流河
口的沙洲在靠岸以后,改变了河口的往置,一般是使支流的出口
段延长,有时在新的河口段又可淤长出新的江心洲,如秦淮河口
的白露洲靠岸以后,在延长的河口处又淤长出梅子洲。"[1]淮河入
长江河口外沙洲的演变与之类似,芒稻河、廖家沟外的大沙并岸
后使河口的位置下移至三江营,因此沙洲的演变与江岸的进退其

---

① 孙仲明、濮静娟:《长江城陵矶——江阴河道历史变迁的特点》,《地理集刊》第13号
地貌,第1~17页。

实是同一个问题的两个方面。沙洲的并岸会使得江岸向河流推进,而江岸被侵蚀后退时被冲刷的泥沙则会在其他地方形成新的沙洲。随着北汊的淤塞,江中沙洲与长江北岸连为一体,江面变窄,黄淮水沙出大沙尾间与长江向会,由于三江营和圌山的节点作用,长江河道在此由宽阔断面突变为较窄的断面时,因窄断面的壅水作用,会使泥沙在进入窄断面的入口前落淤,因此黄淮泥沙与长江泥沙在大沙的尾间处沉积下来,使其不断向南延伸。长江过瓜洲后主流折向右岸,经北固山、焦山主流又挑向左岸,江面形成新洲、恩余洲等沙洲。形成的夹江河道,也称鹅头形汊道。

而在仪征一带,原是东西并列的征课洲和世业洲两个沙洲,由于征课洲东移快,而世业洲比较稳定,二者合并通称北新洲,后称世业洲。并洲的原因是征课洲下移迅速,世业洲的上端受征课洲的隐蔽不受冲刷,而回水造成的落淤使沙洲上端上涨,下游受瓜洲节点与金山节点控制的河道收窄影响,洲尾停止下延,便造成上下游并洲的现象。① 沙洲的扩大与并岸,改变了河槽中的水流动力结构。而水流结构的改变,又影响着沙洲的发育。文献记载"大江中流有世业洲,水分二道,昔时正流在北,渐移而南,世业洲之东为征润洲,昔时正流在南,渐移而北。镇江之金山石排昔在江中,今成陆地。大江南支为鲇鱼套,今亦就淤,渐与陆连,北岸江都县之瓜洲口,即江北运河之口,瓜城久沦于江,今则瓜口迤下之六圩一带,屡坍不已,有沧桑之变"②。崩岸是水流与河岸相互作用的结果,崩岸的发生、发展离不开水流动力这个基本条件,而水流动力尤其与深泓离岸的远近、近岸流速的大小、流量的大小、水流是否直接顶冲等因素密切相关。一般说来,深泓离岸越

---

① 陈吉余、恽才兴:《南京吴淞间长江河槽的演变过程》,《地理学报》1959年第3期。
② 武同举:《江苏水利全书》卷一《江一》,《江苏历代方志全书·小志部·盐漕河坊》第21册,第494页。

近,近岸流速就越大,对河岸的侵蚀破坏作用也越大,发生崩岸的可能性也越大。强烈崩岸段的主流动力轴线都是离岸很近的。因此,深泓逼岸、水流顶冲是发生强烈崩岸的首要原因。①

根据《1868~1971 年镇扬河段的变迁示意图》(图 4 - 17)可见,淮河入江口沙洲的扩大并岸与世业洲的下移、并洲、并岸共同造成长江镇扬河段由江心洲型演变为弯曲型,在这一过程中,瓜洲逐渐成为凹岸的顶点,受到强烈的侵蚀,即便持续一百余年的人工护岸工程也无法阻止瓜洲最终坍江的命运,在瓜洲受到强烈侵蚀的同时,在其下游形成凹岸沙洲,凹岸是受到侵蚀的地带,但当河岸大量崩坍的时候,崩入河中的泥沙加大了水流的负载量,如果负载量超过了挟沙能力时,凹岸也会出现沙洲。② 文献中记载的“翠屏洲,在城东,即佛感、草龙二洲也。先是康熙年间瓜洲东门外崩坍至息浪庵,势甚危……后江中渐有淤积。雍正初成洲”③,就是典型的凹岸沙洲。在瓜洲受到侵蚀的同时,对岸的镇江一直处于淤积的状态,从清代初年的《长江地理图》中就可见到镇江附近有“真人洲、小新洲、大新洲、□元洲、保定洲、□沙洲、阴洲、隐洲”等沙洲,这些沙洲是今天征润洲的前身,它们都是凸岸沙洲。根据陈吉余等研究,在凸岸浅滩迅速发展的时候,岸边浅滩也很快地成长,有时在岸外形成线形沙洲。与边滩平行,中间只有狭窄的汊河把它们分开④,这种情况恰好与镇江附近的情况相类似。⑤

---

① 陈志清、尤联元、李元芳等:《长江城陵矶—河口段的崩岸及其影响因素初步分析》,《地理集刊》第 13 号地貌,第 18—29 页。
② 陈吉余、恽才兴:《南京吴淞间长江河槽的演变过程》,《地理学报》1959 年第 3 期。
③ 民国《瓜洲续志》卷一《疆域》,《江苏历代方志全书·小志部·乡镇坊厢》第 17 册,第 427 页。
④ 陈吉余、恽才兴:《南京吴淞间长江河槽的演变过程》,《地理学报》1959 年第 3 期。
⑤ 文献记载:“其初瓜洲口外有真人洲……大江北徙之局成,洲渐南移,界仪(转下页)

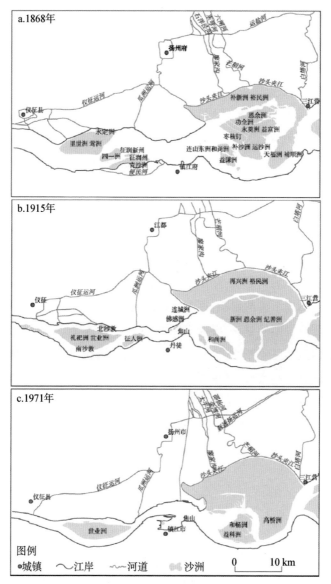

图4-17 1868～1971年镇扬河段的变迁示意图

注:图4-17a底图选自《江苏全省舆图》,图4-17b底图选自1915年1:20万地形图,图4-17c底图选自1971年1:20万地形图。

由于世业洲和淮河入江口外沙洲向左岸并岸后使得瓜洲一带成为凹岸而镇江一带成为凸岸,在离心力的作用下,弯道横向环流发育,含沙量、流速大的表流指向凹岸,使瓜洲发生冲刷,而含沙量大的、流速小的底流则指向凸岸,使镇江发生淤积。曲流形成后,不断发生侧蚀,同时不断向下游迁移,瓜洲原先为凹岸的顶点,随着曲流下移,瓜洲以东开始受到侵蚀,"光绪十五年佛感洲二圩地方坍江百余丈⋯⋯二十八年复坍⋯⋯宣统元年九月,该洲四圩箍江大岸又坍破六十余丈,虹桥堤岸岌岌可危⋯⋯佛感洲南对金山南岸,新沙涨自鲇鱼套至北固山,江潮大溜不归中泓而趋北岸,故自瓜口滨江坍卸外洲地坍没此为最甚⋯⋯又光绪二十七年辛丑夏六月,飓风霪雨为灾,沿江堤岸年久失修,以是东西百余里间坍江坍河层见迭出⋯⋯"[1]真人洲等原先位于镇江以西,由于受凸岸下移的影响,逐渐将镇江港覆盖。

需要说明的是,一般而言河曲中流速和紊流的不对称分布,导致河道曲度不断增大成为曲流河。而在镇扬河段,这只是曲流河形成之后的表现,真正导致河形由江心洲型发育为弯曲型的原因,是仪征的世业洲和江都的淮河入江口沙洲群的不断扩大和并岸,迫使长江主泓出现 S 型的曲流走向。

小结

淮河对长江的影响是随着入江水量的变化而变化的,淮河入

(接上页)征丹徒两县间,一名征润洲,洲与陆接,则开鲇鱼套新河,以便舟泊。"(武同举:《江苏水利全书》,《江苏历代方志全书·小志部·盐漕河坊》第 21 册,第 493页)

[1] 民国《江都县续志》卷三《河渠考》,《中国地方志集成·江苏府县志辑》第 67 册,第380 页。

江前,长江镇扬河段中淤涨江心洲,使河道分为南北两汊。目前淮河入江总水量约占长江大通站流量的 6%,1851 年淮河干流改道前所占比例更小。但是这一比例仅代表淮河与长江多年平均流量之比例,在实际情况中,淮河洪峰未必与长江同期,淮河入江水量与长江流量的比例是处于动态变化之中的。长江的流量和流速都很大,淮河注入长江非但无助于冲刷,反而使长江所携带的泥沙在淮河入江河口外落淤并形成大量沙洲。这些沙洲随着时间的推移不断扩大、并岸,导致北汊逐渐淤塞,江心洲与岸相连。沙洲并岸以后,淮河入江河口向下游延伸。

北汊的消亡和仪征一带世业洲的发展改变了镇扬河段的河槽特征和水流结构,原本较为顺直的分汊型河型向着弯曲型发育,曲流形成后不断侧蚀,同时还不断向下游迁移,促使位于凹岸的瓜洲受到侵蚀,最终崩塌于江中,而位于凸岸的镇江不断淤积。凸岸沙洲的淤涨又进一步把深泓逼向凹岸,加剧了横向环流的发展和江岸的崩坍。除上述因素外,节点的存在也对河道形态演变发挥重要作用,在西侧古瓜洲与金山这对节点之下,河道放宽,使江中容易发育江心洲;在东侧三江营与圌山这对节点控制下,河道束窄,使江心洲保持相对稳定且不会下移;焦山等节点使河道一岸有单边挑流,而另一岸土质又相对疏松,导致形成鹅头形分汊。以上因素,成为 20 世纪 70 年代以前镇扬河段河势剧变的根本原因。

1970 年后陆续兴建的护岸工程使瓜洲至沙头河口间的六圩弯道逐渐稳定,但征润洲的下延并未停止,由此带来的河势变化使和畅洲岔道成为近 50 年来镇扬河段中变化最为剧烈的河段,出现了主支汊易位。未来镇扬河段的整治工作需利用河道演变规律,因势利导,调整和控制河势,加固全河段稳定河势的护岸工程。对和畅洲岔道的整治需要保证六圩弯道水流顶冲点的稳定,抑制征润洲的下延,从而确保和畅洲南北岔道的分流比保持稳定。

第五章

废黄河三角洲平原北部湖泊分布与水系格局的演变过程

　　废黄河三角洲是在淮河与黄河的建设作用主导下，受气候、水流量、沉积负载、河口作用过程、波浪、潮汐、水流等不同外力影响，在苏北沿海形成的沉积体。本书研究的对象主要是陆上三角洲平原，即河道经常改道或迁移的顶点到海岸之间所沉积的三角形平坦地区，具有泛滥平原、天然堤、决口扇、沼泽和洼地等河流地貌类型。其范围包括从河流分岔位置至海平面以上的广大河口区，是与河流有关的沉积体系在海滨区的延伸。淮河在中国古代四渎中，源流较短，泥沙含量不高，且沿途沉积，所以海岸推展较慢。苏北平原在 2000 年前的海岸，还在板浦、响水口、云梯关一线以内。那时淮河从云梯关入海，河床辽阔，潮水影响可到盱眙附近。[①] 1128 年黄河南流入淮，但仍保持南北分流。在此后的三百余年时间里，黄河南流主要是以分流的形式由汴、涡、颍、泗等河入淮，所携带的泥沙一部分堆积在淮北平原上，入海泥沙量不多。由于黄河的介入，原本苏北淮河三角洲随之演变为黄河-淮河三角洲。1495 年，黄河北流完全断绝，全河南流夺淮入海，大量泥沙沉积在河口，沿岸移流又将黄河所带的泥沙运积到三角洲的两侧，海岸因此迅速扩展，此时黄河水沙在黄河-淮河三角洲

---

① 陈吉余：《沂沭河》，第 12 页。

的发育中占绝对的主导作用。由于习惯上把 1855 年以前流经今淮安、涟水、阜宁的黄河故道称为废黄河,因此也将 1128～1855年间黄河、淮河在苏北形成的三角洲称为废黄河三角洲。废黄河三角洲平原在形成过程中,逐渐演化出显著的南北差异。北部主要受黄河洪水影响,南部主要受淮河洪水影响。本章主要分析受黄河决口与分洪影响显著的废黄河三角洲平原北部区域。废黄河三角洲平原南部湖泊分布与水系格局的演变过程,已在本书第三章中讨论。

第一节　废黄河三角洲平原的内部差异

一、废黄河三角洲的范围

废黄河三角洲的范围是指黄河、淮河河流作用所能直接影响的区域。关于废黄河三角洲的范围,历来众说纷纭。叶青超根据三角洲的地貌结构和沉积物认为"三角洲顶点始于淮安市的杨庄,北达临洪口,南至斗龙港口"。其依据如下:"(1)杨庄是明代以前泗水和淮水的交汇处,杨庄至云梯关为淮河的古三角洲。(2)淮阴的王营减水坝是清康熙靳辅创建的减水坝,为当时黄河分泄洪水的重要水利工程,分泄的洪水经盐河北流于灌云入海;张鹏翮又开鲍营河,承王营减水坝直射之黄水,由硕项湖出北潮河归海。(3)在黄河夺淮之前,云台山至海州间原系一片汪洋,云台山、东陬山和西陬山均为海中的岛屿。16 世纪以后由于黄河经多次人工改道五港口和灌河口入海,以及历次黄河决口漫溢和河口泥沙北流而淤成平地。据有关资料,至 1711 年以后相继淤成陆地。(4)明崇祯黄河河决苏家集,清康熙时河决童营,河水均灌兴盐等处,即黄水可波及兴化和盐城等地。(5)明清时期洪泽湖和黄水相通,在河口排泄不畅时,则通过高家堰和南运河分泄黄水进入射阳湖区,然后又通过射阳河、黄沙港和新洋港等河入海。(6)12 世纪以前,海岸相对稳定,但自黄河夺淮后,尤其 16 世纪后黄河大量泥沙注入黄海,三角洲海岸迅速向海淤涨。据记载,唐、宋时盐城距海不到 1 公里,而到 15 世纪大海东移 15 公里,17 世纪初大海在城东 25 公里,19 世纪中叶海岸已距盐城东50 公里了。"①以上六点为废黄河陆上三角洲平原的范围提供了充分依据,整个三角洲平原的面积为 12 760 平方千米。② 本章论述的空间范围,亦限于三角洲平原的范围之内。

二、废黄河三角洲平原的南北差异

废黄河三角洲扇面由西南倾向东北,三角洲平原的顶点杨庄海拔 11.8 米,向海逐渐降低,至大淤尖只有 1.3 米,平均坡降约0.6‰。③ 整个三角洲平原以黄河故道"地上河"为脊轴,可分为南北两部分。通过现代地貌类型图可以观察到,废黄河三角洲平原南北部的地貌类型存在很大差异,废黄河三角洲平原北部废黄河与新沂河之间的大片区域,被以淮阴、涟水、滨海为顶点的决口扇覆盖,决口扇之外是少量残存的河湖洼地,再向外是河海堆积平原、海岸堆积平原。废黄河三角洲南部的决口扇分布范围明显小于北部,决口扇之外,通榆运河以西的里下河平原上广泛分布着泛滥平原与河湖洼地。通榆运河向东依次是河海堆积平原、海岸堆积平原和海滩地。造成废黄河三角洲平原南北地貌类型差异的原因是黄河、淮河的河流作用对废黄河三角洲平原的影响存

---

① 叶青超:《试论苏北废黄河三角洲的发育》,《地理学报》1986 年第 2 期。
② 叶青超、陆中臣、杨毅芬等:《黄河下游河流地貌》,科学出版社,1990 年,第 161 页。
③ 高善明、李元芳、安凤桐等:《黄河三角洲形成和沉积环境》,科学出版社,1989 年,第 204 页。

在明显的南北差异。历史文献记载和地貌调查证据均显示废黄河频繁地向三角洲平原北部决口泛滥，而较少向南岸决口。废黄河杨庄至云梯关的临背高差最小 4.3 米，最大 8.2 米（见表 5-1），北岸一般比南岸小，也是北岸堤防经常决口的直接证据。[①] 明清黄河故道决口频繁，在废黄河尾闾两侧百余次的决口遗留下众多的辐射状分布的决口河道，并形成叠置的决口扇群，呈带状分布在淮阴、涟水、滨海等地，"决口扇上端地势较高，相对高出前缘 5～10 米不等，扇面中部一般有泛道贯通，决口扇下端地势平坦，在横向上扇与扇之间往往彼此相连或叠加，组成微倾斜的广阔的联合决口扇平原"[②]。

表 5-1　废黄河尾闾的临背差（单位：米）

位置	杨庄	清江	涟水	童营	辛庄	云梯关	果林	七套	八套	大淤尖
北岸		4.3	5.4	6.0	6.5	4.9	2.2	3.9	1.1	
南岸	6.5	5.7	8.2	6.3	7.6	7.0	4.2	4.8	3.7	1.2

资料来源：叶青超：《试论苏北废黄河三角洲的发育》，《地理学报》1986 年第 2 期。

关于废黄河三角洲平原上北岸的决口远比南岸频繁的原因，张忍顺等认为是"淮南盐业远比淮北发达，在不得已的情况下，宁愿黄河北堤决口，来保护淮南盐业少受损失，导致黄河三角洲北翼所承受的直接来自黄河的冲积物要比南翼大得多"[③]。笔者将清咸丰八年（1858 年）"戊午实测"中测得的黄河下游河道的数据（见表 5-2）进行对比，发现在从杨庄至河口共 20 组测量数据中，有 12 处测量地点黄河南堤（右堤）高于北堤（左堤），废黄河三角

① 叶青超、陆中臣、杨毅芬等：《黄河下游河流地貌》，第 162 页。
② 高善明、李元芳、安凤桐等：《黄河三角洲形成和沉积环境》，第 205 页。
③ 张忍顺、沈永明：《苏北废黄河三角洲地名群体的形成》，载孙进己主编：《东北亚研究——东北亚历史地理研究》，中州古籍出版社，1994 年，第 206 页。

洲上黄河南堤的平均高度为 12.21 米,北堤的平均高度为 12.08
米,南堤平均高于北堤 0.13 米。这份测量数据是从三角洲的顶
点杨庄一直延伸至废黄河河口,测量时间距离黄河改道离开废黄
河故道仅三年,当时的废黄河三角洲面积远比现在广阔,其中大
淤尖以下的测量点现在早已没入海中,废黄河河口地带是广袤的
滩涂,人类活动较少。这组数据的大通口位于今云梯关遗址以东
约 8 千米的位置,杨庄至大通口之间的区域才是人类活动频繁和
密集的地域,杨庄至大通口间 13 个测量点中,南堤高于北堤的测
量点为 9 处,南堤平均高 15.33 米,北堤平均高 15.12 米,南堤平
均高于北堤 0.21 米。由于河堤的高度完全是人力干预的结果,
因此根据这组测量数据可以认为在人力修建的黄河大堤上确实
存在重南轻北的现象,导致同等条件下黄河向北岸决口的概率高
于南岸。

表 5-2 1858 年实测废黄河下游高程表(单位:米)

地名	河底高	右(南)堤高	左(北)堤高	右地面高	左地面高
杨庄	10.10	18.55	18.99	10.78	14.78
西坝	10.06	19.07	18.74	14.92	13.66
草湾	9.53	18.04	17.51	9.56	11.32
洪家荡	8.59	16.86	16.51	9.63	9.95
头堡	8.06	16.72	16.87	7.93	8.82
涟水县	8.16	16.66	16.15	6.89	8.84
九堡	5.10	15.49	14.40	5.69	7.74
吉家滩	7.30	14.97	14.22	7.26	5.80
陈马头	6.11	14.08	13.88	5.31	6.03
宋马头	6.55	13.37	13.55	4.88	4.56

地名	河底高	右(南)堤高	左(北)堤高	右地面高	左地面高
费家窑	6.05	13.57	12.42	4.11	4.48
甸湖集	3.82	11.61	13.05	3.90	5.31
大通口	4.16	10.31	10.21	6.57	6.99
四套	2.87	8.94	9.55	4.97	5.83
八套	2.70	8.78	9.71	4.06	6.12
十套	2.57	8.10	7.18	4.33	5.41
孟工	0.30	6.51	5.97	2.60	3.71
大淤尖	− 0.31	5.83	5.35	2.79	2.81
四泓子	− 0.63	3.79	3.99	3.47	2.88
六泓子	− 0.88	2.88	3.32	1.84	2.95

资料来源:武同举:《两轩剩语》,1927年,第26～28页。

第二节　沂沭河下游湖泊的演变

废黄河三角洲平原北部,即沂沭河下游。现代沂沭河流域包括沂河、沭河及中运河水系(见图5－1)。历史时期沂沭河均为淮河支流,1495年后由于废黄河河床的淤垫抬升,沂沭河汇泗入淮之路受阻,导致沂、沭河经常在废黄河北岸漫流。从历史文献的记载来看,废黄河三角洲平原上的洼地在明清时期多是季节性的湖荡,也有部分是终年积水的湖泊,陈吉余认为这类湖荡的形成与海滨沉积有关:"淮河以南范公堤的内部湖荡相连,而范公堤外的地面往往较高。淮河以北沂、沭河下游的滨海地带也见高爽,内地反多洼地。推究原因,就是波浪对海岸冲击作用中所带物质往往可堆积到高潮面的高度,而内部土地因有海堤的阻挡,未能堆积到高潮面的高度,反而低下。"①黄、淮、沂、沭诸河的尾闾在废黄河三角洲平原上摆动导致整个河道系统发生变化。虽然 1855 年后黄河不再夺淮入海,但是废黄河三角洲平原上原有的水系全被破坏,水旱灾害异常严重,因此 1949 年后在此地开展了大规模的水利建设。今日的废黄河成为沂沭泗水系与淮河水系的分水岭,只有中运河及淮沭河将两水系连通。虽然现在废黄河三角洲平原上已经没有天然的湖泊存在,但历史文献和古地图上的记载却明确显示在海州、沭阳与安东之间的区域曾经有硕项、桑墟、青伊三处大湖。关于三湖及周边水系的演变已经有不少研究成果发表,但是其中存在着许多相互矛盾的观点。对硕项、桑墟、青伊等湖及

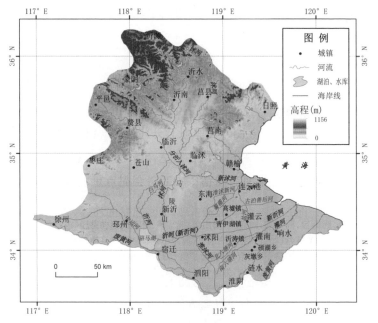

图 5-1 沂沭河流域示意图

资料来源:1:400 万国家基础地理信息数据。

———————————
① 陈吉余:《沂沭河》,第 15 页。

与之连通的河道系统的演变过程的复原,是认识整个废黄河三角
洲平原地貌过程的核心内容,也是本章希望解决的主要问题。

一、早期文献中记载的沂沭河下游湖群

黄河夺淮以前,江苏沿海主要受长江、淮河以及泗、沂、沭等
河的影响。长江口北岸的沙咀、淮河口两岸的沙咀以及滨岸沙
堤,构成了从长江口延伸到鲁东南山地海岸的一系列堆积沙体,
形成了堡岛(barrier island)。在古淮河口南北古堡岛的内侧,是
一些受堡岛封闭而形成的潟湖。[1] 今灌南县的硕湖乡、涟水县的
红灯(即灰墩)乡、沭阳县的沂涛乡等地,在距地表1～4米左右以
下为连续分布的潟湖沼泽相青灰色或黑灰色粉沙淤泥质黏土、淤
泥和粉沙层。其下伏沉积层中普遍含有海相生物化石。在上部
湖沼相黏土或淤泥层与下部的含海相生物化石的沉积层之间,局
部有厚0.3～1米的泥炭层。涟水陈家沟(灰墩西北)附近地表以
下的泥炭样品[14]C测年,显示为距今3585±85年。[2] 这一区域正
是唐代《元和郡县图志》中所记载的硕濩湖所在位置。硕濩湖在
文献记载中也被称为硕项湖、大湖、涟湖。《元和郡县图志》对其
的描述为:硕濩湖位于沭阳县东八十里,与朐山县(今连云港)、涟
水县三分湖为界。[3] 这是历史文献中对硕项湖具体位置最早的
记载。《永乐大典》中则记载硕项湖在沭阳县东九十里,与桑墟湖
相接,东西阔四十里,南北长八十里,与安东、海州各分湖三分之
一为界。说明宋元时期硕项湖的主体延续了唐末的面貌。同时,
其周围还存在桑墟湖、傅湖、丁湖等较小的湖泊。[4]

---

[1] 张忍顺:《苏北黄河三角洲及滨海平原的成陆过程》,《地理学报》1984年第2期。
[2] 黄志强等:《江苏北部沂沭河流域湖泊演变的研究》,第70～71页。
[3] 〔唐〕李吉甫:《元和郡县图志》卷一一《河南道七》,第303页。
[4] 马蓉、陈抗、钟文等辑:《永乐大典方志辑佚》,中华书局,2004年,第479页。

硕项湖作为古潟湖的遗存,其存在的时间远远超过有文字记载的历史,但唐代以前的传世文献中却难觅对硕项湖情况的记载。仅《太平寰宇记》卷二二记述硕项湖时引《神异传》称:

> 秦始皇时,童谣云:"城门有血,城将陷没。"一老母闻之忧惧,每旦往窥城门。门传兵缚之,母言其故。门传兵乃杀犬以血涂门上。母往,见血便走。须臾,大水至,郡县皆陷。①

《神异传》被认为是东汉至魏晋时期的一部志怪类小说,而这条记载的准确性显然大有问题。《神异传》佚文还见于《水经注》卷二九《沔水》。其文曰:

> 《神异传》曰:由卷县,秦时长水县也。始皇时,县有童谣曰:城门当有血,城陷为湖。有老姬闻之忧惧,旦往窥城门,门侍欲缚之,姬言其故。姬去后,门侍杀犬以血涂门,姬又往,见血,走去不敢顾。忽有大长水欲没县。②

这条佚文与《太平寰宇记》所引几乎一致,只是事发地点不同的。有学者考证引文中的故事最早见于西汉刘安《淮南子》卷二《俶真训》,其情节与《神异传》的记载大致相同,不过地点不是由卷而是历阳。此后,干宝《搜神记》卷一三所载称由卷为由拳,县城陷为湖事与《水经注》中所引文句大致相同,唐《独异志》亦见类似记载。③ 地陷

---

① 〔宋〕乐史:《太平寰宇记》卷二二《海州》,中华书局,2007 年,第 459 页。
② 《水经注校证》卷二九《沔水》,中华书局,2013 年,第 658 页。
③ 李剑国辑释:《唐前志怪小说辑释》,上海古籍出版社,2011 年,第 167～169 页;魏世民:《〈列异传〉〈笑林〉〈神异传〉成书年代考》,《明清小说研究》2005 年第 1 期。

成湖一事被记载发生于多个地点，而《太平寰宇记》所引又是时间上最晚出的一种，对此有人认为是由于乐史引志怪杂书往往只求其大意，且援入新说，故疑所引非《神异传》原文。① 至于另一个事发地由拳县的来历与位置，谭其骧曾在《关于长水县建县年代和陆贽的籍贯问题》一文中对其进行过考证，节引其文如下：

> 改长水县名为由拳，六朝唐宋记载无年份，作始皇三十七年始于《方舆纪要》引旧志，嫌晚，但今番查到《太平寰宇记·嘉兴县》下"始皇碑"一条，提到始皇东游过长水，见人乘舟，水中交易，怕应了土人的"水市出天子"之谣，遂改县曰由拳。据《史记·始皇本纪》，始皇东游吴越正在三十七年，则三十七年之说可用……长水县治故址，宋以前记载皆作在嘉兴县南。明屠隆作青浦知县时，始在青浦泖湖中"隐隐见城郭状"的遗址，遂定为长水由拳故治（沈嘉则《由拳集叙》），此后青浦松江人遂沿用其说。然此说殊不可信，故《方舆纪要》，清一统志等皆不用。盖泖湖在嘉兴西北，与宋以前记载作在嘉兴县南不合；且未闻泖湖中遗址有长水由拳遗物发现，焉能定此遗址为长水故城？今嘉兴城西南至硖石（海宁市）的长水塘，可能即左之长水。《方舆纪要》长水塘条下就说"县旧名长水以此"。②

由此可知，长水县或由拳县与硕项湖所在地相去甚远，《太平寰宇记》中的这条《神异传》引文既无可查考，也与其他更早期的

① 李剑国辑释：《唐前志怪小说辑释》，第 167 页。
② 谭其骧：《关于长水县建县年代和陆贽的籍贯问题》，《上海修志向导》1989 年第 6 期。

著作中的佚文相互矛盾,在地点或内容上均存在附会的嫌疑,无法作为信史看待,因此由其引发的"硕项湖是秦始皇时因地陷而形成的,属于陷落型湖泊"一说,及其他与之类似的观点也就不足为信。

《太平寰宇记》还记载:"高齐天统中,此湖(硕项湖)遂竭。西南隅有小城,余址犹存。绕城古井有数十处。又有铜铁瓦器,如廛肆之所。乃知县没非虚。"[①]北齐天统年间是公元 565～569 年,部分研究者将此视为一次湖泊干涸的记载。如果某些年份降雨偏少导致上游来水不足,是有可能出现湖泊干涸的事件,这种现象在现代的鄱阳湖、洞庭湖也时有发生。但是文献中并没有明确记载湖泊干涸持续的时间,如果湖泊发生较长时间的干涸,在湖区的沉积物中似应存在耕土层或文化层。据邱淑彰等调查,在今灌南县的硕湖乡、涟水县的灰墩乡、沭阳县的沂涛乡等地,在距地表 1～4 米以下为连续分布的潟湖沼泽相青灰色粉沙淤泥质黏土、淤泥和粉砂层。其下伏沉积层中普遍含有孔虫化石。[②]既然湖区沉积物是连续分布的潟湖沼泽相青灰色粉沙淤泥质黏土、淤泥和粉砂层,并没有发现沉积间断,湖泊曾经干涸的记载就同样无法得到验证。

对桑墟湖的具体记载最早见于元代,《齐乘》记载当时沭水南流至沭阳县时注入桑堰湖[③],桑堰湖即桑墟湖。从历史文献的记载来看,桑墟湖的出现与泗水河床被黄河夺占并淤高导致沭水入黄受阻有关。在这一过程中,沭河在沭阳县境内形成分流河道。成书于 1519 年的正德《淮安府志》中记载的沭河在沭阳县附近的

① 〔宋〕乐史:《太平寰宇记》卷二二《海州》,第 459 页。
② 邱淑彰、张树夫:《江苏省泥炭资源》,《南京师大学报(自然科学版)》1987 年增刊(转引自黄志强《江苏北部沂沭河流域湖泊演变的研究》,第 70 页)。
③ 〔元〕于钦:《齐乘校释》卷二《沭水》,中华书局,2012 年,第 129 页。

分流河道共有五条:"一自严家埠经县一百二十里,东流入大湖,县治在北,故以名县,此沭水之正流也。一自高塘沟分流入桑墟湖;一自新店分流,东北入大湖;一自张家沟分流入涟水;一自张家沟分流至下埠桥入大湖。"①分流河道形成初期,没有稳定的河床,处于漫流状态,有的分流注入硕项湖,也有漫流的水体潴积于地势低洼的桑墟湖之中,使桑墟湖成为沭河入海途中的一处季节性洪水滞积带。正德《淮安府志》还提供了桑墟湖与硕项湖相对位置的记载,称硕项湖西通沭阳桑墟湖②,为复原桑墟湖的演变过程提供了重要依据。综合 16 世纪前的历史文献记载,可知硕项湖自唐末至明初长期稳定在今沭阳、连云港与涟水三地交界的位置,元代桑墟湖出现于硕项湖以西的沭阳县境内,二湖相互连通,并有水道与南方的淮河相连。

　　根据历史文献中对硕项湖与桑墟湖景观的描述可知二者是不同性质的湖泊,硕项湖由古潟湖演变而来,湖盆稳定,终年不涸。明代文献《复初集》中的记录显示湖中渔业资源十分丰富,写于万历八年(1580 年)的一篇游记中描述硕项湖的景观为"跨州邑三方,环围百余里,产诸嘉鱼,饶利无穷……形胜汪溢浩荡,吞吐日月,隐映天壤",当时硕项湖湖口距新安镇五里,湖口渔商烟灶稠密,号称东鱼昌,寓意鱼产而昌炽。向西五十里又有西鱼昌,两地之间又有高家沟,均是渔商聚集之地,三方成一都会③,可见渔业之兴旺。而桑墟湖则是一片湿地沼泽景观,隆庆《海州志》记载:"桑墟湖,去(海)州治西南九十里。昔因银山坝废,通海。夏

---

① 正德《淮安府志》卷三《山川》,方志出版社,2009 年,第 28~29 页。
② 马蓉、陈抗、钟文等辑:《永乐大典方志辑佚》,第 479 页。
③ 〔明〕方承训:《复初集》卷二五《游涟湖记》,《明别集丛刊·第 3 辑》第 32 册,第 394 页。

则潴水,冬为陆地。"①隆庆五年(1571年),海州知州郑复亨上任途中,由陆路进入海州西境,所见景观为:"榛莽极目,茅茨无烟,即民所止,聚而名为镇者,亦仅仅数家耳。前涉沮沼之途数十里,渺若湖陂,询之则皆可菽可粟之区,洼下而为水所浸淫者也。"②可见桑墟湖在夏季沭水盛发之时积水成湖,冬季进入枯水期后湖水随之消退,是一片湿地沼泽,也说明桑墟湖的大小、形态是由上游沭河来水多少决定的,没有稳定的湖岸线。

二、16世纪以来沂沭河下游湖群的演变过程与特点

中国最早的实测全国地图康熙《皇舆全览图》中保留了关于淮河下游湖群分布的珍贵资料,为湖泊形态的复原提供了重要依据。从图中所绘洪泽湖口处康熙三十八年(1699年)下旨修建的御坝和康熙五十年(1711年)并岸之前的海州(今连云港)云台山可知,该图所反映的沂沭河下游水系的时间断面为1699~1710年间。使用地图数字化方法借助ArcGIS软件计算可获得图中硕项湖面积为276.09平方千米。

根据《复初集》中的记载,明万历年间硕项湖就已受到黄河洪水的侵袭,而且万历二十三年(1595年)总河杨一魁推行分黄导淮,在桃源开黄坝新河分泄黄河经灌河口入海,致使安东之湖淤成沃壤。③因此《皇舆全览图》上硕项湖的形态,应比明万历以前出现了较大的变化。康熙十三年(1674年)编纂的《沭阳县志》中

① 隆庆《海州志》卷二《山川》,《江苏历代方志全书·直隶州(厅)部》第14册,凤凰出版社,2018年,第241~242页。

② 隆庆《海州志》卷末《刻海州志跋语》,《江苏历代方志全书·直隶州(厅)部》第15册,凤凰出版社,2018年,第119页。

③ 〔清〕顾炎武:《天下郡国利病书·徐淮备录》,《顾炎武全集》,上海古籍出版社,2012年,第1141页。

记载硕项湖时称其"通商贾,连高家沟,新安异民专其渔利"①。渔业之利已为新安镇,即《复初集》记载的东鱼昌所专有,说明曾位于硕项湖西岸的西鱼昌和南岸高家沟不再是繁盛的渔港,印证了硕项湖西、南方向受泥沙淤积的记载。

根据康熙年间《续修海州志》中的记载,硕项湖水域已变为"安东、沭阳共得三分之一,海州得三分之二"②,与16世纪以前文献中记载的沭阳、安东(今涟水)、海州(今连云港)三地各占三分之一湖面的记载明显不同,证明了硕项湖在沭阳、安东方向出现了萎缩。如果根据《皇舆全览图》上提供的湖泊面积,结合康熙《续修海州志》中三州县所占湖面比例折算,当时海州所辖的湖面为184平方千米,安东、沭阳两县所拥有的面积为92平方千米。海州辖湖面据黄河较远,受到黄河水沙侵袭程度最轻,因此湖面较为稳定。以海州所辖湖面的面积,结合16世纪以前文献中对硕项湖由沿岸州县三等分的记载,可以推知唐末至明万历前,硕项湖的面积约为552平方千米。这就可以得出结论,从1495年黄河全河入淮至清康熙末年约210年的时间里,硕项湖的面积减少了约50%。雍正年间六塘河水系的开凿使硕项湖位于南北六塘河之间,地表径流受南、北六塘约束而不再注入硕项湖,硕项湖残存湖面迅速消亡,但部分低洼区域在汛期仍有积水。民国《重修沭阳县志》记载硕项湖:

> 屡受黄淤竟成沃壤,只兴隆镇西北一隅与韩山镇东南一隅,伏秋山湖交涨,东西三四十里,南北二三十里,

① 康熙《重修沭阳县志》卷一《山川》,《江苏历代方志全书·直隶州(厅)部》第20册,凤凰出版社,2018年,第534页。
② 嘉庆《海州直隶州志》卷一二引陈宣《海州志》,南京大学出版社,1993年,第583页。

一片汪洋。冬春则耕凿无虞,两税常供。[1]

硕项湖的演变表现为湖盆自西、南两个方向逐渐淤浅,湖面缩小的特点,而桑墟湖的演变则表现为湖泊由硕项湖以西逐渐向硕项湖以北移动。正德《淮安府志》记载桑墟湖地处硕项湖以西的沭阳县境内。而明末地理总志《读史方舆纪要》中出现了"桑墟湖,在硕项湖西北,入海州境内"[2]的记载。桑墟湖的位移在清嘉庆《海州直隶州志》的记载中得到部分证实,该志记载:"旧志有桑墟湖,无青伊湖,盖由桑墟灌浸而成,势更大于桑墟"[3],由此可知青伊湖也是由桑墟湖湖水移注而成,是桑墟湖的最后归宿。根据由早到晚三种不同文献对桑墟湖位置的记载和《皇舆全览图》上青伊湖所在位置的记载,可以复原出桑墟湖的演变过程:桑墟湖在明正德以前位于硕项湖以西沭阳县境内,至明末清初移动至硕项湖西北进入海州境内。18世纪初,桑墟湖水漫流形成青伊湖。

康熙《皇舆全览图》是目前所见最早记载青伊湖的史料,其位置是在硕项湖的北偏西方向(见图5-2a),图上面积约148.74平方千米。嘉庆《海州直隶州志》称:"沭河由桑墟湖流注此湖,夏日山水暴涨,为西南诸乡之害。近湖口淤塞,水无所泄,为害更甚"[4],可见青伊湖从清代初年形成以来迅速成为一处庞大的水体,并且给周边地区造成很大的防洪压力。古青伊湖的位置就在今青伊湖洼地之中,主要依靠大气降水和地表径流补给,其不同

---

[1] 民国《重修沭阳县志》卷二《河渠志》,《江苏历代方志全书·直隶州(厅)部》第22册,凤凰出版社,2018年,第76页。

[2] "硕项湖,(沭阳)县东八十里。亦曰太湖,与安东县接境,东南各有小河下达于淮。又桑墟湖,在硕项湖西北,入海州境内。"《读史方舆纪要》卷二二《南直四》,第1089页)

[3] 嘉庆《海州直隶州志》卷一二《山川二》,第584页。

[4] 嘉庆《海州直隶州志》卷一二《山川二》,第584页。

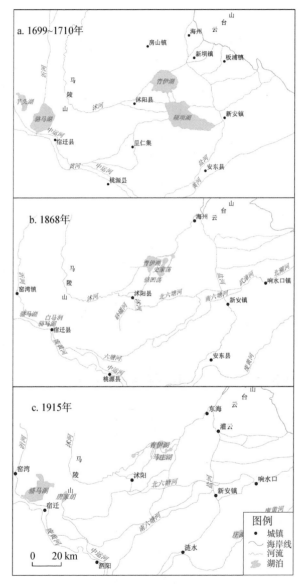

图 5-2　沂沭河下游湖泊分布与水系格局的演变趋势

注：图 5-2a 底图选自康熙《皇舆全览图》，图 5-2b 底图选自同治《江苏全省五里方舆图》，图 5-2c 底图选自民国四年 1：20 万地形图。

时期的面积和范围也有变化。1868 年《江苏全省五里方舆图》上的青伊湖洼地内共有四处湖荡,其中青伊湖 53.64 平方千米,史家荡 36.27 平方千米,骆凹荡 1.79 平方千米,无名湖荡 7.07 平方千米(见图 5 - 2b)。如果有大的洪水来临,这些分离的水体仍然能够连成一片,组成大的湖面。在桑墟湖、硕项湖消失以后,青伊湖即成为沭河下游主要的滞洪区,每逢夏秋之交,遍地汪洋,连年水患。民国初年,青伊湖洼地内主要分为北部的青伊湖(25.92 平方千米)和南部的马庄湖(16.25 平方千米),两湖之间还存在 5.74 平方千米的湿地,是旧青伊湖解体后的残迹(见图 5 - 2c)。

1949 年后在"导沭整沂"的水利建设工程中从山东境内另开新沭河,使沂、沭洪水一部分从山东境内分流经赣榆入海,又疏浚蔷薇河,进入青伊湖洼地的地表径流大为减少,据 1954 年美国陆军制图局编制之 1∶25 万中国地形图第 NI - 50 - 8 号可见青伊湖洼地内南北湖盆尚存,积水已经排干并退化为湿地沼泽,图上标为"swamp"(沼泽)可证之。

三、黄河下游筑堤对沂沭河下游水系的影响

沂沭河下游水系的变迁与黄河下游筑堤带来的影响直接相关,"筑堤束水,以水攻沙",作为明清两代治河的不移方针,确实起过保障河堤的作用。然而客观上又使黄河长期不旁泄,泥沙在河道迅速淤积,形成地上河,一旦决口,危害更大。随着大堤向下游延伸,决口地点随之向下游移动。地貌调查资料显示,废黄河北部的大片区域被以淮阴、涟水、滨海为顶点的决口扇覆盖,而废黄河南部的决口扇分布范围明显小于北部(见图 5 - 3)。历史文献记载也证明废黄河频繁地向三角洲平原北部决口泛滥,而较少向南岸决口。

对于废黄河北岸的决口远比南岸频繁的原因,张忍顺等推测

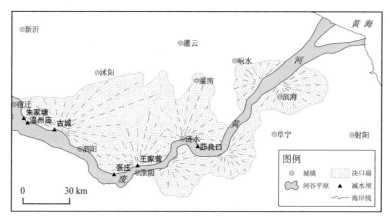

图 5-3　黄河南岸与北岸决口扇影响范围

资料来源:据武同举:《淮系年表全编》及水利部淮河水利委员会,中国科学院南京地理与湖泊研究所编:《淮河流域地图集》改绘。

是"淮南盐业远比淮北发达,在不得已的情况下,宁愿黄河北堤决口,来保护淮南盐业少受损失,导致黄河三角洲北翼所承受的直接来自黄河的冲积物要比南翼大得多"①。从文献记载来看,淮南的盐业生产的确比淮北兴盛。明代两淮盐场的通州分司、泰州分司、淮安分司共辖三十场,其中泰州分司与淮安分司地处黄淮下游的苏北沿海,是有可能受到黄淮洪水波及的区域,两分司所辖二十场的额盐数共计 500 372 引,其中地处淮北的菀渎、板浦、临洪、徐渎、兴庄五场额盐数为 176 150 引②,占泰州、淮安两分司总额盐数的 35.2%,如果将通州分司的额盐数计算在内,则淮北盐场的额盐数仅占两淮盐场总额盐数的 25%。黄河一旦决口,洪水将通过漫溢的方式覆盖淮南或淮北的大片区域,其影响范围

---

① 张忍顺、沈永明:《苏北废黄河三角洲地名群体的形成》,载孙进已主编:《东北亚研究——东北亚历史地理研究》,第 206 页。

② 万历《扬州府志》卷一一《盐法志上》,《江苏历代方志全书·扬州府部》第 1 册,第 464 页。

和程度均难以预料。在历朝政府的财政收入中,盐课都占有举足轻重的地位,如果洪水冲击盐场,必将破坏盐场的生产条件,降低生产水平。在这种情况下,由于淮北盐场数量少且岁盐份额低,因此黄河向淮北决口对盐业生产造成的损失显然低于向淮南决口。

笔者将清咸丰八年(1858 年)"戊午实测"中测得的黄河下游河道的数据(见表 5-2)进行对比,发现在从杨庄至河口共 20 组测量数据中,有 12 处测量地点黄河南堤(右堤)高于北堤(左堤)。废黄河三角洲上黄河南堤平均高于北堤 0.13 米。其中杨庄至大通口(古云梯关以东 8 千米)间 13 个测量点中,南堤平均高于北堤 0.21 米,导致同等条件下黄河向北岸决口的概率高于南岸。

黄河大堤的南高北低使黄河频繁向北岸决口,黄河在宿迁至泗阳之间决口时可以从西部侵袭桑墟湖所在区域;黄淮合流之后在淮安、涟水等处向北决口又可以从南部侵袭桑墟湖与硕项湖。黄淮决口淹没沭阳一带在明末清初频繁见于记载,如:

> 崇祯七年,河决,沭阳被水。顺治十五年,沭阳大水。十八年,淮、沭并涨。康熙二年,沭阳河四决……平地水深丈余。四年,沭阳大水,鼹鼠害稼。五年,沭阳大水,淮、沭交涨。六年春,沭阳大旱,蝗。夏,大水……[①]

黄河决口扇不断从西部和南部深入桑墟湖,微地貌的改变使桑墟湖水体不断向东北推移。当桑墟湖的水体移动至硕项湖西北方向后,基本摆脱了黄河决口扇的影响,但沭河下游却因为黄河汇泗夺淮而失去了畅行入海的水道,时常泛滥,沭河的决溢又

---

① 嘉庆《海州直隶州志》卷三一《祥异》,第 1202、1204 页。

将桑墟湖水体继续向东挤压，最终在 18 世纪初移动至青伊湖所在的位置。1580 年后，黄河决口扇也开始影响硕项湖的西南方向，《复初集》卷一四记载了黄河泛滥的洪水扫荡了硕项湖及邻近区域，使庐舍和田地成为一片汪洋，必须借助船只才能通行，与硕项湖相连通的水道也因为泥沙的侵袭而淤浅，从涟城至鱼昌口的河道曾因洪水冲击淤积三十余里，以至舟不可涉。[①]

　　黄河给硕项湖带来的影响一方面使湖底逐渐抬升，另一方面也使得湖泊日益萎缩。黄河在泗阳及涟水的决口扇逐渐覆盖了硕项湖所在的大部分区域，以涟水为顶点向北呈放射状延伸的决口扇是历史上五十余次决口、漫流、堆积叠加而成的，扇长 41 千米，扇面坡降 1‰，黄河沉积物厚度可达 3～5 米。[②]台北"故宫博物院"保存的《桃北厅属萧庄黄河漫口与旧道入海里数并五州县被灾轻重情形图》真实描绘了道光二十二年黄河在桃源黄河北堤决口的情形，由于黄河河床高仰，洪水漫过杨工大堤后势若建瓴，在大堤上撕开宽达一百九十余丈的缺口[③]，直冲六塘河，使总六塘河淤平八九里，桃源、清河、安东、沭阳、海州五州县大片区域被淹没，洪水漫流的范围覆盖了南北六塘河水系，穿过盐河经灌河口、埒子口入海（见图 5-4）。类似的决口事件在明清时期频繁发生，推动沂沭河下游水环境的沧桑巨变。

　　黄河决口的冲击还导致沭河水系下游河道日益紊乱，水患频发。黄河在黄家口、七里沟、卢家渡等处频繁决口，导致清河、桃源（今泗阳）一带的河流与硕项等湖泊淤塞渐高，沭水无法向东入

① 〔明〕方承训：《复初集》卷一四《河淤商民交病》，《明别集丛刊·第 3 辑》第 32 册，第 319 页。
② 高善明、李元芳、安凤桐等：《黄河三角洲形成和沉积环境》，第 205 页。
③ 中国水利水电科学研究院水利史研究室编校：《再续行水金鉴·黄河卷》第 2 册《黄河》三十，湖北人民出版社，2004 年，第 883 页。

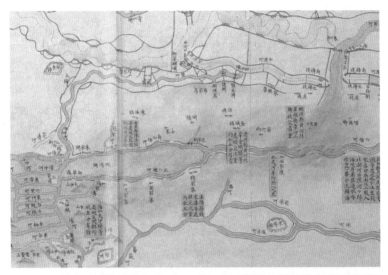

图 5-4　桃北厅属萧庄黄河漫口与旧道入海里数并五州县被灾轻重情形图（方向上南下北）

资料来源：台北"故宫博物院"藏宫中档奏折附件 118522。

海反而西流，使沭阳河防一无所恃。① 沭水盛发、湖水漫溢横溃，对沭阳和海州造成的威胁在乾隆以后更加严重。黄、淮、沂、沭泛滥所带来的巨量泥沙加速了桑墟、硕项二湖的消亡，最终桑墟湖在明清之交首先消亡，硕项湖也在六塘河开凿后逐渐消失。青伊湖在这个过程中逐渐壮大，成为沭河下游唯一的滞洪区，沭河在此停积后经蔷薇河、涟河入海。青伊湖得以存在的原因除了地势低洼利于潴水外，最重要的是其位于黄河三角洲平原以外、沭河冲积平原以东的河海堆积平原之上，基本不受黄河、沭河决口作用的影响。

────────

① 康熙《重修沭阳县志》卷一《河防总论》，《江苏历代方志全书·直隶州（厅）部》第 20 册，第 559～561 页。

四、人工分洪对沂沭河下游水系的影响

黄河下游筑堤以后,泥沙在河道中迅速淤积,形成地上河。为了冲刷黄河下游河道,淮河水被潴积于洪泽湖内,通过清口与黄河交汇,进行所谓"蓄清刷黄"。但淮河水势小而黄河水势大时,淮河非但不能冲刷黄河,反而要被黄河倒灌洪泽湖,有淹没泗州明祖陵的隐患。为此,当黄强淮弱时,分泄黄河洪水是唯一的办法。明万历二十三年(1595年),杨一魁分黄导淮,自桃源(今泗阳)开300里黄坝新河,从灌河口入海(见图5-5)。沂、沭、泗下游水系遭到严重破坏,沭水入淮被阻断,只能经海州临洪口入海。

在分黄导淮工程中,郎中樊兆程除疏浚黄河北岸百一十里,沿安东小河直达五港口外还疏通盐航河,外筑堤以障黄水,致使"堤之内外皆成腴田,安东之湖淤成沃壤"[1]。虽然黄坝新河开通不久即被黄河泥沙淤废,但黄强淮弱的情况仍时有发生。天启六年(1626年),淮涸黄涨,黄高于淮数尺,倒侵逆淮三十余里,只能再次"开桃源黄家嘴新河一道,分黄导淮而入安东潮河下海,忧低处逼近易决,又开草湾河口,分泄于颜家河"[2]。清康熙年间曾经对黄、淮、运进行过大力的整治,靳辅于1677~1688年任河道总督,是当时主要的负责人和执行者,他主张"以堤御河,以闸坝保堤",即通过河堤约束黄河,并在河堤上修建减水坝,使黄河洪水可以经减水坝排出,并在地势低洼处沉积下来,形成可以开垦的农田,从而避免大堤的溃决,增加耕地数量,即所谓"耕种之区,资减水而得灌溉,洼下之地,借减黄而得以淤高,久之而硗瘠沮洳,

---

[1] 〔清〕顾炎武:《天下郡国利病书》不分卷《徐淮备录》,第1141页。
[2] 〔清〕顾炎武:《天下郡国利病书》不分卷《徐淮备录》,第1147页。

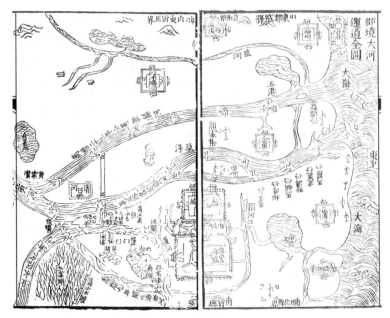

图 5-5 分黄导淮中的黄坝新河

资料来源:天启《淮安府志》卷首《郡境大河运道全图》。

且悉变而为沃壤"[1],这是靳辅治河思想中的重要一环,但其实质还是分洪保堤。

沂水原为泗水支流,由于黄河长期夺泗,沂水入黄受阻,在宿迁马陵山西侧的洼地渐潴滞成骆马湖和黄墩湖。为排泄骆马湖洪水以保漕运,康熙十九年(1680 年)在骆马湖东岸建减水坝 6座,减泄骆马湖洪水经硕项湖入海,使硕项湖成为骆马湖洪水的滞洪区。此外,靳辅在修筑清河县至云梯关黄河两岸缕堤时创建了王家营及茆良口减水坝(见图 5-3),两坝之中尤其以王家营

---

① 〔清〕靳辅:《治河方略》卷二《治纪中》,中国水利史典编委会编:《中国水利史典·黄河卷》第 2 册,第 466 页。

减水坝对硕项湖的危害最大。王家营建于康熙四十年(1701年),延续至道光年间,黄河暴涨时引导黄河洪水经硕项湖再由南、北潮河入海。靳辅的继任者张鹏翮还开挖了鲍营河使王营减水坝与硕项湖相联通,以确保王营减坝直射之黄水能够直达硕项湖出北潮河归海[①],这种以湖为壑的做法使硕项湖自南向北迅速淤浅。

康熙年间硕项湖的淤高和围湖造田使其调蓄洪水的能力大为削弱。雍正九年(1731年)为分泄骆马湖洪水而开凿了六塘河,自宿迁永济桥东行,经桃源、清河、安东境内至沭阳钱家集分支:南六塘河由高家沟东入场河,出五丈河归海;北六塘河会汤家沟丁家沟亦东入场河,出龙沟河归海。[②] 六塘河水系的开凿,加速了硕项湖的消亡,并使沂水与沭水下游交织在一起,导致"昔之湖荡年渐淤垫,波澜失其游衍"[③],给沿岸地区的防洪带来很大压力,并激化了安东、沭阳两县的矛盾,由此导致的地域冲突常见于地方志记载。

嘉庆年间,随着清口的淤高,黄河频繁倒灌入洪泽湖,湖水涓滴不能出,蓄清刷黄方略已基本不能实现。失去淮河的冲刷,黄河下游只能频繁开启减水坝分洪,王营减坝在分洪时经常掣动黄河大溜经王营减坝入六塘河入海,嘉庆年间还出现了自王家营使黄河改道之议。嘉庆十一年(1806年)六月,戴均元等上书说:"查全黄正河,自王家营起,由云梯关直至海口,计四百九十八里。自王家营减坝起,由六塘河,出开山海口,计三百七十里,比较正

---

① 武同举:《淮系年表全编》淮系历史分图三十九,1929 年铅印本。

② 嘉庆《海州直隶州志》卷一二《山川二》,第 578 页。

③ 民国《重修沭阳县志》卷一《舆地志下》,《江苏历代方志全书·直隶州(厅)部》第 22 册,第 55 页。

河近百余里。六塘河地势本低,是以减坝口门掣溜甚急。"①认为使黄河借此改道乃是全河的一大转机,但终因难以施工而作罢。

至同治年间"骆马湖湖身近年淤垫大半,已半成平陆,惟大汛时方始全湖灌注"②,六塘河排泄洪水的作用下降,但由于长期作为"洪水走廊",至20世纪50年代初,六塘河水系内洼荡低岗,起伏不一,河床纵面也高低不一,致使水流不畅、积水难消。北六塘河堤岸高仰,支流无法注入,而盐河以东滨海地区,因海潮夹泥淤积,地势反略形高仰。灌河河口也常患沙淤,各河受海潮顶托,常有倒灌现象。③

图5-6 青伊湖镇及青伊湖洼地景观(摄于2018年7月)

① 〔清〕黎世序等纂修:《续行水金鉴》卷三四《河水》,中国水利史典编委会编:《中国水利史典(二期工程)·行水金鉴卷》第3册,中国水利水电出版社,2020年,第478页。
② 同治《江苏全省五里方舆图》五排十二号。
③ 李旭旦:《新沂河完成后六塘河流域的农田水利问题》,《地理学报》1952年第3~4期。

桑墟湖、硕项湖淤垫解体后,青伊湖即成为沭河下游唯一的过境湖和溢洪区。夏秋之际,雨泽下注,河水暴涨,大量洪水滔滔而来,造成湖水漫溢横溃,故青伊湖为海州诸乡之患。清朝中期,涟河、蔷薇河淤塞,水无所泄,为害更甚。由于青伊湖地势低洼,直至 1949 年前,仍是沭河洪水所汇之地,每逢夏秋之交,遍地汪洋,连年水患,是著名的"鱼虾半年粮"的洪涝灾区。1949 年后在"导沭整沂"的水利建设工程中从山东境内另开新沭河,使沂、沭洪水一部分从山东境内分流经赣榆入海,又疏浚蔷薇河,同时又在沭阳境内开挖许多配套沟渠,才使这一带的湖洼面貌彻底改变。其中"导沭经沙入海"工程计划是"在临沭县大官庄拦沭河建人民胜利堰,由人民胜利堰向东开挖一条长 14.2 公里的引河,凿开马陵山,分沭河洪水穿过马陵山东流入沙河;引河以下,拓宽沙河旧道,采用挖土结合筑堤方式,按两岸堤距 800~1 000 米筑堤,经东海、赣榆县境在临洪口入海。新沭河全长 80公里,设计标准为每秒 3 800 立方米。1949 年 4 月导沭经沙入海工程正式开工,至 1952 年 12 月底,先后施工 8 次,基本挖成了河道;1953 年,新沂河下游划归江苏省管理后,又开展了两期工程,工程于当年年底竣工"[①]。新沭河使沭河从赣榆以南入海,不再南下沭阳一带,青伊湖不再是沭河下游的过境湖,逐渐排干,成为农田。

第三节　沂沭河尾闾的演变

沂河原本是注入骆马湖的,在雍正年间才借人工疏导的水利工程流经废黄河三角洲北部入海,而沭河则不同。沭河是硕项、

---

① 赵筱侠:《苏北地区重大水利建设研究(1949~1966)》,第 188 页。

桑墟、青伊诸湖的水源,沭河尾闾在废黄河以北的摆动直接影响废黄河三角洲北部的水系变迁。废黄河以北三角洲平原上的水系变迁是黄、淮、沂、沭共同塑造的结果。废黄河以南,范公堤、串场河以东滨海平原上的淮河入海水道原本是潟湖与海洋连接的口门,后经人工疏浚、改造,发育为今日的射阳河、新洋港、斗龙港等河流(详见本书第三章)。

一、沭河尾闾的变迁

沭河发源于山东南部的山地之中,向南流入江苏境内后又折向东,经废黄河三角洲平原入海。正德《淮安府志》中记载的沭河沭阳县附近的分流河道共有五条:

> 一自严家埠经县一百二十里,东流入大湖,县治在北,故以名县,此沭水之正流也。一自高塘沟分流入桑墟湖;一自新店分流,东北入大湖;一自张家沟分流入涟水;一自张家沟分流至下埠桥入大湖。此沭水之分流也。正流近因沙塞,春夏泛溢,秋冬涸干。每岁冬,常于张家沟筑堤障水,东流入县前河,以便舟楫。[①]

这段文献记载说明沭河是当时的硕项湖(即大湖)和桑墟湖的主要水源,并且沭河来水季节变化很大,春夏泛溢,秋冬涸干。至明末,沭河尾闾的演变可从嘉庆《海州直隶州志》引嘉靖四十三年(1564 年)张峰重修《海州志》中的记载中得到体现:

> 后沭河,自张家沟分流而北,至王家庄镇二里许,为

---

① 正德《淮安府志》卷三《山川》,第 28~29 页。

陈村河。又北，为札下河。又东，为汉坊河。又东北，入
于海。为邑之主河。前沭河，即马坊河。自张家沟分流
东下，由城南折入东南，会老鹳汀大湖。冬春则涸，常于
张家沟筑堰，使支流不入后河，则舟楫可通，官民便之。
此二河为沭水经流。新挑河，自太平桥分流庙头镇，经
仪凤荡通汉坊河，下桑墟湖入海。蔡家庄河，自汉坊河
分流，经桑墟湖通海州。此二河分沭水之上流。上寺镇
河，自沭河分流而东，通下埠桥，入大湖。冬春则涸。十
宇河、蒲沟河，二河俱自南河分流，东入大湖，今塞。此
三河分沭河之下流。①

　　从上述记载中可知明末沭河仍然注入硕项湖与桑墟湖，青伊
湖尚未出现。对于这一文献的源流，需要做简要辨析，以便明确
相关记载所代表的具体时代。嘉庆《海州直隶州志》所引《张志》
史料许多不见于现在流传的隆庆《海州志》。现在已知的明代《海
州志》有两部，一为现已亡佚的天启《海州志》，另一部为 1962 年
上海古籍书店据宁波天一阁藏明隆庆刻本影印的《海州志》。隆
庆《海州志》的情况前文已有交代②，但是现在流传的这部隆庆六
年（1572 年）的刻本与嘉庆《海州直隶州志》编纂时所引用的又
不相同，根据嘉庆志主要编者唐仲冕自述，《张志》的来源是廪
缮生解围琪受他的感召所贡献的其珍藏多年的明代张峰州志

---

① 嘉庆《海州直隶州志》卷一二《山川二》，第 627～628 页。
② "《海州志》明嘉靖元年，知州怀安廖世昭初修。嘉靖四十三年，州同惠安张峰重
　修，赣榆人光禄寺卿裴天佑增订。隆庆六年，知州仁和郑复亨校刊。凡十卷……
　八卷以上多仍张氏旧本，因事著论，切中窾要。而人物门别张筠于外传，颇具史
　裁。至恩典、词翰，则裴氏所附益也。"（嘉庆《海州直隶州志》卷三二《叙述一》，第
　1251 页）

"原本"①。因此嘉庆《海州直隶州志》引用的是嘉靖四十三年
(1564 年)张峰所修《海州志》。至于 1564 年《海州志》与 1572 年
《海州志》的差别,由于张峰的"原本"无从查考已不得而知,只能
推断张峰"原本"所收录的资料截至嘉靖四十三年,还应保存有嘉
靖元年(1522 年)知州怀安廖世昭初修时的大量材料。而隆庆六
年刻本《海州志》在编纂时应当更新了部分资料,导致《张志》中的
一些记载不见于今本隆庆《海州志》。

民国《重修沭阳县志》综合前志的资料对沭河下游水系有更
为具体的描述:

> 沭自龙泉沟折而东入县境,历苗塞、刘集、颜集、新
> 店仓新挑河分一支(分水沙河),东北趋又经王二庄至邑
> 城西张家沟分为前后两河,以上为总沭河。

> 后沭河自张家沟分流而北,经陈邨北下折而东,历
> 汉坊东流至大房庄折而东趋华冲东,又东北行,由湖东
> 口入高墟河以达蔷薇河,为邑之主河,嗣因高墟、蔷薇淤
> 垫湖东口不能畅出,由大房庄改道北趋华冲集西折而
> 西,又折而北,历经堂分,由东西马家口以入青伊,今亦
> 不能畅出,所当急谋宣泄者矣。

> 分水沙河自新挑河(张志自太平桥分流,今无考)分
> 流,东北趋,经庙头仪凤荡贤官亭折而西北,经马浪湖大

---

① "余以嘉庆七年,自平江权知州事,因阅《刘志》(指天启间刘梦松重修的《海州
志》,已佚)零编错简,读不终篇。志作于裁海之前,往往侈谈云台灵异,以图复山,
而不知其词之诞也。然原本《张志》,续有论列,虽残缺失次,抑亦乾坤复正乎……
州人士曰:公尝谓州志当修,而今百废具举,而志乘阔绝,其能缓乎? 余乃遍搜旧
闻,博采舆论。而解生围琪出所藏《张志》原本,辞尚体要,足为绘素。"(嘉庆《海州
直隶州志》卷三二《叙述二》,第 1270 页)

河湾入桑墟镇，至干岔河由海州许家洪入青伊湖，分一
支由舒家窑经海州寨河庄下达青伊湖。

前沭河自张家沟东趋（即马坊河），由城南折而东南
历柳树头折而南，至十字桥折而东，大涧河自南来会（一
名闸口），东趋至老堆头经下寺镇与大涧河会，一支折而
北，名张开河，下通官田河；一支东北趋，历章集仲湾折
而东，至汤家涧又东穿港河，名柴米河，达汤家沟会北六
塘以出龙沟，冬春水涸，于张家沟北分水龙王庙下建筑
草坝，使沭流不入后河，则舟楫可通，汛水稍大，坝即溃
决，枯水位时筑坝仍虞不济，洪水位时坝决亦拍岸盈堤，
城关有累卵之危。①

上述记载中沭河所注入的湖泊已不见桑墟湖与硕项湖，而代
之以青伊湖。历史时期的桑墟湖、硕项湖、青伊湖等湖泊都是洼
地，由于黄淮泥沙的侵袭，沭河（也包括沂河）的下游河道受泥沙
淤积的影响，容易发生泛溢，因此漫流的河水就停积在洼地之中，
形成湖泊，经湖泊调蓄后继续向东入海。如前所述，桑墟湖消亡
以后，沭河就有大部分注入青伊湖。嘉庆《海州直隶州志》：

沭水自州西北来，行数百里绕出西南入沭阳境为总
沭河，分为分水沙河，北合青伊湖。其经流至沭阳城西
分为二，出城南者为前沭河。出城北者为后沭河。前沭
东北流宿迁之凌沟口，沙礓河注之，径韩山东。后沭径
其西合于州境之湖东口入涟河归海。与郦注所称两渎

<hr>

① 民国《重修沭阳县志》卷一《舆地志下》，《江苏历代方志全书·直隶州（厅）部》第22
册，第56页。

及至胸入游,千有余年犹如故也。惟涟河旋疏旋淤,夏
秋雨涨,两沭与青伊泛滥,大为州境西南之患。①

    雍正、乾隆时期赵开裕《续钞志海州稿》中记载了青伊湖的一
条出口是陈家墩河,该河在州治西南六十里,上通青伊湖,东由下
坊入涟河。② 陈吉余研究指出:"以青伊湖为归依者叫后沭河。
因为流河水势较猛,容易成灾,就在后沭河西又开挑分水沙河,同
入青伊湖。嗣后又挑西万公河分泄分水沙河之水,也入青伊湖。
由青伊湖流出之水分为两路,东面称前蔷薇河,西面称后蔷薇河,
前后两河又会合成蔷薇河,经洪门闸出临洪口入海。以硕项湖为
归依的叫前沭河。前沭河下游柴米河和北六塘河相连,北六塘河
在夏天盛涨的时候,有时不但不能容纳沭河来水,反而倒漾柴米
河,造成沭河泛滥。"③
    沭水在桑墟湖、青伊湖一带的洼地停积之后,流速变缓,泥沙
沉淀,导致下游的蔷薇河时常淤塞,沭水无法畅行入海,造成严重
水患。蔷薇河曾经是十分通利的入海水道,正德《淮安府志》称其
"潮汐往来,巨舰时行"④。至康熙年间陈宣《海州志》也称此河
"向时转漕及淮北盐课,皆由此河抵安东。食货流通,公私便之。
且系水道气脉,又为地形险堑。自嘉靖中挑浚,寻淤浅。……改
为玉带河,呈请挑浚,然未几复淤矣"。康熙《淮安府志》载:"康熙
中,州牧赵之鼎浚治,河复通。"嘉庆《海州直隶州志》称:"河自青
伊湖发源行百余里至临洪口入海。其水由沭河及分水沙河,受山
东蒙沂诸山水,波势溛沆最易淤淀泛滥,州西南与沭阳北境皆为

---

① 嘉庆《海州直隶州志》卷一二《山川二》,第204页。
② 嘉庆《海州直隶州志》卷一二《山川二》,第564页。
③ 陈吉余:《沂沭河》,第24~29页。
④ 正德《淮安府志》卷三《山川》,第33页。

泽国,蔷薇河通则水有所归,必无此患。"①历史文献中还可以见到许多呼吁疏浚蔷薇河的记载。据陈吉余统计自明初迄清末的五百年中,蔷薇河疏浚达十四次之多。

图5-7　清嘉庆时期沂、沭河尾闾示意图(方向上南下北)

资料来源:嘉庆《海州直隶州志》卷首《海州合属全图》。

涟河是沭河入海的重要尾闾,其原本是桑墟、硕项湖水入海的下游河道,正德《淮安府志》记载称涟河上源引沂沭及桑墟湖之水,经石湫及黑土湾入海。②并记载涟河分为中涟河、东涟河、西涟河:"中涟在(安东)治北三里,河阔八十余丈,北通官河,南通市河。下流三里入东涟,阔三十余丈。上流三十里为西涟,阔如东涟。源自西北大湖来,东南入淮。"③涟河是串联沭河下游水系,

① 嘉庆《海州直隶州志》卷一二《山川二》,第557~558页。
② 正德《淮安府志》卷三《山川》,第33页。
③ 正德《淮安府志》卷三《山川》,第25页。

沟通硕项湖、盐河与黄海最重要的水道之一。

《读史方舆纪要》记载:"涟水,自沭水分流,南入(沭阳)县境。在沭阳者,曰南涟水。入安东者,曰北涟水。"①在六塘河开挖以后,涟河还要分泄六塘河的来水,两江总督萨载《请浚海州涟河奏略》称:"涟河一道,上接凌沟、陆家口,承受六塘河来源,下至新坝,由恬风渡归海。"②

二、沂河尾闾的变迁

沂水原本入骆马湖汇入废黄河,并不流经沭阳一带,雍正年间为了排泄骆马湖的沂水和废黄河的洪水,人工开挖了六塘河。赵开裕《续钞海州志稿》记载:

> 雍正八年,总河题请开浚河湖。九年,发帑兴工。起宿迁,历桃源、清河、安东、沭阳,由海州大湖、龙沟河出惠泽河入海。又分支流,由盂家渡,出五丈河,东流入海。③

沂水借六塘河进与沭水下游交织在一起,给当地带来更大的防洪压力,民国《重修沭阳县志》称:"川之在沭境者,维沭与沂。然沂本随泗同会于淮,自河徙夺淮,沂不南注,北侵沭域,川脉乱矣。菑害滋深,昔之湖荡年渐淤垫,波澜失其游衍。保运分黄时虞未善堤闸之工,繁兴力谋启闭,卒不免东溃西决。……黄北走而河防撤,海运开而漕政废。沭为沂占。"④由于硕项湖洼地的淤

---

① 〔清〕顾炎武:《肇域志》不分卷《南直隶》,上海古籍出版社,2012 年,第 92 页。
② 嘉庆《海州直隶州志》卷一二《山川二》,第 562 页。
③ 嘉庆《海州直隶州志》卷一二《山川二》,第 578 页。
④ 民国《重修沭阳县志》卷一《舆地志下》,《江苏历代方志全书·直隶州(厅)部》第 22 册,第 55 页。

高和围湖造田，其调蓄洪水的能力日益减弱，因此又在六塘河的下面挑成南北两河，并在两河的河沿筑起屯堤，在北的就称北六塘河，在南的就称南六塘河，在上游的就叫总六塘河。北六塘河向东与盐河相会，经义泽河注入灌河入海。南六塘河向东也注入盐河，经武障河也汇注灌河入海。嘉庆《海州直隶州志》载：

> 北六塘河会汤家沟、丁家沟，亦东入场河，出龙沟河归海。当两六塘河之中，有硕项湖。康熙间，靳文襄公筑有屯堤，而六塘河未分支以上皆有子堰。其后，惟南股筑堰，北股至乾隆初州牧卫哲治请亦筑堰，专设六塘同知董其事。自二十二年以后，水有统束，民乐安堵。①

为了帮助六塘河排出洪水，在 17 世纪末又利用砂礓河分泄总六塘河的来水注入前沭河，经涟河入海，这样就加重了沭河的灾害。18 世纪中叶，因为前沭河下游的柴米河所汇的叮当河淤塞，又将柴米河改由周家口注入北六塘河，以致沂沭两河在下游连成一片。② 六塘河的开凿加剧了沭阳与安东在防洪上的矛盾，安东人徐振鹏称："六塘河南堤，承屡次加修，究嫌卑薄，以致道光元年、二十二年至二十六年，咸丰元年至五年，水皆漫溢，安东屡被其灾。"③

六塘河水系的开凿给沿岸地区的防洪带来很大压力，并激化了安东、沭阳两县的矛盾，由此导致的地域冲突常见于地方志中。嘉庆《海州直隶州志》载：

---

① 嘉庆《海州直隶州志》卷一二《山川二》，第 578～579 页。
② 陈吉余：《沂沭河》，第 29—30 页。
③ 光绪《淮安府志》卷七《河防三》，第 221 页。

（乾隆）十一年沭阳典史沈应蛟承筑官庄子堰缺口。
是年,安东县民王琚等请开港河,以杀六塘河之水,而沭
阳士民周谥等呈称港河一开,利于宿、桃、清、安,大不利
于沭。经邑令魏延会申请,以业准部复,何能停止? 惟
议以挑河之土即筑河岸,可资抵御。如开河而不筑堤,
则六塘河、沭河子堰均为虚设矣。士民华吕怀等复以节
帑止疏为请。十二年春,制府批饬妥议。然港河浚筑,
册卷均无明文,而六塘、沭河子堰之工兴焉。[①]

沂河下游的特点是河道极度紊乱。沂河干流由总六塘河分
为南北六塘河,再由武障河和义泽河汇注潮河,经陈家港和燕尾
港入海。潮河即灌河,入海口即称灌河口。[②] 在废黄河的三角洲
北部,河流沿着极其和缓的天然坡度流入灌河,灌河即潮河,为沂
水入海尾闾,西起龙沟、武障,东至燕尾港入海,计长 74 千米,河
槽深直,泄量甚大。[③] 光绪二十五年《江苏沿海图说》记载灌河口
的情况为:"口外潮退止深三四尺,十余里外方有深水可泊大轮,
进口十余里深六七尺,再进至响水口一带则深至二拓余……口门
外浅内深,惟海岸散漫,略无遮护。"[④]

三、人工行洪水网的形成

前文已述,沂沭河下游原本是河湖相间的水系格局,由于黄
河决口扇的不断向北延伸,原有的水系全被打乱,沂沭河的下游
失去稳定的河槽,在江苏淮北的平原上漫流。沭河下游水系的紊

---

① 嘉庆《海州直隶州志》卷一二《山川二》,第 629 页。
② 陈吉余:《沂沭河》,第 20 页。
③ 陈吉余:《沂沭河》,第 24~29 页。
④ 朱正光:《江苏沿海图说》,台北:成文出版社,1974 年,第 43 页。

乱,当然与黄河的侵扰和上游山地支流来水有着密不可分的关系：

> 沭河之所以泛滥危害者,良以黄河之决,如强邻之压境;众山之水,如暴客之突来,加之况霖潦不时,淤沙壅积。浚之则未易,遂其朝宗。塞之则无从,施其防遏……沭之平原汇为巨浸。桑麻菽麦之场,变为波浪鱼鳖之宅也。①

尹继善将沂沭河下游洪涝频发的原因总结为："大雨时行,本处之水已多,又兼上游东省之沂、濛、汶、泗诸山之水并发,建瓴直下,以致邳、宿一带湖河水势骤涨,沂、沭两河子堰俱有冲淹,骆马湖与运河通连一片。"②

在六塘河建成后,散乱的地表径流得到收束,但在汛期,六塘河行洪能力不足,沂沭河的洪水依然会漫流。黄河的泥沙阻断了沂沭河入淮(黄)的河道,淤平了可以调蓄洪水的湖泊群,也使沂沭河的入海水道被淤浅。这样一来,夏秋季节鲁南山地的降雨迅速汇流于沂沭河的上中游,在进入沂沭河下游平原后,失去收束的洪水导致沂沭河下游平原频繁发生重大的洪涝灾害。这类记载常见于文献当中,例如嘉庆七年(1802年),"海州属之海州、沭阳二县,因低洼处所,本年五六月内雨水过多,兼之上游蒙、沂各山及六塘等河诸水汇归,下流宣泄不及,以致秋禾杂粮俱被淹没"③。光绪九年(1883年),邳州也遭受沂沭河洪涝灾害的侵袭,

---

① 康熙《重修沭阳县志》卷一《河防总论》,《江苏历代方志全书·直隶州(厅)部》第20册,第559~560页。
② 《六月二十二日尹继善奏》,乾隆十一年,水利电力部水管司、水利水电科学研究院编:《清代淮河流域洪涝档案史料》,中华书局,1988年,第177页。
③ 《九月十五日江苏巡抚岳起奏》,嘉庆七年,水利电力部水管司、水利水电科学研究院编:《清代淮河流域洪涝档案史料》,第431页。

"邳州附近运河两岸各设,夏秋迭得大雨,兼之蒙沂山水下注,下游宣泄不及,以致堤埝漫溢决口,冲没民田、庐舍,积水较深,秋禾淹伤甚重"①。

1929年,民国政府正式设立导淮委员会,负责江北淮河水系的水利建设及筹划。导淮委员会成立后就曾计划开凿新河以供沂沭河洪水下泄。1924年,苏北地方政府开始实行整顿沂沭尾闾工程,挑浚车轴河、烧香河、善后河等沂沭尾闾。导淮委员会成立后,苏北地方政府又于1931年、1932年挑浚沂沭河水系尾闾的蔷薇河等河道。② 由此可知,增加行洪能力是晚清民国时期苏北沂沭河流域水利建设最核心的任务。疏浚河道、扩大行洪能力也就成为当时沂沭河水利治理的主要方略,导致沂沭河下游地区由人工河网取代了原本的自然河网。但沂沭河上游山区在汛期洪水下行过快,且洪水流量巨大,只是单纯通过疏浚下游河道而忽视对上游洪水的存蓄,尚不足以完成整个流域洪水的平稳下泄。因此,近代沂沭河流域以增加河道行洪能力为主的水利建设方针,并不足以消弭当地水患。

李旭旦在20世纪50年代初调查六塘河一带时所见的情况是:"六塘河水流自西东行,由灌河口入海。本区南部的包家、民便、张河、公兴诸河都是流入六塘河的,沙礓、柴米、官田则于六塘河下游合并流入灌河;但是由于各支流所经地区,洼荡低岗,起伏不一,河床纵面也高低不一,水流常不畅顺,使积水排除缓慢,如六塘河上源的唐家湖,官田河两岸的官田荡,前流河下游的南关荡,柴米河下游的马厂荡,中运河以北民便河上源的夏家湖等,都

---

① 《十一月初六日卫荣光等奏》,光绪九年,水利电力部水管司、水利水电科学研究院编:《清代淮河流域洪涝档案史料》,第884~885页。
② 周红冰、王思明:《苏北沂沭河流域水利建设资源的重置(1800~1965)——以水稻种植进退为视角的考察》,《古今农业》2020年第2期。

是较大的洼地。北六塘河堤岸高仰,无支流注入,和作为夏家湖北界的燧炀堆,都是较显著的土岗。盐河以东滨海地区,因海潮夹泥淤积,地势反略形高仰。如一帆河中游低地的黄管区地面在4公尺以下,其下游的北六及锡恩二区则在4~5公尺之间,下游反较中游高出1公尺余。灌河河口也常患沙淤,各河受海潮顶托,常有倒灌现象。"①为了彻底解决沂河下游的水患,新沂河工程应运而生。

1949年至1952年,新沂河工程分三期全部挖通。采用挖河结合筑堤的方式,平地开挖出的新沂河,西起骆马湖出口嶂山闸,东流经新沂、宿迁、沭阳、灌云、灌南5个县市,至燕尾港与灌河相汇注入黄海,全长144千米;河面宽度,即两堤堤距,自起点至入海口,从500米逐渐展宽至3 150米。从1954年起至"文革"之前,治淮委员会对新沂河进行了三次续建工程(20世纪70年代中期又进行了第四次续建)。随着新沂河投入使用和发挥效益,徐淮地区的面貌有了很大改善。②

第四节　沂沭河下游旱地—水田景观的演替

1934年夏,国立中央大学地理系组织两淮考察队,胡焕庸带领4名学生赴苏北考察水利、盐垦情状,并记录沿途自然、人文等地理现象。在7月12日的记录中,他写下:"淮安以北,景色突变。淮安以南为水田,淮安以北为旱田,界限非常清晰。此时路旁青纱帐起,除花生、玉米、高粱等旱地作物外,再不见一杆水稻。……视高(邮)、宝(应)一带水田弥望,具江南风味者,不可同

---

① 李旭旦:《新沂河完成后六塘河流域的农田水利问题》,《地理学报》1952年第3~4期。
② 赵筱侠:《苏北地区重大水利建设研究(1949~1966)》,第168、182页。

日而语。"①胡焕庸所记录的淮安南北明显的景观差异,实际上是前文所述废黄河三角洲平原南北差异在农业景观上的具体表现。废黄河三角洲平原北部在成为黄河的分洪区的同时,地表亦被黄河沉积物所覆盖,这逐渐造就了沂沭河下游不同于南部里下河平原的农业生产方式。

一、沂沭河下游旱地农业景观的形成及原因

结合明代《淮安府图说·沭阳县图》②和明代方志记载综合分析,沂沭河下游彼时虽然是河湖相间的鱼米之乡,但旱地作物一直占主导地位。小麦在沂沭河下游的种植规模很大,是当地主要的粮食作物种植品种,而水稻的种植仅占很小比重。如隆庆《海州志》记载:"海州水田少,而旱地多。故民间以麦为重,谷次之,黍、豆又次之。夫寒暑燥湿、丘陵、薮泽,性各有宜,兼殖五种,以备灾害。"③沂沭河下游水源丰富,却难以大量种植水稻,这不仅仅是海州地区,邳州也是如此。咸丰年间编纂的《邳州志》记载当地物产为"五谷,多二麦、戎菽、粱、稷、黍、众秫、胡麻,产稻十一二"④。可见水稻在谷属作物中排在最后一位。水稻的种植面积也十分有限。对于这种现象,民国《邳志补》中给出了解答:"邳虽泽国,可稻之田少,盖稻宜清水。山水泛滥,多挟泥沙,留滞稻叶杈桠间,水落而苗萎矣。"⑤这也解释了沂沭河下游水田少而旱田多的原因,而且从前引隆庆《海州志》记载来看,为了适应水旱灾

① 胡焕庸:《两淮水利盐垦实录》第一篇《纪程》,中国水利史典编委会编:《中国水利史典(二期工程)·淮河卷》第 2 册,中国水利水电出版社,2020 年,第 752 页。
② 曹婉如等:《中国古代地图集(明代)》,图版 28。
③ 隆庆《海州志》卷二《土产》,《江苏历代方志全书·直隶州(厅)部》第 14 册,第 252 页。
④ 咸丰《邳州志》卷一《物产》,《江苏历代方志全书·徐州府部》第 42 册,第 5 页。
⑤ 民国《邳志补》卷二四《物产》,《江苏历代方志全书·徐州府部》第 42 册,第 446 页。

害,沂沭河下游居民摸索出根据不同地形种植不同作物的方式,这样就能最大限度地防止因灾绝收。

一直到中华人民共和国成立时,苏北沂沭河流域大部分地区仍然是旱作农业占主导地位。以赣榆县为例,1930 年全县种植小麦面积 150.5 万亩,种大麦面积 19 万亩,种大豆面积 99.1 万亩,种籼粳稻面积 6.3 万亩,糯稻面积 8.4 万亩。[①] 东海县境内基本上属于一年一熟的纯旱作物地区,主要农作物有小麦、大麦、山芋、玉米、大豆、高粱、花生等。50 年代的耕作制度是一年熟与二年三熟并重。占全县耕地面积 30% 的东部湖洼地区,历史上地多人少,地洼易涝,条件较差,耕作粗放。20 世纪 50 年代前,由于洪涝灾害威胁,秋不保收,多为一年一麦为主和部分二年三熟的旱作物,靠冬闲晒垡或客水冲淤以及种植豆科作物来维持、培养地力。[②] 灌云境内历史上的耕作制度为一年一熟和二年三熟并存,以一年一熟为主。直到 20 世纪 50 年代初期,由于洪涝灾害严重,东中部地区以一年一熟为主,实行小麦与豌豆混种。冬闲田、夏耕田占整个农田的 60% 以上。[③]

二、1949 年后沂沭河下游稻作农业的发展

1949 年后,沂沭河流域先后实行了以河道疏浚、增加下游行洪能力为主要目的的"导沭整沂"和"导沂整沭"等大型水利建设工程。从 20 世纪 50 年代中期开始,沂沭河流域开始在全流域范围内兴建大中型水库,用以蓄水防洪、灌溉等。这些新修的大中型水库极大缓解了下游河道的雨季来水量,沂沭河流域的洪涝灾害也大为降低。此外,苏北沂沭河流域开始兴修大批小型水库,

① 赣榆县县志编纂委员会编:《赣榆县志》,中华书局,1997 年,第 246 页。
② 东海县地方志编纂委员会编:《东海县志》,中华书局,1994 年,第 215~216 页。
③ 灌云县地方志编纂委员会编:《灌云县志》,方志出版社,1999 年,第 290~291 页。

以配合大中型水库的蓄水、灌溉、防涝作用。小型水库虽然蓄水量有限,但对山区水土保持、农田灌溉、迟滞洪水下泄时间均起到了重要作用。从整体上看,中华人民共和国成立后,沂沭河流域的水利治理已经摆脱了晚清民国时期以增加行洪能力为核心的水利建设模式,开始转向排蓄相结合的新模式。随着中华人民共和国治淮取得重要成就,水利建设的飞跃式发展使沂沭河流域的农业用水条件大为改善,洪涝灾害也随之大为减少。这成为沂沭河流域发展水稻种植的先决条件。20 世纪 50 年代起,国家开始在淮北、华北等地区推广"旱改水"试点,即在水利条件较为优越的地区推动水稻种植取代旱作农业。沂沭河下游的邳县、东海、灌云等县,也都开始了大规模的"旱改水"行动,并获得成功。[1]

1956 年起"旱改水"后,赣榆县种植水稻面积为 16.01 万亩,1963 年为 11.54 万亩,1965 年为 25.09 万亩,1966 年为 35.13 万亩,1971 年为 47.62 万亩,1972 年为 42.26 万亩。1990 年,全县水稻种植面积为 39.87 万亩。[2] 灌云县试行"旱改水"后,稻作面积由 1949 年的 0.1 万亩增至 1958 年的 4.9 万亩。60 年代,由于水利条件的进一步改善,耕作制度形成以二年三熟为主与一年二熟搭配的格局。"旱改水"面积逐年扩大,水稻面积由 1958 年的 4.9 万亩发展到 1969 年的 9.83 万亩。[3] 东海县在 60 年代"旱改水"后,亦形成水田二年三熟、旱田二年三熟的耕作制度;70 年代,二年三熟的面积上升到主要地位,一年二熟大面积扩展,初步形成以稻麦轮作为主、水旱并存的耕作制度。至 80 年代,东部湖

---

① 周红冰、王思明:《苏北沂沭河流域水利建设资源的重置(1800~1965)——以水稻种植进退为视角的考察》,《古今农业》2020 年第 2 期。
② 赣榆县县志编纂委员会编:《赣榆县志》,第 246 页。
③ 灌云县地方志编纂委员会编:《灌云县志》,第 290~291 页。

洼农业区主要以小麦-水稻一年二熟为主。[①]

　　苏北沂沭河流域的蓄水工程建设与当地的水稻种植产生了良性互动。以石梁河水库灌区为例,水库灌区分沭南(东海县)、石梁河(沭北,赣榆县)两个灌区。除部分面积直接从水库引水外,主要经过新沭河两岸涵洞放水。沭南灌区(包括新沭河南和石安河两部分)位于新沭河以南,有效灌溉面积33.6万亩。灌区于1955年春开始建设,利用新沭河上蒋庄漫水闸拦蓄灌溉,1957年完成灌区配套建设。1958年兴建石梁河水库后,扩大灌溉范围。1959年开始开挖石安河,分期实施,1971年春全线开通,以后继续配套,于1975年竣工,同期兴建灌区配套工程。以后又逐年完善灌区内配套工程,共完成总干渠1条,长55千米;干渠32条,长148千米;支渠226条,长918千米。石梁河灌区位于赣榆县南部,新沭河以北、青口河以南,有效灌溉面积30万亩。工程于1957年开始,由赣榆县分期实施,分期发挥效益,至1968年全部完成,计有总干渠3条,长33.4千米;干渠9条,长120千米;支渠191条,长350千米。[②] 正是借助完备的水利设施,苏北沂沭河下游的广大区域内,出现了旱地-水田景观的演替。

小结

　　16世纪以后,黄河北流河道被切断,在太行堤的约束下全流夺淮入海。尤其是万历六年(1578年)潘季驯确立"束水攻沙"的治河方略之后,黄河下游主要经泗河入淮,导致泗河与淮河下游

① 东海县地方志编纂委员会编:《东海县志》,第215~216页。
② 江苏省地方志编纂委员会编:《江苏省志·水利志》,江苏古籍出版社,2001年,第262页。

河床不断抬高。随着黄河下游的筑堤,决口地点逐渐向下游移动。黄河在泗阳一带决口时从西部侵袭桑墟湖,在涟水一带的决口又从南部侵袭桑墟湖,决口扇的发育将桑墟湖水体向东北方向挤压,18 世纪初移动至青伊湖所在的位置,摆脱了黄河与沭河决口的影响。原为潟湖的硕项湖在西、南方向同样受到决口扇的影响,康熙年间黄河北岸减水坝的修建更是加速了黄河泥沙对其的淤积,其面积在 1495 年以后的约 210 年内缩减了 50%,并在雍正年间六塘河开凿后迅速消失。

水稻种植的兴衰直接反映了晚清以降苏北沂沭河流域水利治理的实施效果。从结果上看,晚清民国时期偏重行洪、泄洪的治理方略并未起到根绝水患的目的。中华人民共和国成立后,苏北地区奉行排蓄结合的沂沭河治理方针,通过修筑水库、设立灌区等方式,起到了防洪除涝的目的,又促进了苏北地区水稻种植的复兴,推动沂沭河下游旱地-水田景观的演替。

青伊湖是沂沭河下游最后一处大型湖泊,其消亡的原因是 1949 年后沭河改由新沭河入海,位于老沭河下游的青伊湖失去了水源补给,逐渐排干而成为农田,但其湖盆仍在,并可以人工调配沭河的水源。因此青伊湖洼地是目前沂沭河下游最有条件恢复湖沼湿地的区域。人工恢复湿地已经在淮河流域的新薛河人工湿地成功实践,2013 年 12 月沭阳县已经在青伊湖镇、青伊湖农场、高墟镇境内的蔷薇河建立了蔷薇河湿地保护区,保护面积 158 公顷。在科学论证的前提下,可适度扩大现蔷薇河湿地,部分重现昔日青伊湖的景观,对于改善生态、绿色蓄洪均有积极意义。

第六章

从历史地理角度看淮河治理的可持续性

在有文字记载的历史中,淮河在上古、中古时期是一条河道宽深、入海顺畅的大河,唐代李翱在《来南录》中有"下汴渠入淮,风帆及盱眙,风逆,天黑色,波水激,顺潮入新浦"[1]的记载,被现代学者们认为是当时潮水上溯可达盱眙的证据。[2] 自 1128 年黄河夺淮以后,由于黄河水沙的侵袭,淮河流域的河流生态逐渐恶化。这种变化最初体现在淮北平原水系格局和水文环境的变化。随着 1495 年黄河北流断绝和 16 世纪以来黄河下游逐渐筑堤,河患下移至淮河下游,这样一来就对清口水利枢纽和京杭大运河的运行构成严重威胁。

明清时期以潘季驯、靳辅为代表的治河官员希望通过人工手段对黄淮关系进行干预,保证黄河与淮河在清口以下河段合流入海,即借助淮河清水冲刷黄河泥沙入海,又使京杭运河免遭黄河侵扰从而保持通畅。这一目标在明万历至清嘉庆之间约 250 年的时间里,通过将黄河下游固定在徐州、宿迁、淮安一线,使其与积蓄在洪泽湖中的淮水在清口相交汇,利用淮河的清水冲刷黄河泥沙,使黄、淮畅流入海而得以实现。维持这种态势,也就成为明

---

① 〔明〕陶宗仪编:《说郛三种》,上海古籍出版社,1988 年,第 3000 页。
② 曾昭璇、曾宪珊:《历史地貌学浅论》,第 81 页。

万历以后治河的主要目标。在这一凝聚了无数智慧和汗水的成功背后,是明清两代持续投入的巨大人力、物力、财力。一旦这种投入因某种原因被中断,例如明末清初的战乱导致的水利失修,黄淮安澜的局面立即就会逆转。这种逆转带来的影响通常是不可挽回的,因为每次黄河倒灌洪泽湖所带去的泥沙,都会使洪泽湖湖底高程被永久抬升。整个"蓄清刷黄"系统工程的效能,也就在一次又一次的黄河泛滥中被不断削弱。因此,"蓄清刷黄"系统下的黄淮安澜的局面,很难如其设计者所期望的那样长期维持下去。

从 19 世纪中叶开始,随着国家财政的日益紧缩和治河官员日益严重的腐败,能够被用来维持黄淮安澜的资源逐渐枯竭。清道光年间,淮河就因为黄河倒灌导致的清口淤塞,不得不时常经高家堰下泄进入高宝诸湖,再由射阳河、新洋港和入江水道排入黄海和长江。1851 年后,淮河干流永久性地经入江水道入长江,淮河也随之成为长江的一条支流。此后,黄河也在 1855 年改道北流,明清两代投入巨大资源维持的"蓄清刷黄"的策略至此不得不全面废止。从历史地貌学逻辑演绎的思维方式出发,在检讨上述过程的时候,很有必要跳出这段历史,从更大的时间和空间尺度上,重新审视黄淮关系的地理基础和淮河流域地貌系统的自适应机制。这样就有望从发生学的角度和历史时期人们所获得的经验中得到某些对未来的启示。

第一节 黄淮长期演变的地理基础

16 世纪以来淮河下游湖泊分布与水系格局的演变始终不能脱离黄河的影响,人类的治水活动也是围绕着消除黄河所带来的负面影响而展开。即使是 1855 年黄河改道北行之后,黄河南泛期间给淮河流域带来的影响仍在持续困扰着淮河中下游的广大地区,因此才有了清末、民国的导淮运动与 1949 年后的治淮实践。古代的水利专家们在审视黄淮关系的时候,从他们所能看到的历史文献记载出发,结合历史时期对河流规律的探索,进而判断淮河原本是一条独流入海的大河,是由于黄河的介入,才改变了淮河的水文特征,从而得出只要以人力对黄淮关系施加影响,就能改造淮河的水文这一认识。但文字记载的历史跨度有限,并不能揭示全新世以至晚更新世以来黄河夺淮这一地貌过程的周期性规律。实际上,黄河对淮河的影响自其诞生之日起就始终未曾中断,这种联系由来已久,也不可能中断。

从地貌发生学的视角来看,"淮河是在新构造运动和黄河冲积扇南翼不断向东南方向延伸的背景下,于晚更新世晚期形成的。淮河与黄河下游同属黄河冲积扇上的两条大河,彼此有着十分相近的发育环境,因此,从没有人类干预的地质历史时期开始,淮河与黄河下游就存在着必然的、紧密的联系"[1]。这就说明,淮河从其诞生之日起,就一直受到黄河南泛的影响,黄河夺淮作为一种河流地貌过程,在第四纪以来频繁发生。据《黄淮海平原岩相古地理图》所示,从晚更新世开始,黄河南泛的泛道就已经遍布淮北平原,以今天的郑州为顶点的黄河冲积扇几乎覆盖了整个淮北平原,当时黄河冲积扇的面积远比全新世大得多,全新世以来延续了这种态势,黄河冲积扇南翼的古河道密集地向东南方向展开,其中部分较大的泛道后来演变成为淮河北岸的主要支流,如西淝河、涡河等。[2]

从晚更新世延续至全新世的这些黄河泛道,清晰地显示了从地质年代以来黄河持续南泛,影响淮河流域的过程,但淮河并未被黄河南泛所湮没,而是一直保持为一条河道宽畅、水流充沛的

---

[1] 刘国纬:《江河治理的地学基础》,科学出版社,2017 年,第 192～194 页。
[2] 邵时雄、王明德:《中国黄淮海平原第四纪岩相古地理图》,地质出版社,1989 年。

大河,并与黄河、长江、济水一起被称为中国古代四渎。这是因为流域地貌系统具备一定的自动调节能力,能够克服黄河南泛带来的泥沙淤积等负面影响,这当然是一种自然规律。在人类尚未登上历史舞台的时代,黄河夺淮是纯粹的自然过程,其驱动力与淮北平原在新构造运动中的沉降有重要关系。从中国科学院地理研究所等单位编绘的淮河流域新构造运动升降分布图(图6-1)上可以看出,在新构造运动以来淮北平原中部以周口为中心存在一处的强烈沉降区,在其周围则是一般沉降区。这一组沉降带与全新世以来黄河南泛的区域基本对应,也是1128年以后黄河南泛淮河的主要通道。东部的废黄河三角洲平原一带与里下河平原则是另一沉降区和强烈沉降区。在这两处沉降区之外则是一般上升区和强烈上升区,这种上升区和沉降区的分布,是黄河夺淮的地理基础,从宏观上控制着黄河夺淮后的主要流路,也确定了淮河水系的总体格局。

由于淮北平原处于强烈下沉区域,按照水流就下的原则自然成为黄河泛滥的理想通道之一。但是黄河时而北泛,时而南泛,因此人们在谈到1128~1855年的黄河夺淮时往往将其归因于宋王朝为了阻止金兵南下,人为决河,认为这似乎是一次偶然事件。以历史地貌学的视角来看偶然中也隐含着必然,据相关研究,"在北宋以前的漫长历史时期里,黄河以北的济源东濮凹陷、临清凹陷是华北的第四纪下沉区,地势低洼,所以那个时期黄河多是向北决口改道。多次向北改道使冲积扇的北坡地势抬高,黄河流路开始向南调整。南宋时期以来,黄河河势由原来的东北向转为东南向,主流冲向南岸大堤,这样的河势调整是郑州-兰考河段易遭溃决的重要原因"[①]。

---

① 刘国纬:《江河治理的地学基础》,第258页。

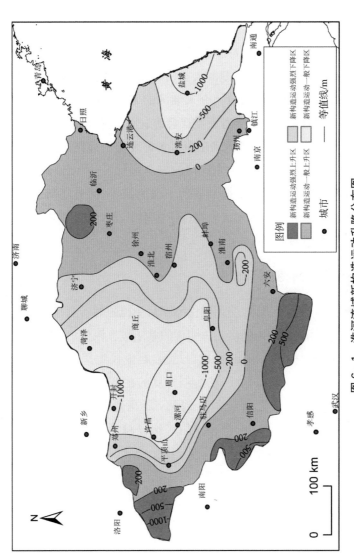

图 6 - 1 淮河流域新构造运动升降分布图

资料来源：刘国纬：《江河治理的地学基础》，科学出版社，2017年，第 205 页。

第二节　明清时期的治河理念与实践

前文已述,由于黄河冲积扇的存在,淮河不可避免地会受到黄河南泛的影响。历史时期的人类活动虽然不能阻止这种自然过程的发生,但却可以对黄河介入淮河的方式与程度进行干预,干预的方式就是治水。随着人类社会的发展,这种干预能力不断增加。1495年以后,人类活动阻断了黄河北流的道路,使黄河全河入淮,这一方面确保了山东运河的安全,但另一方面使淮河下游的生态环境发生巨变。随着黄河下游的筑堤,河患逐渐下移,淮河下游水患频率不断增加。在这一过程中,治河思想实际也在不断变化和发展。

一、治河理念的发展和演变

在治河的目的方面,明朝时保障泗州明祖陵的安全显然是重中之重,保障运河的通畅次之。明代的常居敬在谈论治河的目的时直言不讳地称:"首虑祖陵,次虑运道,再虑民生。"[①]至于运道,弘治六年(1493年),明孝宗在给刘大夏的旨意中明确指出:"古人治河,只是除民之害。今日治河,乃是恐妨运道,致误国计。"[②]隆庆五年(1571年)潘季驯第二次任总河,虽然堵口成功,但未完成漕运任务,不只没有蒙奖,且受处分。这当然足以说明当时治河的重要任务就是保漕。到了清代,没有了祖陵的顾虑,"保漕"就成为第一要务,靳辅在论述他的治河方略时称:

---

① 〔明〕潘季驯:《河防一览》卷一四《祖陵当护疏》,第316页。
② 〔清〕傅泽洪辑录:《行水金鉴》卷二〇,商务印书馆,1937年,第306页。

欲得百世无敝之术，须加意外之防，则高堰再当筹划万全，以资捍御。中河再宜加帮遥堤，以固金汤也……使高堰能自保，固以敌其疏虞之横，则凡南岸冲决之水，仍由清口而出，止于民田受淹，而于运道无碍。[①]

可见明清时期治河活动就是围绕着保漕这个目标展开，是一以贯之的。对此，张含英做了全面的概括，"治河的任务既定，策略也就定了。一怕黄河改道，漕运中断，这就要维持走贾鲁故道；二怕黄河北决，冲击山东境内运河，这就要加强北堤防护；三怕洪泽湖东溃，冲击苏北运河，这就要坚守高堰、畅通清口。明朝万恭虽然认为'黄淮合流，防守为难'，但合流是'运之利'，所以坚决反对改道，反对分流。清朝靳辅从'河道全体形势，穷源溯流'立论，认为治河之策，也只是加固高堰，并建议加修中河而已。由此可见，他们的片面性和局限性是显而易见的"[②]。笔者认为，所谓片面性和局限性，主要体现在治黄、淮不以黄淮安澜为目的，而是违背黄、淮两条大河的河性，迫使其为漕运的通畅而服务。这就违背河流运行的自然规律，也注定了其不可持续性。

在治河的技术方面，束水归槽与坚筑堤防的策略来自明朝治河的实践。明朝治河最初采取分流的办法，但由于黄河北岸分流威胁山东运河的通畅，因此又采用"北堤南分"的方针。随着南岸分流逐渐淤塞，又采取束水归槽与坚筑堤防的方法，将黄河固定在徐、邳一线。弘治三年（1490 年）正月，白昂具体描述了当时黄河南北分流的情况：

① 〔清〕靳辅：《文襄奏疏》卷八《治河题稿》，《文渊阁四库全书》第 430 册，第 704 页。
② 张含英：《历代治河方略探讨》，黄河水利出版社，2014 年，第 73 页。

自淮河相度水势，抵河南中牟等县，见上源决口，水入南岸者十三，入北岸者十七。南决者，自中牟杨桥至祥符界析为二支：一经尉氏等县，合颍水，下涂山，入于淮；一经通许等县，入涡河，下荆山，入于淮。又一支自归德州通凤阳之亳县，亦合涡河入于淮。北决者，自原武经阳武、祥符、封丘、兰阳、仪封、考城，其一支决入金龙等口，至山东曹州，冲入张秋漕河。去冬水消沙积，决口已淤，因并为一大支，由祥符翟家口合沁河，出丁家道口，下徐州。此河流南北分行大势也。合颍、涡二水入淮者，各有滩碛，水脉颇微，宜疏浚以杀河势。合沁水入徐者，则以河道浅隘不能受，方有漂没之虞。况上流金龙诸口虽暂淤，久将复决，宜于北流所经七县，筑为堤岸以卫张秋。①

由于上述原因，白昂在弘治三年受命"役夫二十五万，筑阳武长堤，以防张秋。引中牟决河出荥泽阳桥以达淮，浚宿州古汴河以入泗，又浚睢河自归德饮马池，经符离桥至宿迁以会漕河，上筑长堤，下修减水闸。又疏月河十余以泄水，塞决口三十六，使河流入汴，汴入睢，睢入泗，泗入淮，以达海。……又以河南入淮非正道恐卒不能容，复于鱼台、德州、吴桥修古长堤；又自东平北至兴济凿小河十二道，入大清河及古黄河以入海。河口各建石堰，以时启闭"②。这就是白昂"南北分治，而东南则以疏为主"治河方略的主要内涵。

弘治八年（1495 年）刘大夏筑成太行堤，黄河南岸依然分流。

① 《明史》卷八三《河渠一》，第 2021 页。
② 《明史》卷八三《河渠一》，第 2021～2022 页。

但之后的治河方略又出现了转变,张含英对此做过很好的总结:
至嘉靖年间,向南分流各支淤塞已甚,所以多议开浚南支。如费
宏建议:为今之计,必须涡河等河如旧通流,分杀河势,然后运道
不至泛滥,徐、沛之民乃得免于漂没。戴金建议:对于壅塞之处,
逐一挑浚,使之流通,则趋淮之水不止一道,而徐州水患可以少杀
矣。杨宏建议,开浚入淮分流支派。他们所关心的地带也只在徐
州上下。朱裳上书主张南岸分流,北岸固堤,得到批准。至隆庆三
年(1569年),严用和则主张堵塞决口,停开支河。隆庆六年(1572
年),雒遵条陈南北两岸都修堤。批复同意执行。同年,张守约上
书,建议增筑堤岸,停开新河,也被批准,治河策略为之一变。①

隆庆六年,章时鸾筑兰阳至虞城南堤二百二十九里。万恭建
议南北皆堤,他认为:"前堤系运道上源,先该酌议兴筑,南北并
峙,若南强北弱,则势必北侵,张秋等处可虞,北强南弱,则势必南
溢,徐、吕二洪可虑。"②"故欲河不为暴,莫若令河专而深,欲河专
而深,莫若束水急而骤。束水急而骤,使由地中,舍堤无别策。"万
恭主张南北皆堤的原因是他认为"夫水之为性也,专则急,分则
缓。而河之为势也,急则通,缓则淤。若能顺其势之所趋而堤以
束之,河安得败"③。"浊者尽沙泥,水急则滚,沙泥昼夜不得停息
而入于海,而后黄河常深、常通而不决。"④他这种"河急则通"的
观点后经潘季驯继承发展,并概括成为"束水攻沙"的理论。

潘季驯接任总河后,他明确提出:"水分则势缓,势缓则沙停,
沙停则河饱,尺寸之水皆由沙面,止见其高;水合则势猛,势猛则

---

① 张含英:《历代治河方略探讨》,第 80 页。
② 〔明〕恭著,朱更翎整编:《万恭治水文辑》,见〔明〕万恭著,朱更翎整编:《治水筌
蹄》,第 139 页。
③ 〔明〕万恭著,朱更翎整编:《治水筌蹄》卷一《黄河》,第 53 页。
④ 〔明〕万恭著,朱更翎整编:《治水筌蹄》卷一《黄河》,第 30 页。

沙刷,沙刷则河深,寻丈之水皆由河底,止见其卑。筑堤束水,以水攻沙,水不奔溢于两旁,则必直刷乎河底。一定之理,必然之势。此合之所以愈于分也。"①他主张河不能分流,而且要筑堤束水,修建完善的堤防,具体而言"筑遥堤,约拦水势,取其易守也。而遥堤之内复筑格堤,盖虑决水顺遥而下,亦可成河,故欲其遇格即止也。缕堤拘束河流,取其冲刷也。而缕堤之内复筑月堤,盖恐缕逼河流,难免冲决,故欲其遇月即止也。"②同时,他反对黄河改道,认为:

> 夫议者欲舍其旧而新是图,何哉?盖见旧河之易淤,而冀新河之不淤也。驯则以为无论旧河之深且广,凿之未必如旧。即使捐内帑之财,竭四海之力而成之,数年之后,新者不旧乎?假令新复如旧,将复新之何所乎?水行则沙行,旧亦新也。水溃则沙塞,新亦旧也。河无择于新旧也。借水攻沙,以水治水,但当防水之溃,毋虑沙之塞也。③

在潘季驯看来,只要坚持筑堤束水,则黄河可以安澜。但实际上"筑堤束水"并不能使河槽不淤,因为"河流安定时的淤积进度,较之经常决口泛流者为速。这是由于分流或决口后的泥沙,大量淤积于分支河槽或两旁平原地区,而主流河槽的淤积反而减轻"④。潘季驯在总结前人经验的基础上采取"筑堤束水""以水攻沙"的治河方法,虽不能使河身不淤,但较之任由黄河长期泛滥四溢显然

① 〔明〕潘季驯:《河防一览》卷二《河议辨惑》,第43页。
② 〔明〕潘季驯:《河防一览》卷一二《奏疏》,第236页。
③ 〔明〕潘季驯:《河防一览》,第4页。
④ 张含英:《历代治河方略探讨》,第78页。

是进步,因此为后世所遵循,并在靳辅治河时得到进一步发扬。

二、淮河下游所承担的环境代价

对淮河而言"蓄清刷黄"是"筑堤束水""以水攻沙"思想的一部分,只是筑堤的对象变为洪泽湖大堤,而攻沙则变为以淮河水冲刷黄河水,这一整套治河方略至清代被完整地继承下来。"蓄清刷黄"的环境代价首先体现在紧邻洪泽湖的泗州,明万历年间王士性就记录下了"蓄清刷黄"带来的负面效应:

> 清江板闸之外,乃淮河之身而黄河之委也。黄、淮合处,水南清北黄,嘉靖末年犹及见之。隆、万来,黄高势陡,遂阑入淮身之内。淮缩避黄,返浸泗、湖,水遂及祖陵明楼之下,而王公堤一线障河不使南,淮民百万,岌岌鱼鳖。①

泗州在明万历年间即频受水患,直到清康熙年间,泗州完全被洪泽湖水淹没(图 6-2),是"蓄清刷黄"对洪泽湖周边区域造成危害的具体表现。虽然此后漕运在相当长的一段时间内得到保障,但黄河水患未能减轻,淮河下游也开始遭受水患。随着黄河大堤的修筑,水患逐渐下移,直至海口。

明万历十八年(1590 年)都御史周采上《题请漕粮永折疏》,陈述了位于淮河下游的安东县从"原无水患,地饶民殷"到"田无犁锄,民鲜居食"的变化,节引其文如下:

> (安东县)当黄淮二流之尾,其下即云梯关海口,实淮海屏蔽之邑,地势最洼。原额六十一里,人户有六万

---

① 〔明〕王士性:《广志绎》卷二《两都》,第 25 页。

图 6-2 康熙年间被淹没的泗州

资料来源:〔清〕张鹏翮:《治河全书》,天津古籍出版社,2007年,第1256页。

九千余丁,田地有六千五百余顷,岁派漕粮正兑米三千
六百石,改兑米一万一千一百石,先年原无水患,地饶民
殷,钱粮照额完解。至嘉靖三十一年,黄河冲决草湾口,
水势直趋该县,将田地淹没。随后虽经疏筑,然冷沙淤

漫,不长五谷。继以隆庆年来,黄淮复涨,田无犁锄,民
鲜居食。故流亡接踵,止存现在人丁一万余丁,田地一
千余顷,采取鱼虾芦苇以供公私,所得几何?故钱粮难
完,而日益加遣,小民追呼而日益加逃,其势所必然
者……安东县自罹水患三十年,地成沙荡,民日流亡,环
城内外,皆四方流移,鬻贩鱼盐,其土著之民十不存二;
以一万余丁之力而当六万余丁之赋,以一千余顷之地而
当六千余顷之粮,宁不死且徙乎?[①]

由《题请漕粮永折疏》中的叙述可知,在嘉靖三十一年(1552
年)前,安东县并无水患,地饶民殷,钱粮照额完解。嘉靖三十一
年黄河开始决口泛滥,淹没田地,虽经疏筑,但环境恶化不可逆
转。至隆庆以后更是黄淮复涨,田无犁锄,民鲜居食以至流亡接
踵。出现这种变化的原因显然是黄河下游沿岸筑堤导致的河患
下移。康熙初年河患已经下移至海州一带,清初陈宣在其《海州
志·水利论》中称:

　　州境之河,莫多于南乡。盖缘西接大湖,通沂、沭诸
水,夏秋山水泛涨,民田淹漫殆尽,故多开支河,由官河
东入于海。自康熙六七年后,黄水溢溢,诸河故道半淤,
而民田始患水矣。又兼纲贾运盐,将泄水诸河多筑塞,
使水更无归,以致东南民田岁岁苦涝。[②]

康熙皇帝为了改变顺康之交水利废弛的局面,对河工励精图

---

① 康熙《安东县志》卷八《艺文》,《江苏历代方志全书·淮安府部》第 27 册,凤凰出版
社,2018 年,第 251~254 页。
② 嘉庆《海州直隶州志》卷一二引陈宣《海州志》,第 588 页。

治,取得了令人瞩目的成果,这种成就当然是以国家财政维持高昂投入为代价取得的。康熙皇帝的决心和态度可从其南巡期间与靳辅的一次对话中得到体现,康熙二十三年(1684年)冬,康熙皇帝南巡期间见高、宝、兴、泰一带积水难消,便传谕靳辅,询问:"开挑下河工程,要费多少钱粮?"靳辅回奏:"约用钱粮一百余万。臣一时不敢轻议。若用民夫开挑,方可节省。"又问:"若用民夫开挑,几时可以完工?"辅回奏:"必得十余年,方可告成。"康熙皇帝认为耗时太久,"不如仍动钱粮,速兴工为是"。十一月初六日,又在上谕中强调:"纵有经费,在所不惜。"①康熙皇帝以坚强的意志和巨额投入支撑着水利事业,继承潘季驯的遗志,将黄河与淮河束缚在固定的线路上,使其合流于清口(见图6-3)。但随着黄

图6-3　康熙年间黄淮交汇于清口形势图

资料来源:〔清〕张鹏翮《治河全书》,第1023～1024页。

---

① 嘉庆《重修扬州府志》卷一〇《河渠志二》,第289页。

河泥沙的淤积,维持这种局面的成本必然越来越高昂,最终清口
水利枢纽在清末不可避免地走向衰败(见图 6-4)。

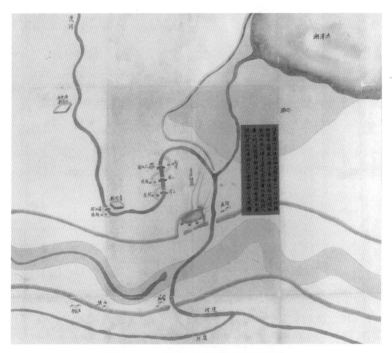

图 6-4　咸丰初年清口淤积形势图

资料来源:国家图书馆编:《中国国家图书馆藏黄河历史文献》,学苑出版社,2022
年,第 326 页。

三、黄河改道的呼声

清康熙年间是整个清代治理黄淮取得成就最大的时期,但在
当时的条件下,已经有人论证黄淮"二渎交流之害",陈法在《河干
问答》一书中提出:

因黄性湍急,故能刷沙。清水合之,其性反缓,其冲

沙也无力,是不惟不能助黄,反而牵制之。且沙见清水
而沉,是不惟不能刷之,而反停淤之。①

对此,水利学者认为"河流挟沙能力与流速高次方成正比。
当黄河流量和流速都很大,而淮水进入黄河的流量甚小时,非但
无助于冲刷,甚至黄河有倒灌的可能。当黄河流量和流速很小,
而淮河进入黄河的流量较大时,黄淮相合,主槽就有冲刷或少淤
的可能。但当黄河有高浓度含沙量时,清水加入后,是否能促使
河道冲刷或淤积,仍是值得研究的问题"②。乾隆十八年(1753
年)孙嘉淦根据当时的河势提出开减河引水入大清河的主张。他
认为:

> 自顺、康以来,河决北岸十之九。北岸决,溃运者
> 半,不溃者半。凡其溃道,皆由大清河入海者也。盖大
> 清河东南皆泰山基脚,其道亘古不坏,亦不迁移。前南
> 北分流时,已受河之半。及张秋溃决,且受河之全,未闻
> 有冲城郭淹人民之事,则此河之有利无害,已足征矣。
> 今铜山决口不能收功,上下两江二三十州县之积水不能
> 消涸,故臣言开减河也……大清河所经,只东阿、济阳、
> 滨州、利津四五州县,即有漫溢,不过偏灾。忍四五州县
> 之偏灾,可减两江二三十州县之积水,并解淮、扬两府之
> 急难,此其利害轻重,不待智者而后知也。③

---

① 〔清〕陈法:《河干问答》不分卷《论二渎交流之害》,顾久主编:《黔南丛书》第2辑,贵
  州人民出版社,2009年,第231页。
② 水利部黄河水利委员会《黄河水利史述要》编写组:《黄河水利史述要》,水利出版
  社,1982年,第327页。
③ 《清史稿》卷一二六《河渠一》,第3728页。

由孙嘉淦的叙述可知,当时黄河"决北岸十之九",说明黄河向北改道的趋势已经很明显,而孙嘉淦建议开大清河为减水河,是因为"凡其溃道,皆由大清河入海者也",说明这一河线是黄河自然选择的最佳河线。孙嘉淦的建议由于"上虑形势隔碍"而未被采纳,但他所建议的河线"正与清咸丰五年黄河大改道的路线不谋而合"①。

如果康熙、乾隆年间黄淮关系尚未全面恶化,黄河改道的迫切性尚未完全显露,那么到了道光年间,清口已经淤塞严重,黄河常常倒灌洪泽湖,漕粮运输困难时不得不以海运替代,蓄清刷黄的策略已经无以为继。道光二十二年(1842年)魏源写成《筹河篇》,魏源在开篇即发问:"我生以来,河十数决。岂河难治? 抑治河之拙? 抑食河之餐?"②其实是直指自明朝沿袭而来的"筑堤束水""蓄清刷黄"的治河方略。魏源明确指出:

> 人知国朝以来,无一岁不治河,抑知乾隆四十七年以后之河费,既数倍于国初;而嘉庆十一年之河费,又大倍于乾隆;至今日而底高淤厚,日险一日,其费又浮于嘉庆,远在宗禄、名粮、民欠之上。③

说明治河的庞大开销成为国家的巨大负担,虽然如此,治河的形势依然日趋恶化,"南河十载前,淤垫尚不过安东上下百余里,今则自徐州、归德以上无不淤。前此淤高于嘉庆以前之河丈有三四尺,故御黄坝不启,今则淤高二丈以外。前此议者尚拟改安东上下绕湾避淤,或拟接筑海口长堤,对坝逼溜,以期掣通上游

---

① 水利部黄河水利委员会《黄河水利史述要》编写组:《黄河水利史述要》,第327页。
② 〔清〕魏源:《魏源集》,中华书局,1976年,第365页。
③ 〔清〕魏源:《魏源集》,第365页。

之效;今则中满倒灌,愈坚愈厚愈长,两堤中间,高于堤外四五丈,即使尽力海口,亦不能挈通千里长河于期月之间。下游固守,则溃于上,上游固守,则溃于下"①。魏源的理念几乎完全否定了自潘季驯、靳辅以来延续两百余年的治河方略,认为黄河必须改道。魏源希望废止当时沿袭已久的治河方略,这是他将自己所处时代的水情与清初进行对比后所得出的结论,他提出:

> 今日视康熙时之河,又不可道里计。海口旧深七八丈者,今不二三丈;河堤内外滩地相平者,今淤高三四五丈,而堤外平地亦屡漫屡淤,如徐州、开封城外地,今皆与雉堞等,则河底较国初必淤至数丈以外。洪泽湖水,在康熙时止有中泓一河,宽十余丈,深一丈外,即能畅出刷黄,今则汪洋数百里,蓄深至二丈余,尚不出口,何怪湖岁淹,河岁决。然自来决北岸者,其挽复之难,皆事倍功半,是河势利北不利南,明如星日,河之北决,必冲张秋,贯运河,归大清河入海,是大清河足容纳全河,又明如星日。使当时河臣明古今,审地势,移开渠塞决之费,为因势利导之谋,真千载一时之机会。②

魏源认为黄河之北决符合就下之性,每上游豫省北决,必贯张秋运河,趋大清河入海,这是天然的河槽。迫使黄河复归南道既逆而难,不如因其就下之性使顺且易。反对的人往往以"恐妨运道"为借口,但当时的南运河也需要灌塘济运,既然如此,北运河又为什么不可以呢?明知顺逆难易,利害相百,而不肯舍逆而

---

① 〔清〕魏源:《魏源集》,第367页。
② 〔清〕魏源:《魏源集》,第370页。

就顺,舍难而就易,是不了解也不肯了解地势和水性所致。[①] 魏
源相信:"今日之河,亦不患其不改而北也。使南河尚有一线之可
治,十余岁之不决,尚可迁延日月。今则无岁不溃。无药可治,人
力纵不改,河亦必自改之。"[②]果如所料,在魏源写作《筹河篇》的
13 年后,黄河就自行改道了。咸丰五年(1855 年),河决于开封以
下的兰阳铜瓦厢,东北流,夺大清河由利津入海,即现行黄河下游
河道。

第三节　对传统社会人与河流关系的反思

人类发展的历史也是人类干预自然的能力逐步增强的历史,
就治水而言尤其典型。但对大江大河的治理,如果背离河流自然
运行的规律,则显然难以持久。传说中的夏代初年治水,经历了
从"障洪水"到"疏九河"的转变,实际反映了古人对人与自然辩证
关系的认知历程和经验总结。

一、治水过程中的"生产"与"消耗"

本书所探讨的 16 世纪以来淮河下游的人类活动与自然过
程,很多时候表现为人类为改变 1128 年以来黄河夺淮所造成的
环境问题所做的努力。这种努力通常是希望通过人类的力量约
束河流,改变黄河与淮河的自然特性,使其按照人类所希望的方
式流淌。按照魏特夫的看法,中国是典型的"水利国家"。魏特夫
的学说被概括为"水利生产模式"(hydraulic mode of
production),这一模式可以总结为三个相辅相成的阶段。第一阶

---

① 〔清〕魏源:《魏源集》,第 368 页。
② 〔清〕魏源:《魏源集》,第 371 页。

段,君主调动社会力量治水从而为社会提供良好的生态环境。第二阶段,即使君主利用社会巩固政治权利,社会仍然能凭借君主的领导和良好的生态获得一定程度的福利。第三阶段,通过成功的治水,政权从社会获得资源,管理并支配这些资源。通过这样的方式专制国家得以建立。[①] 按照魏特夫的学说,治水是巩固和强化中央集权国家的重要手段。但张玲在研究 1048 年至 1128 年的黄河北徙这一事件时,发现魏特夫的学说基本不能用来解释公元 1048 年至 1128 年黄河北徙期间北宋政权对治理黄河付出的努力与收到的成效。

张玲认为,当时黄河具有南泛的趋势[②],为了不使黄河危及河南,长期以来人们在黄河南岸进行了大量整治水利的活动,而这实际上造成了黄河南堤较为坚实而北堤较为薄弱的情况。北宋政府在治理黄河时以保全位于河南的统治核心开封为首要目标,因而有意引导黄河向北泛滥进入河北平原。在 1048 年黄河北徙之后,北宋政府意识到这一事件带来的环境后果,为了缓解这一环境灾难,北宋政府进行了不懈的努力,却由此陷入了财政枯竭的深渊而不能自拔。这一现象也促使张玲对魏特夫“水利社会”学说进行反思。魏特夫认为“生活在干旱和半干旱地区的人们只有通过治水和灌溉,才能克服供水不足和不调,保证农业生产顺利和有效地维持下去,这就导致水利社会的产生。而水利社会的建设、组织和征敛活动都趋向于把所有权力集中于中央政府

---

① Ling Zhang, *The River, the Plain, and the State: An Environmental Drama in Northern Song China, 1048 - 1128*, Cambridge University Press, 2016, p.179.

② 历史地理学者在解释 1048 年黄河北徙的原因时,一般认为是“西汉以来一千多年黄河长期流经和泛滥于冀鲁交界地区,地面淤高,而南运河以西地区,地形最下,故河水自择其处决而北流”(邹远麟、张修桂主编:《中国历史自然地理》,科学出版社,2013 年,第 219 页)。

并最终集中到统治它的君主手中"①。张玲则发现北宋政权竭尽全力调动各种资源投入水利工程和维持河北的稳定,但这些努力非但没有使北宋的统治得到巩固,反而使北宋深陷党争加剧、财政枯竭、社会动荡、环境恶化、民生凋敝的深渊。因此,张玲提出了与魏特夫相反的"水利消耗模式"(hydraulic mode of consumption),为解释北宋政权在面对不可战胜的自然力时勉为其难、竭力维持,希望通过治理黄河,恢复其在河北的统治秩序,但最终遭到失败这一历史事实提供了理论依据。

北宋时期以举国之力积极地干预黄河而遭受失败,不是国家意志不够坚定,而是自然的力量太过强大。明清时期的治河活动仍然体现出"水利消耗模式"的某些特征,虽然国家调动各种资源建设水利工程,也几度取得了良好的效果,但黄河与淮河最终突破了"蓄清刷黄"所规定的流路,按照其自身运行的规律分别北上入海与南下入江。

二、黄淮分流是大势所趋

根据目前所见的文献材料分析,明代黄河的大势应当是北流入海,而非南流入淮。因为在明代人的地理观中,河南、山东、两直隶地区,总体地势呈南高而北下。这方面的记载很多,如弘治六年(1493 年)右副都御史刘大夏言:"河南、山东、两直隶地方,西南高阜,东北低下,黄河大势,日渐东注。"②隆庆年间,工部尚书朱衡言:"黄河之势,迁徙不常,为患已久。宋元以前,河半北行,而鲜河患;宋元以来,河尽南徙,而河屡决,盖南高而北下,北

---

① Karl A. Wittfogel, *Oriental despotism: a comparative study of total power*, New Haven: Yale University Press, 1957, p.90.
② 〔清〕顾炎武:《天下郡国利病书》不分卷《山东备录上》,第 1523 页。

顺而南逆。"朱衡还进一步分析了明代河患多的原因是"历代治河特以祛生灵数百里之害,而我朝治河实以兼漕运四百万石之利"①。万历二年(1574年)总理河道兵部侍郎万恭亦言:"河南属河上源,地势南高而北下,南岸多强,北岸多弱。"②刘尧诲《治河议》亦称:"愚尝周历于徐、淮、梁、宋之间,而以中原之地势测之,大抵河之南岸高于北岸。"③对此,蔡泰彬做过很好的总结,即:黄河下游河道之自然流向,以北行入海为顺,南行入淮为逆,但明代中叶以后,黄河水被迫尽行南流入淮河,黄河既失其本性,遂屡决于中下游。④

1495年以后,由于黄河全河入淮和下游河道的筑堤,黄河泛溢使运河淤塞的情况时有发生,《明史·河渠志》中记录了当时朝臣束手无策、相互攻讦的各种言论。由于缺乏对河流运行自然规律的理解,治河措施多是头痛医头、脚痛医脚的局部治理方式。明隆庆四年(1570年)秋,黄河决邳州,漕运断绝,致使议论纷起。但占据主导观点的还是以潘季驯、余毅中为代表的"束水归槽"和"以水攻沙"。当时余毅中为了反驳其他的治河理念而发表了一篇很有名的议论,他批评了当时认为"决口为不必塞,而且欲就决为漕者"和"缕堤为足恃,而疑遥堤无益者"⑤的观点。这些批评都是恰当的,黄河决口当然要堵塞,不能任其肆虐,缕堤与遥堤相结合的堤防在实践中体现出良好的效益,也应当坚持。但对"高堰筑则泗州溢,而欲任淮东注者"者的批评值得商榷。余毅中不能预知未来"蓄清刷黄"的最终结果,但与他同时期的万恭已经提

---

① 〔明〕朱衡:《朱振山先生漕河奏议》卷一《钦奉圣谕疏》,明隆庆刻本,第27页。

② 〔明〕万恭著,朱更翎整编:《治水筌蹄》卷一《黄河》,第15页。

③ 〔清〕顾炎武:《天下郡国利病书》不分卷《山东备录上》,第1596页。

④ 蔡泰彬:《晚明黄河水患与潘季驯之治河》,第10页。

⑤ 《读史方舆纪要》卷一二九《川渎异同六》,第5489~5491页。

出了要使淮河与黄河分离，获得独立入海通道的观点，主张"分淮涨入高、宝湖，经射阳湖归海"，万恭认为：

> 淮水，昔不病淮安，今病淮、扬……若导黄河经河南会淮水于颍川、寿春，势既不能，若任淮水之灌淮安，势又不可。唯朝廷定策，固高、宝诸湖之老堤，建诸平水闸，大落高、宝诸湖之巨浸，广引支河归射阳湖入海之洪流，乃引淮河上流一支入高、宝诸湖。如黄河平，则淮水会清河故道，从淮城之北同入于海；如黄河长，则淮水会高、宝湖新道，由射阳湖，从淮城之南同入于海。则淮安全得平土而居之乎！[1]

　　万恭已经认识到让黄、淮合流入海存在诸多弊端，建议导淮经高宝诸湖由射阳湖入海，这一路线虽与后来淮河干流出高宝诸湖后借运河入江的路线不同，但已经比强使黄淮合流入海有所进步。

　　至于余毅中对开泇河的批判实与万恭、潘季驯如出一辙，但开泇河是当时最合理的决策之一。翁大立所建议开凿的泇河在万历三十二年（1604年）最终得以实现，起自夏镇（今山东微山），东南合彭河、丞河至泇口会泇河，使运河在徐州到直河口段避开了黄河风险。[2] 而余毅中对开胶莱河的批判实际指向的是海运，而海运或许是唯一能化解明代黄河与漕运矛盾的解决方案，这一部分将在后文详细论述。

　　至于当时认为黄淮必须合流，淮河不可入江的原因，可以从

---

[1] 〔明〕万恭著，朱更翎整编：《治水筌蹄》卷一《黄河》，第23～24页。
[2] 周魁一等注释：《二十五史河渠志注释》，中国书店，1990年，第352页。

吴桂芳的论述中找到答案。吴桂芳官至工部尚书,万历三年总督漕运,五年总理河漕。《天下郡国利病书》中保存有他写于万历五年的《尚书吴桂芳复政府书》,认为"淮、黄有不可不合者二,淮河有不可入江者亦二",节引其文如下:

> 前代治河,皆以民患为急。而我朝治河,又当以运计为先……今任淮南徙,则将来委曲图济之计一无所施,漕挽不通,所关非细,其不可绝淮入者一也。河最浊,非得清淮涤荡之,则海口纯是浊泥,必致下流拥塞之势愈增,旁决内灌之患转急……今若永绝淮流,不与黄会,则浑浊独下,淤垫日增,云梯、草湾、金城、灌口之间,沧海将为桑田,而黄河益无归宿,此其大可忧者。其不可绝淮入者二也……淮河入江之途,不可于扬、仪求也。必欲于扬、仪求之,则必将掘深扬、仪五七尺,尽废闸坝,纵湖、淮二水,大与江合。顾万一江水复滥,且引之入,则扬之患又乌有极哉!此关二百年运道成规,且亦谁敢为尽废闸坝之议者? 此淮水不可入江者一也。……凤阳皇陵正南对淮海,全以黄、淮合流入海,为水会天心,万水朝宗,真万世帝王风水。若引淮从六合入江,是抱身之水乃返挑去而不朝入,大为堪舆家所忌,谁敢任之? 此淮之不可入江者二也。前所称引淮入江之说,非惟不可行,而亦不必行矣。但当俟秋冬水落之后,议大修高家堰以堵淮之勿南,理所当为。①

由此可知,黄淮合流,一为保漕,二为冲刷黄河泥沙不使之泛

---

① 〔清〕顾炎武:《天下郡国利病书》不分卷《淮南备录》,第 1102~1105 页。

滥。至于淮河不可入江,则是为防长江水倒灌和维护祖陵前万水朝宗的帝王风水。实际上由于 1495 年后黄河北流断绝,山东运河暂免黄患,但徐、邳之间运河的畅通却更加艰难;分流是黄河的特性,淮河的冲刷也不能阻止黄河泛滥;从邗沟沟通江淮起,江淮水系相连通已有悠久的历史,长江水有闸坝的节制,难以向淮扬倒灌。吴桂芳所列举以上三条均不符合事实,只有维护祖陵风水一条在当时的历史条件下确实是重要的因素,但实际上高家堰的修筑和洪泽湖的扩张直接威胁明祖陵的安全。至万历二十一年"御史夏之臣言:'当急开高堰,以救祖陵。'……给事中徐运泰则言:'黄河下流未泄,而遽弃高堰,则淮流南下,黄必乘之,高、宝间尽为沼,而运道无矣。不如浚五港口,达灌口门,以入于海之为得。'诏勘河给事中张企程勘议。企程乃言:'自隆庆末年高、宝、淮、扬告急,当事者狃于目前,清口既淤,则筑高堰以遏之,堤张福以束之,障全淮之水以与淮角。迨后甃石加筑,堙塞愈深,举七十二溪之水汇于泗者,仅留一数丈之口,出者什一,停者十九,安得不倒流旁溢为泗陵患乎? 人以为高堰当决,臣以为高堰屏蔽淮、扬,殆不可少。莫若于南五十里,开周桥注草子湖,大加疏浚,一由金家湾入芒稻河注之江,一由子婴沟入广洋湖达之海,则淮水上流半有疏泄矣。于其北十五里开武家墩,注永济河,由窑湾闸出口直达泾河,从射阳湖入海,则淮水下流半有归宿矣。'"[①]万历皇帝大悦,推行分黄导淮,万历二十四年八月,兴工建武家墩、高良涧、周家桥石闸,泄淮水分三道入海。分黄导淮在明代曾取得良好的收益,但是为"使淮不旁泄、力可敌黄",最终未能促成黄淮分流。

---

① 嘉庆《重修扬州府志》卷九《河渠一》,第 283~284 页。

三、漕运与海运

潘季驯在其《河防一览》中以问答的方式陈述了他对持不同治河理念者的反驳，其中有援引汉代贾让《治河三策》中徙冀州之民让出河道使黄河北行的典故[1]，询问明代黄河可否人工改道北行的提问。潘季驯反驳称："民可徙也，岁运国储四百万石将安适乎?"[2]似乎黄河北行，漕粮的运输就无法保证了。只要回顾一下元代的运输情况，便会发现潘季驯所言，实际上夸大了将治河与保漕强行绑定的必要性。

元代将大运河由唐宋时期的"折线形"改为纵贯南北的"直线型"，这次改线奠定了当代大运河的基础。运河改线后，山东以北的御河和山东以南通往淮河的泗水运道，是元代以前就有的，但是今山东济宁以北至山东临清长达 380 多里的一段，则是元代创建的，分为济州河与会通河两段。济州河于至元二十年（1291年）八月建成后，山东运河的通航能力仍然很差。济州以南的新店至师氏庄段"犹浅涩，每漕船至此，上下毕力，终日号叫，进寸退尺，必资车于陆运始达"[3]。在沛县、鱼台一带运河"沙深水浅，地

---

① 《汉书》卷二九《沟洫志》载："今行上策，徙冀州之民当水冲者，决黎阳遮害亭，放河使北入海。河西薄大山，东薄金堤，势不能远泛滥，期月自定，难者将曰：'若如此，败坏城郭、田庐、冢墓以万数，百姓怨恨。'昔大禹治水，山陵当路者毁，故凿龙门，辟伊阙，析底柱，破碣石，堕断天地之性；此乃人功所造，何足言也！今濒河十郡治堤岁费且万万，及其大决，所残无数。如出数年治河之费，以业所徙之民，遵古圣之法，定山川之位，使神人各处其所，而不相奸。且以大汉方制万里，岂其与水争咫尺之地哉？此功一立，河定民安，千载无患，故谓之上策。"（中华书局，1964年，第 1694 页）

② 〔明〕潘季驯：《河防一览》卷二《河议辨惑》，第 41 页。

③ 〔元〕楚惟善：《会通河黄栋林新闸记》，〔明〕杨宏、谢纯：《漕河通志》卷一〇《漕文略》，方志出版社，2006 年，第 265 页。

形峻急,皆不能舟"①。漕粮由济州河北上至东阿后,分作两路,一路经陆运二百多里抵临清,再入御河北上;一路经由大清河至利津入渤海抵京师。②

在山东运河建成前,元代就开始在淮河流域大规模屯田。元朝在淮河下游的屯田始于至元十六年(1279 年)设淮东、淮西屯田打捕总管府,"募民开耕涟、海州荒地,官给禾种,自备牛具。所得子粒官得十之四,民得十之六,仍免屯户徭役,屡欲中废不果。二十七年,所辖提举司一十九处,并为十二。其后再并,止设八处,为户一万一千七百四十三,为田一万五千一百九十三顷三十九亩"③。在至元十六年于淮河下游设立淮东、淮西屯田打捕总管府后,至元二十一年和二十三年又相继设立了芍陂屯田万户府和洪泽屯田万户府。其中洪泽屯田万户府为户一万五千九百九十四名,为田三万五千三百一十二顷二十一亩。④ 芍陂屯田万户府也有屯户一万四千八百八名。⑤

随着芍陂屯田万户府与洪泽屯田万户府相继设立,淮河流域的屯田规模不断扩大,如何将这些粮食运出去,就成了问题。由于山东运河东阿至临清段全靠陆运,"其间苦地势卑下,遇夏秋霖潦,牛偾辕脱,难阻万状"⑥,因此淮河下游屯田所产的粮食,是难以寄希望于济州河运输的。为了能够将淮河流域屯田所收获的

---

① 〔元〕赵文昌:《创建鱼台孟阳薄石闸记》,〔明〕杨宏、谢纯:《漕河通志》卷一〇《漕文略》,第 272 页。

② 周魁一:《郭守敬勘测规划会通河线路及水源补给的科学史实辨析》,《历史地理》第 37 辑,上海人民出版社,2018 年,第 1～22 页。

③ 《元史》卷一〇〇《兵志三》,第 2563 页。

④ 《元史》卷一〇〇《兵志三》,第 2566 页。

⑤ 《元史》卷一〇〇《兵志三》,第 2567 页。

⑥ 〔元〕杨文郁:《开会通河功成之碑》,〔明〕杨宏、谢纯:《漕运通志》卷一〇《漕文略》,第 253 页。

粮食顺利运往大都,涟、海一带屯田的负责人姚演在提出收集逃民屯田涟、海时,还一并提出开胶莱河的建议。① 胶莱河位于鲁中丘陵和胶东丘陵之间,南连胶州湾,北接莱州湾。元代以前,胶水和沽水未曾沟通。元代为了缩短黄海与渤海间的海运距离并规避成山角的风涛之险,修建运河,连通胶河与沽河,造就了纵贯山东半岛的胶莱运河。

以往的研究者依据《元史》中记载的"新河候潮水以入",而潮涨潮落来去迅速,使"船多损坏,民亦苦之",最终"劳费不赀,卒无成效"②,认为胶莱河终究没有成功。并认为《元世祖本纪》至元二十二年二月乙巳条"江淮岁漕米百万石于京师,海运十万石,胶莱六十万石,而济之所运三十万石,水浅舟大,恒不能达"是衍文。只能运三十万石的济州河,尚且须要增加船只和役夫,而能运六十万石的胶莱河反而被罢废,这于理是不通的。

《元史》修得仓促粗糙,多为后人诟病。对于元朝的海运事业,曾有一部专书,即《皇朝经世大典》。此书编成于至顺二年(1331 年),后来散失了。明代成书的《永乐大典》分散抄录了《皇朝经世大典》的记述。清代学者胡敬就从《永乐大典》中辑出了"海运"一门,分为两卷,题作《大元海运记》。因此《大元海运记》这部书在我国航海史原始资料中占有极其重要的地位。③《大元海运记》中记载的胶莱河通航史实至少有三则。至元十九年(1282 年),丞相火鲁火孙、参议秃鲁花等奏:

---

① 《元史》载,至元十七年七月"用姚演言,开胶东河及收集逃民屯田涟、海"(《元史》卷一一《世祖纪八》,第 225 页)。
② 《元史》卷九三《海运》,第 2364 页。
③ 章巽:《〈大元海运记〉之"漕运水程"及"记标指浅"》,《章巽全集》,广东人民出版社,2016 年,第 1376~1381 页。

　　阿八赤新所开河道二万石有余粮。又东平府南奥
鲁赤新修河道三万二千石,粮过济州内五千余石。暨御
河常川攒运河道粮总二十八万石,俱已到。①

　　由此可知,在至元十九年胶莱运河已经开通运营并运粮二万
石。这应该是胶莱河的第一次运营。胶莱河工程始于至元十七
年(1280 年)。《元史》载,至元十七年七月"用姚演言,开胶东河
及收集逃民屯涟、海"②。工程的领导者是阿八赤,"(至元)十
八年,佩三珠虎符,授通奉大夫、益都等路宣慰使、都元帅。发兵
万人开运河,阿八赤往来督视,寒暑不辍"③。至元十九年,又命
张君佐"率新附汉军万人,修胶西闸坝,以通漕运"④。此时,阿八
赤已因"运河既开"而迁"胶莱海道漕运使"⑤。
　　至元十九年首次通航后,胶莱河的运粮数量逐渐增加。至元
二十年运粮四万八千九百六十一石,运粮船只 194 艘。⑥ 至元二
十二年,参政不鲁迷失海牙等奏:

　　自江南每岁运粮一百万石,从海道来者十万石,阿
八赤、乐实二人新挑河道运者六十万石,济州奥鲁赤所
挑河道运者三十万石。⑦

---

① 〔元〕赵世延、揭傒斯等纂修,〔清〕胡敬辑:《大元海运记》卷上,台北:广文书局,
　　1972 年,第 37 页。
② 《元史》卷一一《世祖纪八》,第 225 页。
③ 《元史》卷一二九《来阿八赤传》,第 3142 页。
④ 《元史》卷一五一《张荣传》,第 3582 页。
⑤ 《元史》卷一二九《来阿八赤传》,第 3142 页。
⑥ 〔元〕赵世延、揭傒斯等纂修,〔清〕胡敬辑:《大元海运记》卷上,第 47 页。
⑦ 〔元〕赵世延、揭傒斯等纂修,〔清〕胡敬辑:《大元海运记》卷上,第 50 页。

这条记载应当与《元史·世祖本纪》至元二十二年二月乙巳条同源,但比《元史》更加详尽。可知《元史》中的胶莱河运粮六十万石一事,实为胶莱河与乐实所开另一路运道,合计运粮六十万石。关于乐实所开的这一运道,《元世祖本纪》在至元二十六年壬寅条下也有记载:

> 海船万护府言:山东宣慰使乐实所运江南米,陆负至淮安,易闸者七,然后入海,岁止二十万石。①

根据上述史料,可以推断出胶莱河所运之粮,是经淮河入海的。这也就可以解释为什么至元十七年姚演将开胶莱河与收集逃民屯田涟、海的建议同时提出。② 而《元史》中至元十八年六月,"命中书省会计姚演所领涟、海屯田官给之资与岁入之数,便则行之,否则罢去"③的记载,证明姚演就是涟、海一带屯田的负责人,姚演提出开胶莱河的目的是将屯田所获之粮通过河海联运(淮河-黄海-胶莱河-渤海)的新航路更加安全地运往元大都。胶莱河是在山东运河梗阻和淮粮北送迫切的特殊历史条件下产生的,其在会通河建成前和海运航路尚未成熟之际,发挥了沟通南北航运的桥梁作用。

在元朝至明洪武、永乐年间,以海运的方式向北方运输粮饷也曾经大行其道。永乐十三年(1415 年)后,漕运才主要依靠京杭运河运输。对于海运的态度,《元史》与《新元史》的评价截然不同,这两种不同的声音在元、明、清时期海运中始终存在。《元史》卷九三《食货一·海运》称:

---

① 《元史》卷一五《世祖纪十二》,第 319 页。
② 《元史》卷一一《世祖纪八》,第 225 页。
③ 《元史》卷一一《世祖纪八》,第 231 页。

元都于燕,去江南极远,而百司庶府之繁,卫士编民之众,无不仰给于江南。自丞相伯颜献海运之言,而江南之粮分为春夏二运,盖至于京师者一岁多至三百万余石,民无挽输之劳,国有储蓄之富,岂非一代之良法欤。①

《新元史》卷七五《食货八·海运》则认为:

伯颜建海运之议,事便而费省,然卒有不虞,则举千百人之命投于不测之渊,非若近世身航之利,可以保万全而无覆溺之患也。今考其事故,粮则一岁所损坏者多至十余万石,少亦四五千石,其军人、水手之漂溺者可知矣。重利而轻民命,岂仁人之政哉!②

支持海运的声音往往看重海运的廉价与高效,反对海运的声音则往往批评其因事故导致的人员和船只的损失。海运与陆运、漕运或其他运输方式一样,都是利弊兼有,在评价时不宜只强调其中的某一方面。但可以确定的是,在元末至明初的历史条件下,海运在运输能力、航海技术、造船水平、管理模式上均不存在障碍。

《元史·食货志》中记录了元代历年海运的具体数字,其中海运数量最多的一年是天历二年(1329 年),海运数量"三百五十二万二千一百六十三石,至者三百三十四万三百六石"③。然据柯劭忞在《新元史》里的记载:"元统以后,岁运之可考者:至正元年,

①《元史》卷九三《食货一》,第 2364 页。
② 柯劭忞:《新元史》卷七五《食货八》,上海古籍出版社,2018 年,第 1815 页。
③《元史》卷九三《食货一》,第 2369 页。

益以江南之米,通计所运得三百八十万石"①,海运高峰时期每年可运粮三百三十四万三百六石或三百八十万石,这个数字与明朝每年四百万石的漕运需求相差无几。

明初洪武和永乐年间都进行过海运,但规模远小于元代海运,这是因为明初的政治中心在南京,而元代的政治中心在北京,因此对物资转运的需求不同。明初海运在洪武三十年(1397 年)和永乐十三年(1415 年)两度停摆,其原因众说纷纭,如吴缉华认为"永乐时代海上的倭寇,虽然不断的侵犯,并没因倭寇侵犯,而阻止当时的海运……海运的停止,乃因运河浚通,南北转运可由运河来承担,故此海运才废止"②。对此,樊铧认为,明朝并非是因为运河的贯通而放弃了海运,恰恰相反,放弃海运专行运河的决定导致了清江浦运河的开凿。③

不管是运河的浚通导致了海运的停止,还是海运的停止促使了运河的浚通,有一点是显而易见的,就是彼时明朝可以使用海运替代漕运向北方运输相应的粮饷,这是一个决策问题。换言之明代有能力、有经验也有相关技术组织海运,一旦需要就可恢复。前面提到的由淮河入黄海再转入渤海的海运通道,在明代依然进行过多次试航。《明史》卷二二三记载:

> 隆庆五年……(王宗沐)以河决无常,运道终梗,欲
> 复海运。上疏曰:"自会通河开浚以来,海运不讲已久。
> 臣所官山东尝条斯议,巡抚都御史梁梦龙毅然试之……

---

① 柯劭忞:《新元史》卷七五《食货八》,第 1829 页。
② 吴缉华:《明代海运及运河的研究》,"中研院"历史语言所专刊之四十三,1961 年,第 62 页。
③ 详见樊铧:《政治决策与明代海运》第二章《海运时代海运的实行与停罢》,社会科学文献出版社,2009 年。

可以佐运河之穷计,无便于此者。"因条上便宜七事。明
年三月遂运米十二万石,自淮入海,五月抵天津。①

《明史》卷二七七记载:

> (崇祯)十二年冬,帝以山东多警,运道时梗,议复海
> 运。廷扬生海滨,习水道,上疏极言其便,且辑海运书五
> 卷以呈,帝喜即命造海舟试之。廷扬乘二舟由淮安出
> 海,抵天津,仅半月。帝大喜,即加户部郎中往登州与巡
> 抚徐人龙计海运事。②

上述海运路线,出发点都是"自淮入海",只是航线不再采用
纵贯山东半岛的胶莱河航线,改为绕行山东半岛的海运航线。在
隆庆年间王宗沐主导的海运中,可以找到许多细节,证明海运有
着完备的体系与全面的考虑,例如在防备倭寇、保障海运安全方
面,《明实录》记载了当时名为"定海哨"的警戒系统。隆庆六年十
月王宗沐在条陈中谈道:

> 定海哨之法,倭夷悬隔,虽不能遽越江南至山东,然
> 先事之防,谋国者所不废。今岁十二万运道旁岸行舟,
> 风波无患,则我与人共之,设法预防,尤所当急议。将沿
> 海地方分为四段,淮安兵船出哨至即墨,即墨至文登,文
> 登至武定,武定至天津,海哨船二十只,每船兵十五名,
> 月粮旧额外量加一钱。以小满日为始,至立秋日止,循

---

① 《明史》卷二二三,第5877页。
② 《明史》卷二七七,第7107页。

环会哨,以销奸萌。又淮安二海,所班军四百八十三名
正,可备巡哨之用,有余则以支海运。①

由于精心筹划,海运获得成功,虽然有部分损失,朝廷仍然
"诏行前议,习海道以备缓急",继续实施王宗沐的海运计划。万
历元年"海运至即墨,飓风大作,覆七舟"②。这成为当时政治角
力的触发点,吴缉华指出"隆庆时代,朝廷的势力是在大学士高
拱的手里。到明神宗即帝位,张居正在内阁里用政治机会撒开
高拱,而得到内阁首辅的地位,高拱致仕,张居正尽反高拱所
行"③。由高拱的支持而得以实践的海运,也在这种情况下遭到
废止。

在崇祯年间沈廷扬主导的海运,是在清军威胁导致大运河难
以畅通的背景下发生的,海运不仅大获成功,而且在时效和成本
上均比运河运输更加优越,《明实录》记载崇祯十三年(1640 年)
七月,临清副总兵黄胤恩上《海运图》,称:

难易不可不审,省费不可不较。河渠浅滥必力加挑
浚,而海则无借也,河水旱干又必远借湖泉,而海又无借
也,此难易审矣。登莱陆运所费三缗,天津海运不及二
钱,此费较然矣。④

此后沈廷扬主导的直接海运成功,更是促使明朝开始考虑
以"漕与海各相半"的形势,提升海运的地位,减轻运河的压

---

① "中研院"史语所校印:《明神宗实录》卷六,上海书店,1984 年,第 211~212 页。
② 《明史》卷二二三,第 5877 页。
③ 吴缉华:《明代海运及运河的研究》,第 265 页。
④ "中研院"史语所校印:《明实录》附录二《崇祯实录》卷一三,1984 年,第 384 页。

力。① 虽然明代隆庆和崇祯年间的海运无法与元代的大规模海运相提并论,但是可以证明明代恢复海运具备可行性。明末海运由于明朝已处在亡国前夕,终究未能复兴。但从历史的进程来看,以海运分担漕运的压力,可以使治河摆脱"保漕"这个目标,从而实现为治河而治河。这一问题延续至清代并无改观,清道光年间,同样由于运河难通,不得不试行海运。道光六年(1826 年)海运漕粮一百六十三万石,费银仅一百四十万两,比官办运河节省银二十万两,节省米十余万石,海运的优越性显露无遗。对于海运无法取代漕运的原因,倪玉平认为"最深层的原因,乃是当时清廷还无法从战略高度思考海运事业,仅视海运为权宜之计。联系到当时社会风气的变化、生态环境的恶化、吏治的败坏以及英和、陶澍等的精明实干,历史已经向他们提出了这种要求。但是,这种可能性在当时并不能转化为可行性。由河运转为海运,从熟悉而受限制的内陆转而面向瀚浩陌生但生机勃勃的海洋,是一种痛苦的抉择。这种转变触一发而动全身,会彻底改变传统社会的版图意识、主权意识、海洋意识、海疆意识,并对农耕经济造成巨大冲击。无疑,这需要巨大的政治勇气和战略远见"②。

小结

晚更新世以来,淮河就受到黄河冲积扇发育的影响,黄河亦多次南泛,进入淮河流域。但淮河并未被黄河淤平,仍然从地质时期

---

① 《明史》卷二六五记载:"有崇明人沈廷扬者,献海运策,元璐奏闻,命试行,乃以庙湾船六艘听运进。月余廷扬见元璐,元璐惊曰:'我已奏闻上,谓公去矣,何在此?'廷扬曰:'已去复来矣,运已至。'……上亦喜,命酌议。乃议岁粮艘,漕与海各相半行焉。"(《明史》,第 6841 页)

② 倪玉平:《清代漕粮海运与社会变迁》,科学出版社,2017 年,第 67 页。

延续至今。这一方面是由于淮河自身可以将一部分黄河泥沙输入大海,另一方面也是因为淮北平原在新构造运动中持续沉降,从而在一定程度上抵消了黄河泥沙对淮北平原的淤积。但淮北平原的沉降,也使黄河随时有可能再次南泛淮河。1128 年杜充决河就为黄河的再次夺淮提供了契机。此后数百年,黄河维持着南北分流。

1495 年刘大夏阻断黄河北流之前,从各种文献记载来分析,当时黄河更趋向于北流入海,而非南流入淮。从治河的角度来说,自然应该顺应黄河的演变趋势,引导其北流。但彼时黄河严重威胁着山东运河,为了维持运河的畅通,黄河在人工干预下,南泛淮河。此后南流的黄河各水道有一个从面到线,再从一线到清口一点的集中过程。这一过程也是黄河下游筑堤和开启"蓄清刷黄"的过程。在这一过程中,漕运一度得到了很好的维护,但洪泽湖以西的泗州和淮河下游的各州县频遭水患。随着黄河下游河道及洪泽湖湖底高程的不断淤高,黄河改道的趋势越来越明显。从清康熙水利事业的全盛时期开始,就不断有学者提出黄河必须改道北流。魏源最后将其总结为"人力予改之者,上也,否则待天意自改之"。最终黄河在 1855 年自行改道,明清时期投入巨大人力、物力、财力维持的"蓄清刷黄"终告失败。

重新检讨这段历史,即便出于"保漕"的需求,黄河也不是必须要与淮河交汇于清口。元代的胶莱河航运和明代淮安至天津之间的海运航线都证明,漕船经江淮运河抵达淮安后,确实存在着一条由淮河入海,沿山东半岛海岸线北行,穿过胶莱河或者绕行胶东半岛进入渤海,直达天津的航路。这条航线几乎完全规避了黄河在华北的巨大冲积扇。这意味着明清治河的重大原则"保漕"并非不可撼动。明清两代有机会借助海运分担漕运的压力,从而改善黄、淮两条大河的水文环境,但终究未能实现。最终黄、淮两条大河突破了人类的束缚,分别改道。

结　语

　　邹逸麟和张修桂曾经对黄河下游湖沼演变的主要类型做过总结,择要而言,大体上有三种类型:一是淤填消亡型,二是移动消亡型,三是潴水新生型。这三种类型的湖泊演化模式,在淮河下游普遍存在。

　　(1)淤填消亡型的湖沼,主要是因黄河泥沙的填淤,由深变浅,由大变小,加之人工围垦,逐渐埋为平陆。淮河南岸的古射阳湖即属这一类型,因地处黄淮下游,黄淮决口泥沙首先在这一带停滞,所以淤填消亡速度较快。射阳湖同时受到淮河与黄河泥沙的淤积,可被认为是淮河下游与黄淮变迁关系最密切的一个湖泊。其消亡过程见于天启《淮安府志》的记载,即:"嘉隆间,黄淮交涨,溃高宝堤防,并注于湖,日见浅淤,因盈溢浸诸州县。"再结合乾隆《淮安府志》中"崇祯四年,淮北苏家嘴、柳铺湾、新沟、建义口并决。筑塞久无成功,黄流灌注三年,水退沙停,支河小港大半壅淤,而射阳湖几化为平陆矣"的记载,即可印证其淤填消亡的过程。

　　(2)移动消亡型的湖沼,先是受黄河泥沙充填而淤高,但由于来水条件未变,水体向下游相对低洼处移动,后因来水短缺,最终变为农田。以淮河下游的桑墟湖和硕项湖为例,在黄河决溢频繁的时期,虽然洪水使湖面扩大,但由于洪水中带有大量的泥沙,决入桑墟、硕项湖后沉淀在其西部,导致湖盆西部不断淤积。桑墟湖、硕项湖位于黄河决口扇和沂水、沭水入海河道交互范围内的洼地中,而沂水、沭水的水量和沙量远小于黄河,因此在淤积的同时,其来水量仍然保持稳定。这样,在黄河加积作用下,决口扇不断向东北方向扩展,促使扇前的低洼地带逐渐向东北退却。伴随着黄河泥沙的堆积覆盖和扇前低洼地带的东移,桑墟、硕项湖西侧淤积升高涸为陆地,迫使湖区水体向东北方向的青伊湖洼地推移。

(3)潴水新生型的湖沼,原为低洼地,后受来水灌注,因下游宣泄不畅,壅塞成新的湖沼。淮河流域的洪泽湖、高宝诸湖均属此类。1495 年后,全黄入淮,积水即在洪泽一带将原来的零星湖沼洼地连成一片。从万历年间开始,高家堰被不断增筑,抬高洪泽湖水位,从而实现蓄清刷黄。这就使淮河上中游来水都蓄积在洪泽湖中,湖面迅速向西、北扩张。西进的湖水于康熙十九年(1680 年)淹没了泗州城,北扩的结果使原来泗水、汴水、潼河入淮的一些古河道,淹没为溧河、安河、成子三大洼地,与洪泽湖连成一片。而从高家堰东泄的湖水,使原来分散的白马、宝应、高邮、邵伯诸湖连成一片,形成具有统一湖面的高宝诸湖。

淮河下游作为黄淮海平原的一部分,其湖泊演变自然遵循黄河影响其下游湖泊演变的基本规律。但通过对 16 世纪以来淮河下游湖泊分布与水系格局演变过程的复原可以看出,其变迁要比上述的一般情形复杂得多。以里下河平原为例,其演变过程实际上是三种湖沼演变类型的叠加。前述嘉靖、隆庆年间古射阳湖的消亡,可视为淤填消亡型的湖沼。在古射阳湖基本消失后,由于淮河在万历年间被引导由里运河北段的泾河、子婴河入海,原本古射阳湖所在区域的零散湖荡重新扩张成为广洋湖,可视为潴水新生型的湖沼。明末清初,随着里运河以西,高宝诸湖中三河三角洲的逐渐发育,里运河北段及周边区域的高程不断增加,淮河难以再由此路入海。在清代康熙年间实行北坝南迁后，淮河改由里运河南段注入里下河，此时原广洋湖所在区域经过长期分洪，亦被垫高。因此北坝南迁后，古射阳湖所在区域的湖体向东移动，古射阳湖所在区域又出现南北条带状湖泊，而这又体现出移动消亡型湖沼的特征。

除演化过程非常复杂外，从动力机制上讲，16世纪以来淮河下游湖泊分布与水系格局的演变，也需要分不同时期和不同区域加以总结。

（1）在黄淮合流的初期，黄河下游尚未筑堤时，黄河通过淮河的多条支流，以径流注入的方式，对淮河下游河湖水系产生影响。由于大量泥沙已被沉积在淮北平原，对淮河下游影响较小。此时淮河下游诸多湖泊获得大量的径流注入，湖泊面积普遍扩大。这一现象最初体现在黄淮交汇处的洪泽湖以及受洪泽湖补给的高宝诸湖。这一时期，淮河下游自然形成的河湖水系连通格局尚未被破坏，这种连通性对于调节自然水循环过程、兴利除害具有不可忽视的重要意义。淮河下游与沿淮的硕项湖、射阳湖等湖泊间维持引排顺畅、蓄泄得当、丰枯调剂的水网体系，这就使沿淮诸湖在一定程度上分散了淮河的径流。

（2）在黄河下游筑堤后，淮河下游进入频繁决溢的时期。自然过程形成的河流、湖泊、湿地等水体，向以人工修建的水库、闸坝、渠道等水利工程共同组成的"自然—人工"复合的河湖水系转变。废黄河下游（原泗水河道）的堤防在明后期即逐次兴筑，而淮河下游自淮安至大海间的堤防也在1710年前后建设完成，这也意味着淮河下游原有的河湖水系连通格局被完全改变。河湖水系连通与经济社会发展、生态环境保护的互馈关系被打破，湖泊变成了分洪区。这样一来黄河主要通过干流泛滥的洪水对射阳湖、硕项湖等湖泊直接产生影响，黄河的决口扇推动着沂沭河下游的桑墟湖不断向东北方向移动,硕项湖亦被淤积,两湖终于变为农田。

(3)淮河最初是不与长江发生直接联系的,但 1570 年后淮河入江的水量逐渐增加,这就使长江和淮河之间产生相互作用。淮河的来水与长江镇扬河段北汊的江水相互顶托,水流速度减缓、泥沙落淤,使淮河入江口外的沙洲不断扩大,并向下游延伸。这一过程最终导致了长江镇扬河段由顺直河型向弯曲河型转化,进而导致清代瓜洲的坍江以及当代镇江港的淤积。

结合动力机制与演变过程上的差异,16 世纪以来的河流地貌过程实际上将淮河下游由一个整体逐渐分割为三个彼此相对独立的区域。

(1)主要受黄河影响的废黄河三角洲平原北部。黄河巨大的含沙量,使沂沭河下游几乎全被黄河沉积物覆盖,原有的湖泊分布与水系格局完全消失。1855 年后黄河地貌过程不再影响这一区域,其自然水系格局也完全由新沂河、新沭河、分淮入沂工程等人工水系取代。

(2)主要受淮河影响的江淮平原。这一区域包括运西湖区平原和里下河平原。淮河来水在洪泽湖沉淀后再注入这一区域时,由于含沙量较小,这一区域的湖泊不易淤浅消亡,因此在 16 世纪以后的很长时间里,江淮平原在饱受水患的同时,仍然维持了河湖相间的水乡景观。在中华人民共和国治淮取得显著成效后,里下河才告别了淮河洪水,湿地逐渐排干。而在里运河以东区域,历史上高宝诸湖的残迹仍然得以延续至今。

(3)主要受长江与淮河相互作用影响的淮河入江河口区。这一区域至今仍然为淮河干流所流经,因此其地貌过程是从历史时期一直延续至今、未曾中断的,这一连续过程也促使长江镇扬河段向着更加弯曲的方向发育。随着弯道曲率渐次增大,河床的不稳定性也在增加。未来，如出现特大洪水，超出河槽形态结构的承受能力时，极有可能发生主支汊易位和切滩，导致河型的突变。

纵观 16 世纪以来人类活动对淮河下游湖泊分布与水系格局的影响，其中最重要的一个现象可以概括为：淮河下游地貌格局的演变，主要受黄河地貌过程的主导。而黄河入淮，是人力作用下，以"保漕"为目的、以筑堤为手段的一种治河方略。在这一方略的指导下产生的"蓄清刷黄"治水实践，在其后 200 年左右的时间内，维持了黄淮安澜和漕运畅通。但黄河对淮河下游河湖水系连通的破坏是不可逆转的，由此带来的洪涝频繁、供水不足、河湖萎缩、水生态退化等问题，严重影响着这一区域的可持续发展。当代中国的生态文明建设把保护和修复生态环境摆在重要位置。对淮河而言，实施湿地修复治理工程，进而一定程度上恢复河湖水系连通，是提高水资源统筹调配能力、改善河湖生态环境、增强抵御水旱灾害能力的重要保障。

本书虽然对 16 世纪以来淮河下游湖泊分布与水系格局演变的基本过程进行了复原，并尝试对其中的关键问题进行了回答，但还存在许多不足之处。总体来说，本书的研究只能算抛砖引玉，希望这本书能够引起更多研究者对淮河和历史地貌研究的关注，从而推进对相关问题开展更深入的探讨。

参考文献

一、古代文献

[1]《汉书》,中华书局,1964年。

[2]《宋史》,中华书局,1977年。

[3]《元史》,中华书局,1976年。

[4]《明史》,中华书局,1974年。

[5]《清史稿》,中华书局,1977年。

[6]〔北魏〕郦道元著,杨守敬等校注:《水经注疏》,江苏古籍出版社,1989年。

[7]〔北魏〕郦道元著,陈桥驿校证:《水经注校证》,中华书局,2007年。

[8]〔明〕陈应芳:《敬止集》,《泰州文献》,凤凰出版社,2017年影印本。

[9]〔明〕潘季驯:《河防一览》,中国水利水电出版社,2017年。

[10]〔明〕王士性:《广志绎》,中华书局,1981年。

[11]〔明〕陶宗仪编:《说郛三种》,上海古籍出版社,1988年。

[12]〔明〕方承训:《复初集》,《明别集丛刊》,黄山书社,2016年影印本。

[13]〔明〕刘天和著,卢勇校注:《问水集校注》,南京大学出版社,2016年。

[14]〔明〕万恭:《治水筌蹄》,水利电力出版社,1985年。

[15]"中研院"史语所校印:《明神宗实录》,上海书店,1984年影印本。

[16]《清实录》,中华书局,1986年。

[17]〔清〕靳辅:《文襄奏疏》,文渊阁四库全书本。

[18]〔清〕刘文淇:《扬州水道记》,《扬州文库》,广陵书社,2015年影印本。

[19]〔清〕徐庭曾:《扬州水道图说》,《扬州文库》,广陵书社,2015年影印本。

[20]〔清〕徐庭曾:《扬州盐河水利沿革图说》,《扬州文库》,广陵书社,2015年影印本。

［21］〔清〕徐庭曾:《邗沟故道历代变迁图说》,《扬州文库》,广陵书社,2015年影印本。

［22］〔清〕钱湘灵:《淮扬治水利害议》,《扬州文库》,广陵书社,2015年影印本。

［23］〔清〕冯道立:《淮扬水利图说》,《扬州文库》,广陵书社,2015年影印本。

［24］〔清〕佚名:《扬州水利论》,《扬州文库》,广陵书社,2015年影印本。

［25］〔清〕张鹏翮:《治下河水论》,《扬州文库》,广陵书社,2015年影印本。

［26］〔清〕刘台斗:《下河水利集说》,《扬州文库》,广陵书社,2015年影印本。

［27］〔清〕朱楹:《下河集要备考》,《扬州文库》,广陵书社,2015年影印本。

［28］〔清〕孙应科:《下河水利新编》,《扬州文库》,广陵书社,2015年影印本。

［29］〔清〕叶机:《泄湖水入江议》,《扬州文库》,广陵书社,2015年影印本。

［30］〔清〕傅泽洪辑录:《行水金鉴》,《中国水利史典(二期)》,中国水利水电出版社,2020年。

［31］〔清〕朱正光:《江苏沿海图说》,台北:成文出版社,1974年影印本。

［32］〔清〕魏源:《魏源集》,中华书局,1976年。

［33］〔清〕张鹏翮:《治河全书》,天津古籍出版社,2007年影印本。

［34］〔清〕顾炎武:《日知录集释》,上海古籍出版社,2014年。

［35］柯劭忞:《新元史》,上海古籍出版社,2018年。

［36］武同举:《淮系年表全编》,台北:文海出版社,1969年影印本。

［37］胡澍:《扬州水利图说》,《扬州文库》,广陵书社,2015年影印本。

［38］沈秉璜:《勘淮笔记》,全国图书馆文献缩微中心。

［39］宋希尚:《说淮》,京华书馆,1929年铅印本。

［40］宗受于:《淮河流域地理与导淮问题》,钟山书局,1933年铅印本。

［41］武同举:《江苏水利全书》,《江苏历代方志全书·小志部·盐漕河坊》第22~23册,凤凰出版社,2020年,影印本。

［42］胡雨人:《江淮水利调查笔记》,台北:文海出版社,1970年影印本。

［43］余明德等编译:《美国工程师费礼门治淮计划书》,全国图书馆文献缩微中心。

［44］中国水利水电科学研究院水利史研究室编校:《再续行水金鉴》,湖北人民出版社,2004年。

［45］李剑国辑释:《唐前志怪小说辑释》,上海古籍出版社,2011年。

［46］中国第一历史档案馆:《清宫扬州御档精编》,广陵书社,2012年。

［47］ 水利电力部水管司、水利水电科学研究院编:《清代淮河流域洪涝档案史料》,中华书局,1988 年。

［48］〔唐〕李吉甫:《元和郡县图志》,中华书局,1983 年。

［49］〔宋〕乐史:《太平寰宇记》,中华书局,2007 年。

［50］〔清〕顾祖禹:《读史方舆纪要》,中华书局,2005 年。

［51］〔清〕顾炎武:《天下郡国利病书》,上海古籍出版社,2012 年。

［52］〔清〕顾炎武:《肇域志》,上海古籍出版社,2012 年。

［53］〔元〕于钦:《齐乘校释》,中华书局,2012 年。

［54］ 马蓉、陈抗、钟文等点校:《永乐大典方志辑佚》,中华书局,2004 年。

［55］ 正德《淮安府志》,方志出版社,2009 年。

［56］ 嘉靖《兴化县志》,方志出版社,2011 年。

［57］ 嘉靖《天长县志》,黄山书社,2012 年。

［58］ 隆庆《海州志》,《江苏历代方志全书・直隶州(厅)部》第 14 册,凤凰出版社,2018 年,影印本。

［59］ 万历《扬州府志》,《江苏历代方志全书・扬州府部》第 1 册,凤凰出版社,2017 年,影印本。

［60］ 天启《淮安府志》,方志出版社,2009 年。

［61］ 崇祯《开沙志》,台北:成文出版社,1983 年影印本。

［62］ 顺治十七年刻、康熙九年补刻《海州志》,首都图书馆藏稀见方志丛刊,国家图书馆出版社,2011 年影印本。

［63］ 康熙《天长县志》,黄山书社,2017 年。

［64］ 康熙《安东县志》,《江苏历代方志全书・淮安府部》第 27 册,凤凰出版社,2018 年,影印本。

［65］ 乾隆《江都县志》,《中国地方志集成・江苏府县志辑》第 66 册,江苏古籍出版社,1991 年,影印本。

［66］ 乾隆《淮安府志》,方志出版社,2008 年。

［67］ 乾隆《江南通志》,广陵书社,2010 年影印本。

［68］ 嘉庆《海州直隶州志》,南京大学出版社,1993 年。

［69］ 嘉庆《备修天长县志稿》,黄山书社,2013 年。

［70］ 嘉庆《重修扬州府志》,广陵书社,2014 年。

［71］ 嘉庆《江都县续志》,《中国地方志集成・江苏府县志辑》第 66 册,江苏古籍出版社,1991 年,影印本。

［72］ 嘉庆《瓜洲志》,民国十二年铅印本。

［73］ 咸丰《重修兴化县志》,台北:成文出版社,1970 年影印本。

［74］ 咸丰《清河县志》,中国文史出版社,2017 年。

［75］同治《续纂扬州府志》,《中国地方志集成·江苏府县志辑》第 42 册,江苏古籍出版社,1991 年影印本。

［76］同治《天长县志》,黄山书社,2012 年。

［77］光绪《增修甘泉县志》,《中国地方志集成·江苏府县志辑》第 43—44 册,江苏古籍出版社,1991 年影印本。

［78］光绪《江都县续志》,《中国地方志集成·江苏府县志辑》第 67 册,江苏古籍出版社,1991 年影印本。

［79］光绪《盐城县志》,《中国地方志集成·江苏府县志辑》第 59 册,江苏古籍出版社,1991 年影印本。

［80］光绪《淮安府志》,方志出版社,2010 年。

［81］民国《瓜洲续志》,《江苏历代方志全书·小志部·乡镇坊厢》第 17 册,凤凰出版社,2020 年影印本。

［82］民国《续修兴化县志》,《江苏历代方志全书·扬州府部》第 51 册,凤凰出版社,2017 年,影印本。

［83］民国《阜宁县新志》,台北:成文出版社,1975 年影印本。

［84］民国《宝应县志》,《中国地方志集成·江苏府县志辑》第 49 册,江苏古籍出版社,1991 年影印本。

［85］民国《三续高邮州志》,《中国地方志集成·江苏府县志辑》第 46 册,江苏古籍出版社,1991 年影印本。

［86］民国《江都县续志》,《中国地方志集成·江苏府县志辑》第 67 册,江苏古籍出版社,1991 年影印本。

［87］民国《续修兴化县志》,《中国地方志集成·江苏府县志辑》第 48 册,江苏古籍出版社,1991 年影印本。

［88］民国《重修沭阳县志》,《江苏历代方志全书·直隶州(厅)部》第 22 册,凤凰出版社,2018 年影印本。

二、今人著作

［1］陈吉余:《洼地与洪水》,新知识出版社,1954 年。

［2］陈吉余:《沂沭河》,新知识出版社,1955 年。

［3］中国科学院江苏分院、江苏省地图集编纂委员会:《中华人民共和国江苏省地图集》,江苏人民出版社,1960 年。

［4］吴缉华:《明代海运及运河的研究》,台北"中研院"历史语言所专刊之四十三,1961 年。

［5］《江苏省地图集》编辑组:《江苏省地图集》,江苏省地图集编辑组,1978 年。

［6］单树模、王维屏、王庭槐:《江苏地理》,江苏人民出版社,1980 年。

［7］水利部黄河水利委员会《黄河水利史述要》编写组:《黄河水利史述要》,水利出版社,1982 年。

［8］方豪:《中西交通史》,台北:中国文化大学出版部,1983 年。

［9］曾昭璇、曾宪珊:《历史地貌学浅论》,科学出版社,1985 年。

［10］中国科学院地理研究所、长江水利水电科学研究院、长江航道局规划设计研究所:《长江中下游河道特性及其演变》,科学出版社,1985 年。

［11］沈玉昌、龚国元:《河流地貌学概论》,科学出版社,1986 年。

［12］胡焕庸:《淮河水道志》,水利电力部治淮委员会,1986 年内部发行本。

［13］钱宁、张仁、周志德:《河床演变学》,科学出版社,1987 年。

［14］［美］G. M. 弗里德曼、J. E. 桑德斯:《沉积学原理》,科学出版社,1987 年。

［15］水利部治淮委员会编:《淮河水利史论文集》,《治淮》杂志增刊,1987 年。

［16］徐士传:《黄淮磨认》,淮阴市水利局、淮阴市地方志办公室,1988 年。

［17］［美］W. E. 盖洛韦、D. K. 霍布德:《陆源碎屑沉积体系——在石油、煤和铀勘探中的应用》,石油工业出版社,1989 年。

［18］水利水电科学研究院《中国水利史稿》编写组:《中国水利史稿(下册)》,水利电力出版社,1989 年。

［19］高善明、李元芳、安凤桐等:《黄河三角洲形成和沉积环境》,科学出版社,1989 年。

［20］黄志强等:《江苏北部沂、沭河流域湖泊演变的研究》,中国矿业大学出版社,1990 年。

［21］叶青超、陆中臣、杨毅芬等:《黄河下游河流地貌》,科学出版社,1990 年。

［22］水利部淮河水利委员会《淮河水利简史》编写组:《淮河水利简史》,水利电力出版社,1990 年。

［23］周魁一等:《二十五史河渠志注释》,中国书店,1990 年。

［24］邹逸麟:《黄淮海平原历史地理》,安徽教育出版社,1993 年。

［25］张义丰、李良义、钮仲勋:《淮河地理研究》,测绘出版社,1993 年。

［26］严钦尚、许世远:《苏北平原全新世沉积与地貌研究》,上海科学技术文献出版社,1993 年。

［27］孙进己:《东北亚研究:东北亚历史地理研究》,中州古籍出版社,1994 年。

［28］褚亚平、尹钧科、孙冬虎:《地名学基础教程》,中国地图出版社,

1994 年。

［29］任美锷、曾昭璇、崔功豪等:《中国的三大三角洲》,高等教育出版社,
1994 年。

［30］水利部淮河水利委员会沂沭泗水利管理局:《沂沭泗河道志》,中国水
利水电出版社,1996 年。

［31］张义丰、李良义、钮仲勋:《淮河环境与治理》,测绘出版社,1996 年。

［32］成国栋、薛春汀:《黄河三角洲沉积地质学》,地质出版社,1997 年。

［33］倪晋仁、马蔼乃:《河流动力地貌学》,北京大学出版社,1998 年。

［34］刘会远:《黄河明清故道考察研究》,河海大学出版社,1998 年。

［35］韩昭庆:《黄淮关系及其演变过程研究——黄河长期夺淮期间淮北平
原湖泊、水系的变迁和背景》,复旦大学出版社,1999 年。

［36］陈吉余:《陈吉余(尹石)2000:从事河口海岸研究五十五年论文选》,华
东师范大学出版社,2000 年。

［37］水利部淮河水利委员会《淮河志》编纂委员会:《淮河综述志》,科学出
版社,2000 年。

［38］王振忠:《徽州社会文化史探微:新发现的 16～20 世纪民间档案文书
研究》,上海社会科学院出版社,2002 年。

［39］阎宗临:《传教士与法国早期汉学》,大象出版社,2003 年。

［40］王慧麟、安如、谈俊忠等:《测量与地图学》,南京大学出版社,2004 年。

［41］曹树基:《中国人口史》第五卷,复旦大学出版社,2005 年。

［42］水利部淮河水利委员会编:《新中国治淮事业的开拓者——纪念曾山
治淮文集》,中国水利水电出版社,2005 年。

［43］张修桂:《中国历史地貌与古地图研究》,社会科学文献出版社,
2006 年。

［44］张崇旺:《明清时期江淮地区的自然灾害与社会经济》,福建人民出版
社,2006 年。

［45］汪前进、刘若芳:《清廷三大实测全图集》,外文出版社,2007 年。

［46］王英华:《洪泽湖清口水利枢纽的形成与演变——兼论明清时期以淮
安清口为中心的黄淮运治理》,中国书籍出版社,2008 年。

［47］张卫东:《洪泽湖水库的修建——17 世纪及其以前的洪泽湖水利》,南
京大学出版社,2009 年。

［48］卢勇:《明清时期淮河水患与生态社会关系研究》,中国三峡出版社,
2009 年。

［49］姜加虎、窦鸿身、苏守德:《江淮中下游淡水湖群》,长江出版社,
2009 年。

［50］樊铧：《政治决策与明代海运》，社会科学文献出版社，2009年。

［51］韩昭庆：《荒漠、水系、三角洲——中国环境史的区域研究》，上海科学技术文献出版社，2010年。

［52］陈吉余：《中国海岸侵蚀概要》，海洋出版社，2010年。

［53］［美］戴维·佩兹著，姜智芹译：《工程国家——民国时期（1927～1937）的淮河治理及国家建设》，江苏人民出版社，2011年。

［54］辛德勇：《黄河史话》，社会科学文献出版社，2011年。

［55］马俊亚：《被牺牲的"局部"：淮北社会生态变迁研究（1680～1949）》，北京大学出版社，2011年。

［56］张謇：《张謇全集》第四册，上海辞书出版社，2012年。

［57］《河岳海江——院藏古舆图特展》，台北"故宫博物院"，2012年。

［58］邹逸麟、张修桂主编，王守春副主编：《中国历史自然地理》，科学出版社，2013年。

［59］张文华：《汉唐时期淮河流域历史地理研究》，上海三联书店，2013年。

［60］张含英：《历代治河方略探讨》，黄河水利出版社，2014年。

［61］邹逸麟：《椿庐史地论稿续编》，上海人民出版社，2014年。

［62］倪玉平：《海上生命线——晚清漕粮海运之路》，北京师范大学出版社，2015年。

［63］张崇旺：《淮河流域水生态环境变迁与水事纠纷研究：1127～1949》，天津古籍出版社，2015年。

［64］赵筱侠：《苏北地区重大水利建设研究（1949～1966）》，合肥工业大学出版社，2016年。

［65］朱偰：《中国运河史料选辑》，江苏人民出版社，2017年。

［66］刘国纬：《江河治理的地学基础》，科学出版社，2017年。

［67］倪玉平：《清代漕粮海运与社会变迁》，科学出版社，2017年。

［68］吴海涛等：《淮河流域环境变迁史》，黄山书社，2017年。

［69］"中研院"台湾史研究所：《地图纵览——法国国家图书馆藏中文古地图》，台北："中研院"台湾史研究所，2018年。

［70］袁慧：《江淮关系与淮扬运河水文动态研究（10～16世纪）》，上海教育出版社，2022年。

三、论文

［1］武同举：《淮史述要》，《江苏研究》1936年。

［2］胡焕庸：《两淮水利概论》，《方志月刊》1935年第11—12期。

［3］李旭旦：《新沂河完成后六塘河流域的农田水利问题》，《地理学报》

1952 年第 Z1 期。

［4］徐近之:《淮北平原与淮河中游的地文》,《地理学报》1953 年第 2 期。

［5］陈吉余、虞志英、恽才兴:《长江三角洲的地貌发育》,《地理学报》1959年第 3 期。

［6］陈吉余、恽才兴:《南京吴淞间长江河槽的演变过程》,《地理学报》1959年第 3 期。

［7］侯仁之:《历史地理学的理论与实践》,《北京大学学报(自然科学版)》1979 年第 1 期。

［8］赖福顺:《清初绿营兵制》,私立中国文化学院史学研究所硕士学位论文,1977 年。

［9］潘凤英:《试论全新世以来江苏平原地貌的变迁》,《南京师院学报(自然科学版)》1979 年第 1 期。

［10］孙仲明、濮静娟:《长江城陵矶—江阴河道历史变迁的特点》,《地理集刊》第 13 号地貌,科学出版社,1981 年。

［11］陈志清、尤联元、李元芳等:《长江城陵矶—河口段的崩岸及其影响因素初步分析》,《地理集刊》第 13 号地貌,科学出版社,1981 年。

［12］〔法〕杜赫德著,葛剑雄译:《测绘中国地图纪事》,《历史地理》第二辑,上海人民出版社,1982 年,第 206～212 页。

［13］邹逸麟:《万恭和〈治水筌蹄〉》,《历史地理》第三辑,上海人民出版社,1983 年,第 229～235 页。

［14］邹德森:《黄、淮水对长江下游镇澄河段影响的探讨》,《水利史研究会成立大会论文集》,水利电力出版社,1984 年。

［15］袁迎如、陈庆:《南黄海旧黄河水下三角洲的沉积物和沉积相》,《海洋地质与第四纪地质》1984 年第 4 期。

［16］张忍顺:《苏北黄河三角洲及滨海平原的成陆过程》,《地理学报》1984年第 2 期。

［17］桂焜长、沈永坚:《苏鲁皖豫地区垂直形变的构造背景分析》,《地震地质》1984 年第 3 期。

［18］叶青超:《试论苏北废黄河三角洲的发育》,《地理学报》1986 年第 2 期。

［19］邱淑彰、张树夫:《江苏省泥炭资源》,《南京师大学报(自然科学版)》1987 年增刊。

［20］吴必虎:《黄河夺淮后里下河平原河湖地貌的变迁》,《扬州师院学报(自然科学版)》1988 年第 1、2 期。

［21］马武华、邓家瑛:《运西湖泊滩地资源特征及其开发研究》,《中国科学

院南京地理与湖泊研究所集刊》第 5 号,科学出版社,1988 年。

[22] 潘凤英:《历史时期射阳湖的变迁及其成因探讨》,《湖泊科学》1989 年第 1 期。

[23] 李元芳:《废黄河三角洲的演变》,《地理研究》1991 年第 4 期。

[24] 廖高明:《高邮湖的形成和发展》,《地理学报》1992 年第 2 期。

[25] 凌申:《射阳湖历史变迁研究》,《湖泊科学》1993 年第 3 期。

[26] 陈希祥、缪锦洋、宋育勤:《淮河三角洲的初步研究》,《海洋科学》1983 年第 4 期。

[27] 彭安玉:《试论黄河夺淮及其对苏北的负面影响》,《江苏社会科学》1997 年第 1 期。

[28] 韩昭庆:《洪泽湖演变的历史过程及其背景分析》,《中国历史地理论丛》1998 年第 2 期。

[29] 王庆、陈吉余:《淮河入长江河口的形成及其动力地貌演变》,《历史地理》第十六辑,上海人民出版社,2000 年,第 40~49 页。

[30] 凌申:《全新世以来里下河地区古地理演变》,《地理科学》2001 年第 5 期。

[31] 柯长青:《人类活动对射阳湖的影响》,《湖泊科学》2001 年第 2 期。

[32] 马雪芹:《明清黄河水患与下游地区的生态环境变迁》,《江海学刊》2001 年第 5 期。

[33] 薛春汀、周永青、王桂玲:《古黄河三角洲若干问题的思考》,《海洋地质与第四纪地质》2003 年第 3 期。

[34] 凌申:《全新世以来硕项湖地区的海陆演变》,《海洋通报》2003 年第 4 期。

[35] 邹逸麟:《明代治理黄运思想的变迁及其背景——读明代三部治河书体会》,《陕西师范大学学报(哲学社会科学版)》2004 年第 5 期。

[36] 魏世民:《〈列异传〉〈笑林〉〈神异传〉成书年代考》,《明清小说研究》2005 年第 1 期。

[37] 凌申:《历史时期射阳湖演变模式研究》,《中国历史地理论丛》2005 年第 3 期。

[38] 彭安玉:《论明清时期苏北里下河自然环境的变迁》,《中国农史》2006 年第 1 期。

[39] 林天人:《清初河防政策与河工研究:以靳辅的治河为考察重心》,《地理研究》(台湾)2006 年第 45 期。

[40] 胡金明、邓伟、唐继华等:《隋唐与北宋淮河流域湿地系统格局变迁》,《地理学报》2009 年第 1 期。

[41] 吴海涛:《元明清时期淮河流域人地关系的演变》,《安徽史学》2010 年第 4 期。

[42] 马俊亚:《治水政治与淮河下游地区的社会冲突(1579—1949)》,《淮阴师范学院学报(哲学社会科学版)》2011 年第 5 期。

[43] 李书恒、郭伟、殷勇:《高邮湖沉积物地球化学记录的环境变化及其对人类活动的响应》,《海洋地质与第四纪地质》2013 年第 3 期。

[44] 郭盛乔、马秋斌、张祥云等:《里下河地区全新世自然环境变迁》,《中国地质》2013 年第 1 期。

[45] 唐薇、殷勇、李书恒等:《高邮湖 GY07 - 02 柱状样的沉积记录与湖泊环境演化》,《海洋地质与第四纪地质》2014 年第 4 期。

[46] 荀德麟:《沧海桑田硕项湖》,《江苏地方志》2014 年第 3 期。

[47] 张一民:《方承训与"涟湖"》,《淮阴师范学院学报(哲学社会科学版)》2015 年第 3 期。

[48] 王一帆、张佳静:《同治初年江南地区地形测绘研究》,《中国科技史杂志》2016 年第 2 期。

[49] 韩昭庆、冉有华、刘俊秀等:《1930s～2000 年广西地区石漠化分布的变迁》,《地理学报》2016 年第 3 期。

[50] 卢勇、陈加晋、陈晓艳:《从洪灾走廊到水乡天堂:明清治淮与里下河湿地农业系统的形成》,《南京农业大学学报(社会科学版)》2017 年第 6 期。

[51] 韩昭庆:《康熙〈皇舆全览图〉的数字化及意义》,《清史研究》2016 年第 4 期。

[52] 王建革:《明代黄淮运交汇区域的水系结构与水环境变化》,《历史地理研究》2019 年第 1 期。

[53] 孙靖国:《〈江防海防图〉再释——兼论中国传统舆图所承载地理信息的复杂性》,《首都师范大学学报(社会科学版)》2020 年第 6 期。

[54] 王建革:《清口、高家堰与清王朝对黄淮水环境的控制(1755～1855年)》,《浙江社会科学》2021 年第 9 期。

[55] 王建革:《清代中后期水环境变迁以及引黄济运和灌塘济运》,《江南大学学报(人文社会科学版)》2022 年第 2 期。

[56] 高阳、蔡顺、潘保田等:《地貌学领域自然科学基金项目申请资助、研究范式与启示》,《科学通报》2023 年第 34 期。

[57] 王振忠:《明清黄河三角洲环境变迁与苏北新安镇之盛衰递嬗》,《复旦学报(社会科学版)》2023 年第 3 期。

四、外文文献

[1] Jean-Baptiste Du Halde, Description géographique, historique, chronologique, politique et physique de l empire de laChine et de la Tartarie chinoise, Vol. 4, Paris: P. G. Lemercier, 1735:473 − 488.

[2] Gilbert G. K., *Report on the G eology of the Henry Mountains*, Washington: U. S. Government Printing Office, 1877.

[3] Karl A. Wittfogel, *Oriental Despotism: a Comparative Study of Total Power*, New Haven: Yale University Press, 1957.

[4] Cordell Yee, *Traditional Chinese Cartography and the Myth of Westernization. The History of Cartography (Book 2): Cartography in the Traditional East and Southeast Asian Societies*, Chicago: University of Chicago Press, 1995:170 − 202.

[5] Sack D., The educational value of the history of geomorphology, *Geomorphology*, 2002, 47:313 − 323.

[6] Dietrich W. E., Bellugi D. G., Sklar L. S., et al., Geomorphic transport laws for predicting landscape form and dyn amics, In Wilcock P. R., Iverson R. M. eds., *Prediction in Geomorphology*, Washington, D. C.: American Geophysical Union, 2003:103 − 132.

[7] Li Shuheng, Fu Guanghe, Guo Wei, et al., Environmental changes during modern period from the record of Gaoyou Lake sediments, Jiangsu, *Journal of Geographical Sciences*, 2007(1):62 − 72.

[8] Mario Cams, The early Qing geographical surveys (1708 − 1716) as a case of collaboration between the Jesuits and the Kangxi court, *Sino-western Cultural Relations Journal*, 2012, 34:1 − 20.

[9] Vitek J. D., Geomorphology: Perspectives on observation, history, and the field tradition, *Geomorphology*, 2013, 200:20 − 33.

[10] Bierman P. R., Montgomery D. R., *Key Concepts in Geomorphology*, New York: W. H. Freeman Press, 2014.

[11] Han Qi, Cartography during the Times of the Kangxi Emperor: The Age and the Background, *Jesuit Mapmaking in China: D'anville's Nouvelle Atlas De La Chine (1737)*, St. Josephs University Press, 2014:51 − 62.

[12] Laura Hostetler, Early modern mapping at the Qing court: Survey maps from the Kangxi, Yongzheng, and Qianlong reign periods, *Chinese History in Geographical Perspective*, Plymouth: Lexington

Books, 2015:15 - 32.

[13] Ling Zhang, *The River, the Plain, and the State: An Environmental Drama in Northern Song China, 1048 - 1128*, Cambridge University Press, 2016.

[14] Huggett R. J., *Fundamentals of Geomorphology*, London: Routledge, 2017.

附录：本书作者发表的相关论文

［1］杨霄：《试论中国历史地貌研究的新进展和趋势》，《历史地理研究·第4辑》，复旦大学出版社，2023年，第206～214页。

［2］杨霄、韩昭庆：《1717～2011年高宝诸湖的演变过程及其原因分析》，《地理学报》2018年第1期。

［3］杨霄：《里下河平原湖泊分布与水系格局的演变过程（1570～1938）》，《历史地理研究》2023年第1期。

［4］杨霄：《1570～1971年长江镇扬河段江心沙洲的演变过程及原因分析》，《地理学报》2020年第7期。

［5］杨霄、韩昭庆：《沂沭河下游水系的演变过程与原因分析（1495～1855年）》，《复旦学报（社会科学版）》2021年第3期。

［6］杨霄：《黄河北徙与政权兴衰——〈河流、平原、政权：北宋中国的一出环境戏剧〉述评》，《地理学报》2019年第3期。

［7］杨霄：《元代胶莱河的形成及其在河海联运中的作用》，《中国历史地理论丛》2023年第1期。

后 记

　　回顾这本书的研究历程，我要特别感谢我的博士生导师韩昭庆教授。2015 年，我进入复旦大学史地所攻读博士学位，韩师将她的《黄淮关系及其演变过程研究——黄河长期夺淮期间淮北平原湖泊、水系的变迁和背景》一书送给我，并希望我能继续她的工作，从事淮河流域历史地貌研究。正是在她的鼓励和启发下，我选择了淮河作为我的研究对象。但万事开头难，偌大的一条淮河，又该从哪着手开展研究呢？韩师建议我选择淮河入江水道上的高邮湖为切入点，并教我运用实测古地图和地图数字化方法，实现对古湖岸线变化的复原。而对这一案例的研究，实际上为本书后面的工作探索了路径，也增强了我的信心。

　　历史地貌学是一门书写在大地上的学问，因此开展野外工作是必不可少的，而我在这方面的经验却是非常欠缺的。2016 年 9 月，经韩师介绍，在陈刚教授的帮助下，我有幸参加了南京大学在庐山的地理学野外实习。通过为期两周的实习，我在实践层面上加深了对地质、地貌、气候、植被、土壤、水文过程的理解。2017 年 2 月至 6 月间，我到中国文化大学地学研究所研修，在李载鸣教授和高庆珍教授等师长的关照下，我在学习专业课程之外，还参加了对台湾东部的地质地貌考察。2017 年 10 月，在韩师的推荐下，我到慕尼黑大学蕾切尔·卡森环境与社会中心进行为期 3

个月的学习，了解到许多环境史方面的研究动态。这些经历当然都直接有益于我的科研工作的开展，也成为人生当中的美好回忆。

从我进入史地所攻读博士学位以来，我还得到许多老师的帮助。我的硕士生导师马强教授是我在历史地理学科上的引路人，十余年来他一直关心并支持着我的研究工作。张修桂先生始终以温和、包容的态度解答我的疑问并鼓励我将研究继续下去。王建革教授、安介生教授、张伟然教授、杨煜达教授、费杰教授、徐建平教授在我的博士论文的写作过程中，针对论文的研究范围、体系结构、写作规范等方面提出了宝贵的建议。史地所孟刚老师、王静老师、"中研院"廖泫铭老师为我的资料收集工作提供了极大的便利。北京大学韩茂莉教授不辞辛劳专程赴上海主持我的论文答辩，并在答辩过程中与钟翀教授、王振忠教授、李晓杰教授、杨伟兵教授一起，为论文的进一步修改和完善指明了方向。

2019 年 7 月至 2021 年 8 月间，我到上海师范大学从事博士后研究。导师钟翀教授非常支持我继续从事历史地貌方向的研究工作，并教导我城市形态学和历史地图学的研究方法。林宏教授在工作和生活上均给予我很大的帮助和鼓励。2021 年 9 月，我又回到史地所这个大家庭。这本书的出版，实际是在史地所各位师长的支持下和所长张晓虹教授的关怀下才得以实现。在本书的编校过程中，复旦大学出版社王卫东先生和关春巧女士提供了宝贵的建议。在此，我向指导和关怀我的各位师长、同学、朋友，以及在背后默默支持我的家人，表示衷心感谢！

2024 年 5 月 9 日于复旦光华楼

图书在版编目(CIP)数据

16世纪以来淮河下游湖泊分布与水系格局的演变过程/杨霄著. —上海：复旦大学出版社,2024.6
(复旦史地丛刊)
ISBN 978-7-309-17360-4

Ⅰ.①1…　Ⅱ.①杨…　Ⅲ.①淮河流域-下游-水系-河道演变　Ⅳ.①TV147

中国国家版本馆CIP数据核字(2024)第069234号

16世纪以来淮河下游湖泊分布与水系格局的演变过程
杨　霄　著
责任编辑/关春巧

复旦大学出版社有限公司出版发行
上海市国权路579号　邮编：200433
网址：fupnet@fudanpress.com　http://www.fudanpress.com
门市零售：86-21-65102580　　团体订购：86-21-65104505
出版部电话：86-21-65642845
上海盛通时代印刷有限公司

开本890毫米×1240毫米　1/32　印张9.25　字数216千字
2024年6月第1版
2024年6月第1版第1次印刷

ISBN 978-7-309-17360-4/T·757
定价：65.00元

如有印装质量问题,请向复旦大学出版社有限公司出版部调换。
版权所有　　侵权必究